TFT 彩色液晶顯示器
カラー TFT 液晶ディスプレイ改訂版

SEMI カラー TFT 液晶ディスプレイ
改訂版編集委員会　原編
游孟潔　編譯

全華圖書股份有限公司　印行

改訂版前言

1996年初版發行[Color TFT液晶顯示器]以來，很慶幸能成爲液晶顯示器的入門書讓初學者亦是在第一線上的技術人員、主管皆能獲得好評。同時亦出版英文版，在美國、亞洲諸國中亦有教科書之認定。

發行初版當時，Color TFT液晶顯示器連結應用在筆記型電腦、促使液晶顯示器急速成長，之後如眾所皆知般。目前已開發了運用在各類， 如電腦的液晶螢幕、液晶電視、汽車衛星導航器、手機端末、電話等等。現況已研發小至1吋以下大至65吋以上，譬如：數位家電、液晶顯示器已成爲IT用網際網路通訊機器的代表，有著極大的成長。

液晶顯示器有這般發展成長是因爲，彩色TFT液晶顯示器已克服在基本性能上所遇到的瓶頸障礙點，有效的開發技術上的要領。運用解決在研發的製品上。並實現使用者的需求，且隨著製造大型基板的生產技術發展，加上促使普及大眾化的價位等原因促使液晶顯示器發展。

這10年來大型化液晶電視象徵著其技術改良革新，隨著技術的進步開發，可從各個方向觀看的高精細高解析的廣視角技術，以及對應各種動畫顯示所需的各種技術。而隨著數位放送普及化後，彩色TFT液晶顯示器代替了原來的CRT電視成爲現在的主流顯示器。隨著時勢所需，研討開發各種大型液晶面板的生產方法，促使其普及化。中小型彩色液晶顯示器的技術分野上，發明了驅動迴路和液晶基板能一體合成的聚乙烯硅TFT技術，促使顯示器的小型實裝化、薄型高信賴化。本書延續初版編輯方針由液晶顯示器動作原理，以及用在製品上的材料、製程、驅動方式等基本疑問，分爲一和二的兩段式深入回答方式，讓初學者也能容易了解，在改訂版編輯時亦依循此方針，主要是將前述之廣角液晶模式、動畫驅動法、新基板製程、材料、聚乙烯硅等技術做更進一步說明。初版裡原有但已被淘汰的技術部份及比較不重要項目重新整理刪除改版配置。

本書的初版發行時爲SEMI日本地區會社SEMI JAPAN裡的SEMI STANARD FPD TECHNOLOGY部會及其相關連活動組織成編輯委員會。本COLOR TFT液晶顯示器改訂版的編輯委員則是由一部份的初版編輯委員及加入新任委員編輯群改編而成。初版發行以來這10年間也一直想要盡早提出新版解說，期望可以讓參與液晶顯示器的您有所幫助。
2005年10月1日

SEMI JAPAN
Color TFT 液晶顯示器
改訂版編輯委員會

SEMI is the global industry association serving the manufacturing supply chains for the microelectronic, display and photovoltaic industries. SEMI member companies are the engine of the future, enabling smarter, faster and more economical products that improve our lives. Since 1970, SEMI has been committed to helping members grow more profitably,create new markets and meet common industry challenges. SEMI maintains offices in Austin , Beijing , Brussels , Hsinchu, Moscow , San Jose ,Seoul , Shanghai , Singapore , Tokyo , and Washington , D.C. . www.semi.org

初版前言

1888年萊尼茲(T.Reinitzer)發現液晶以來，1968年經過RCA社N. Heilmeir開發，至今的100多年來終於漸漸被廣泛實用在社會生活中。特別是TFT-LCD隨著最先端半導體生產技術活用下，在這幾年間有著顯著的發展。液晶不再單純只是開發顯示器製品的手段，它可廣泛的被運用在邁入21世紀的社會生活裡，將來也會發展成更大的產業。因此，對於液晶技術或是液晶的商業化相關研究者及技術者，也在急速增加中。

SEMI STANRD FPD TECHNOLOGY部會針對欲習得液晶相關新知識者爲對象，發行從液晶的原理到製造方法亦是其構成材料的特性。以基本原理爲中心解說發行初版本液晶入門書籍。

液晶技術最重要的是讓液晶本身發揮液晶材料最大的特性在製品上。因此必須先理解動作原理。需廣泛的理解使用在製品上的材料、製程、驅動方式等，本書是以“爲什麼是這樣的動作”，“爲什麼使用此材料”等基本疑問的情形下以初學者也能理解的回答的方式解說，對於在活躍在第一線上的技術者，亦是管理職的讀者亦能夠在平日感覺是必然的事，能藉此機會重新回到原點想出新的構想。

期望“本書能使您找出新的出發點”。

本書是由SEMI工作人員以及許多FPD科技部會人員在百忙之中撥空努力的成果下完成的書籍，期望能讓在各個專業分野裡的你能有效利用。

SEMI STANDARD

FPD TECHNOLOGY部會

部會長　三菱電機　山崎　照彥

部會長　SHARP　石井　三男

TFT彩色液晶顯示器改訂版編輯委員一覽

委員長	川上英昭	株式會社日立DISPLAYS
委　　員	伊藤丈二	日本康寧株式會社
委　　員	加藤　英彥	SEMI JAPAN
委　　員	小西信武	株式會社日立DISPLAYS
委　　員	田港朝光	K&T INSTITUTE株式會社
委　　員	堀　浩雄	東京工科大學
委　　員	横山清一郎	VALUE株式會社
協力委員	伊藤和志	積水化學工業株式會社
協力委員	斉藤伸一	CHISSO株式會社
協力委員	高橋修一	AZ ELECTRONIC MATERIAL株式會社
協力委員	丹羽一明	JSR株式會社
協力委員	松嶋欽爾	CHISSO株式會社
事務局	黃野吉博	SEMI JAPAN
事務局	加藤隆司	SEMI JAPAN

初版編輯委員一覽

委 員 長	山崎照彥	三菱電機株式會社
委　　員	伊藤丈二	日本康寧株式會社
委　　員	岸本健秀	大日本印刷株式會社
委　　員	鈴木重雄	株式會社旭硝子 FINE TECHNO
委　　員	高木秀雄	日電 ANELVA 株式會社
委　　員	高須新一郎	SEMI JAPAN
委　　員	田港朝光	K&T INSTITUTE 株式會社
委　　員	近池正明	株式會社 S&D
委　　員	堀　浩雄	株式會社東芝
委　　員	水元伸二	共同印刷株式會社
委　　員	橫山清一郎	出光興產株式會社
協力委員	石井三男	SHARP 株式會社
協力委員	川崎清弘	松下電器產業株式會社
協力委員	野上良忠	株式會社寫眞化學
協力委員	磯　博幸	ULVAC 成膜株式會社
協力委員	深海義雄	株式會社 NIKON
協力委員	加藤修史	CANON 株式會社
協力委員	玉田　厚	大日本 SCREEN 製造株式會社
協力委員	松尾　正	株式會社 POLATECHNO
事 務 局	黃野吉博	SEMI JAPAN
事 務 局	齊藤洋子	SEMI JAPAN
事 務 局	栗本正幸	SEMI JAPAN

監修者，執筆者一覽

監　修	山崎照彥	川上英昭	堀　浩雄
執　筆	第 1 章	田港朝光	橫山清一郎
	第 2 章	橫山清一郎	岸本健秀
	第 3 章	伊藤丈二	橫山清一郎
編　輯	索引	鈴木重雄	

譯者序

隨著時代的進步，你所使用的手機螢幕、電腦螢幕、電視螢幕、PDA、數位相框等等，在不知不覺中你的週邊隨處都有 TFT-LCD 彩色液晶螢幕。

近來由於TFT-LCD彩色液晶顯示器的普及化，大家對TFT-LCD已不再陌生。但是其面板構造原理也不盡然是眾所皆知，當出版社將『TFT彩色液晶顯示器』原文書交給我，表示即將在台灣出版中文版，我將書翻過一遍後大致知道整個製作過程。本書的特色是每一個擁有專精領域的作者用深淺適中的撰寫方式針對各個製程的所需材料、各部份的製程動作之動作原理做描述講解，適合對 TFT-LCD 液晶顯示器之初學者閱讀學習。

在翻譯此書時，很感謝我的家人和我的朋友一路來給我的鼓勵和協助，文科出身的我雖然歷經了難解的專門名詞，但每翻完一個製程自己又會感到對液晶顯示器多一層理解，在此和大家分享此書，也希望給大家帶來些許的幫助。

譯者　游孟潔 敬上

編輯部序

「系統編輯」是我們的編輯方針，我們所提供給您的，絕不只是一本書，而是關於這門學問的所有知識，它們由淺入深，循序漸進。

隨著數位播放普及化後，TFT彩色液晶顯示器替代原來CRT電視，成爲現在最熱門的主流顯示器。目前已開發運用在各類顯示器上，如電腦的液晶螢幕、液晶電視、汽車衛星導航、手機等等。

本書針對液晶顯示器之原理、材料、製程、以問答式方式探討，以基本原理爲中心來解說液晶顯示器之構造、構成要素及材料。適合欲學習液晶顯示器相關知識之讀者閱讀，爲液晶顯示器之最佳入門書籍。

同時，爲了使您能有系統且循序漸進研習相關方面的叢書，我們以流程圖方式，列出各有關圖書的閱讀順序，以減少您研習此門學問的摸索時間，並能對這門學問有完整的知識。若您在這方面有任何問題，歡迎來函連繫，我們將竭誠爲您服務。

相關叢書介紹

書號：0587701
書名：發光二極體之原理與製程(修訂版)
編著：陳隆建
20K/264 頁/320 元

書號：05177
書名：紫外光發光二極體用螢光粉介紹
編著：劉如熹.紀喨勝
20K/192 頁/280 元

書號：05946
書名：OLED 有機發光二極體顯示器技術
編著：陳志強
20K/368 頁/350 元

書號：0539201
書名：現代半導體發光及雷射二極體材料技術－進階篇(修訂版)
編著：史光國
20K/672 頁/680 元

書號：06053
書名：白光發光二極體製作技術－由晶粒金屬化至封裝
編著：劉如熹
20K/344 頁/450 元

書號：05682
書名：半導體發光二極體及固體照明
編著：史光國
20K/368 頁/450 元

書號：05555
書名：LTPS 低溫複晶矽顯示器技術
編著：陳志強
20K/416 頁/420 元

◎上列書價若有變動，請以最新定價為準。

流程圖

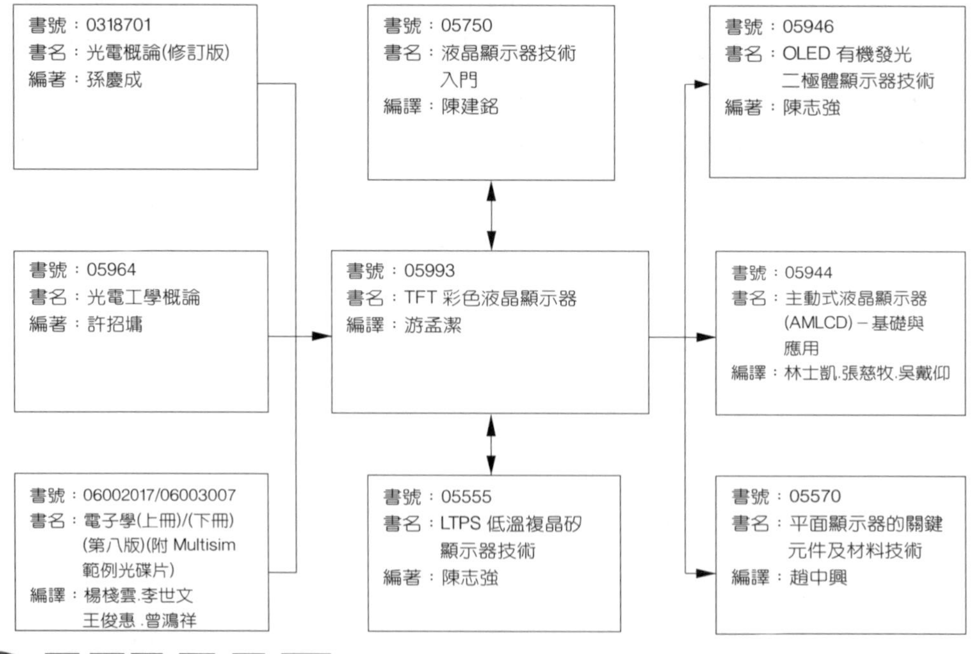

目錄 CONTENTS

Chapter 1

COLOR LIQUID CRYSTAY DISPLAY

TFT 彩色液晶顯示器的世界

1.1 連接世界的情報之窗

1.2 彩色液晶顯示器的發展與未來

1.1 連接世界的情報之窗

1.1.1 TFT 彩色液晶顯示器普及化

走在森林小徑無論何時何地你都可以利用顯示器打開媒體影像，你也可以在街上的電視牆亦是呈現在天花板上的高品位液晶顯示器所放送出的影像，你亦能由各個角度去觀賞衛星直播足球賽，在觀賽中如果有來電時你也可以在電話的畫面上得知電話的來電者，不論何時不論你在何處你都可以看你所喜好的電視頻道，你也可以利用各種機器和家人及朋友共享，即使你只有輸入[類別的頻道]按搜尋後，就會列出你想看的頻道，一直在不斷成長進化中的影像通訊技術帶給我們既自在又有樂趣的環境。

1936 年電視在倫敦首次在世上被公開以來，已發展成爲世界最具有影響力的文化之一，而顯示技術也突飛猛進的在進步著，1984 年，日本首當其充的衛星現場轉播，到現在攜帶式視訊電話普及化，2005 年，已上市的 65" TFT彩色液晶顯示器(以下TFT-LCD)也已具有高解析高品位電視(FULL HI-VISON)之對應功能。

TFT-LCD如圖 1.1 所示有筆記型電腦、桌上型電腦螢幕、小型攜帶式終端設備、手機等的情報通訊機器至薄化電視、數位照相機等數位家電、銀行 ATM 終端設備產業系統的情報顯示終端設備等，所有人群出入活動的場面都被應用著。更甚則在我們周邊的電子機器、海洋資源開發、航空與宇宙等分野上都被實際運用著。

圖 1.1　使用液晶畫面之產品(照片取自各廠目錄)

1.1.2　美麗的顯示器畫質

在這數位&無線的時代裡，映像不會選擇時間和地點，寬帶普及，可儲存大容量資料的記憶裝置也逐漸廉價，大容量的動畫已能很順暢的被播放，而能夠即時收送訊息時的放映技術也日新月異(BIT STORYING)的進步著，並已開始融合使用在媒體數位的技術上。

能讓眾多的人能目不轉睛的注視著媒體，其魅力就是因爲裝置是 TFT-LCD 之緣故吧！此 LCD 的原理是由光的三原色 R(紅)G(綠)B(藍)爲一組的小畫素所構成的畫面顯像。文字及畫像等多樣情報是利用點矩陣方式(如圖 1.2)的顯示方式顯示。因提高了畫素數、精細度，使得顯示的情報量也隨之變爲豐富。爲追求精緻的映像畫面顯示，解析度越高，畫素數也越多。因此，每個位元的時間裡所需處理的資料也就越多。必須具備高速處理的能力。在這樣的狀況下頻發了訊號歪曲、EMI(電器磁氣障害)等基本問題。更甚者爲提高垂直的解析度，每一條水平線的解像

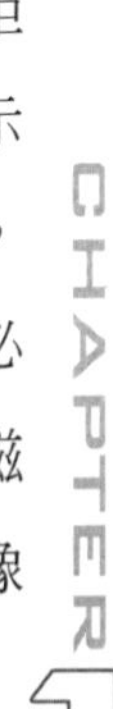

處理時間變短。也因此會有沒有作到充分充電而導致畫質不良的問題發生。目前這種問題已被克服，映像技術也越來越進步。

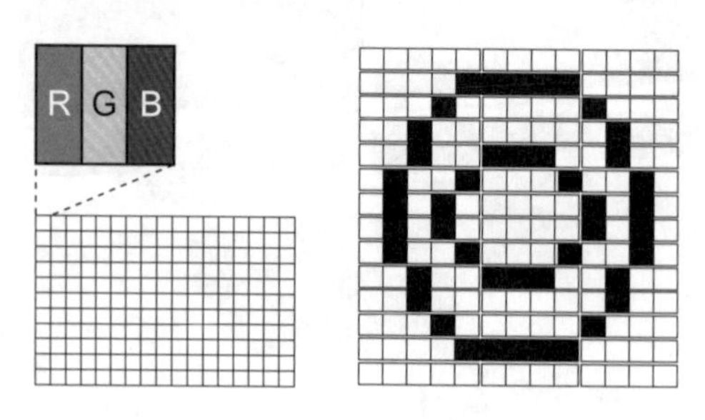

圖 1.2 點矩陣顯示

TFT-LCD是藉由點矩陣顯示器的各個畫素裡附加的開關(SWITCH)元素，因此不管多少畫素數都可顯示展現其特性，能卓越顯像。如表 1.1 所示，顯示器的各種顯示特性(解析度、亮度、對比、灰階、色彩再現、應答速度、視角等)被運用在 TFT 後有著明顯的進化。

表 1.1 顯示器的特性

解析度	畫面的細膩度
亮度	畫面的亮度
對比	黑白亮度的比率
灰階	明亮度數
顯色	可顯示色彩的種類
反應速度	畫面切換時間
視角	不因角度觀看角度不同而顏色相反，可充足的取對比範圍

被標準化之後的顯示規格如表 1.2 顯示器格式所示，上述內容爲精緻畫像顯示時的指標。

表 1.2　顯示器標準規格化

用途	表示規格	畫素數			畫面的長寬比例
		H	V	總畫素數	
數位電影	4K	4,096	2,160	8,847,360	16：8
	2K	2,048	1,080	2,211,840	16：8
TV	1,080i/1,080p	1,920	1,080	2,073,600	16：9
	HD	1,366	768	1,049,088	16：9
	720p	1,280	720	921,600	16：9
	480p	720	480	345,600	16：9
	480i	720	480	345,600	4：3.16：9
	類比式	640	480	307,200	4：3.16：9
PC wide	W-QUXGA	3,840	2,400	9,216,000	16：10
	W-UXGA	1,920	1,200	2,304,000	16：10
	W-XGA	1,280	768	983,040	16：9.6
	W-VGA	800	480	384,000	16：9.6
PC	QUXGA	3,200	2,400	7,680,000	4：3
	QSXGA	2,560	2,048	5,242,880	5：4
	QXGA	2,048	1,536	3,145,728	4：3
	UXGA	1,600	1,200	1,920,000	4：3
	SXGA ＋	1,400	1,050	1,470,000	5：4
	SXGA	1,280	1,024	1,310,720	4：3
	XGA	1,024	768	786,432	4：3
	SVGA	800	600	480,000	4：3
	VGA	640	480	307,200	
手機	QVGA	320	240	76,800	4：3
	QCIF ＋	220	176	38,720	5：4
	QCIF	176	144	25,344	11：9

電影院所採用的數位電影之關聯規格樣式，爲記錄解析度儲存系統傳訊方法等規定。其解析度的定義分爲 4K(4096×2160 畫素)、2K(2048×1080 畫素)。映像壓縮時是利用JPEG2000、音頻信號(Audio chanel)最多有 16 頻道。而不使用軟片直接使用投影映像傳送機傳送資料。所以不會有畫質劣化情況發生，且輸送及保管也較爲容易。也能有效的防止盜

版。3D 動畫(CG)也能簡單的在電腦裡作加工。大幅的減低其製作成本減少費用支出，光纖、衛星回線等既高速且大容量利用網際網路做傳輸傳送至電影院，也能減低將電影製作公司的版權使用製作費用，和現況電影院放映電影時使用 35mm Film是同等的畫質。在好萊塢已有 7 家電影製作公司已同意採用統一規格的放映方式。好萊塢的知名STUIDO的規格亦等於世界的標準規格。比方說，1999 年上映的[星際大戰第 1 集]以後同一系列的皆以此爲規格標準。2005 年上映的第 3 集則是利用 4K 規格製作，畫質明顯的變好。

基本上取像用的攝影軟片(FILM)需要透過光照射，否則就無法顯像。當然會需要充分的光源，但高畫質相機用自然光即可攝影風景。這是因CCD、CMOS等受像元素的感度較高。所以，諸如像山、森林等較遠、較暗的影像亦能拍攝，它是決定整個影像好壞的關鍵，使用高畫質攝影機攝影的話，即使是近在眼前的影像亦可拍攝，輸入裝置功能日新月異的在創新，以廣域嶄新的創造性的新手法登場。

我們在家裡看的電視(地上波類比式放送)是以 NTSC 放送的解析度作爲標準畫質，稱之爲 SD(standard definition，標準精細)，高畫質則稱爲 HD(high definition 高精細)。數位放送的 SD 畫質是由 525 條的掃描線(有效掃描線爲 480 條)所構成。一個畫面用 1/30 秒掃描。掃描線並非是按順序掃描，而是在最初的 1/60 秒走基數掃描線，下一個 1/60 秒則是偶數的掃描線，亦稱之爲(INTERRACE)跳躍式掃描，SD用 480 條 INTERRACE 方式掃描所以又稱之爲 480i，同樣是 SD 畫質也有的是以 1/60 秒方式的順序掃描進行方式，亦稱之爲 480p。此方式即使是畫面內有閃燈亮點也不易察覺。SD畫質畫面的長寬比爲 4：3。反之，HD有(INTERRACE)跳躍式掃描 1080i 和進行式方式(progressive)720p，其長寬比爲 16：9。

高畫質數位放送是以1920×1080畫素的1080i送出，反之接收用的電視現況則是以1366×768畫素。HD 亦是1280×720畫素的720p 爲主流，因這些機器無法直接用在1080i高精細高畫質(Full hi vision)影像作顯像動作。因此就會從映像裡刪除一些畫素，在做補間隔處理時是以1366×768畫素顯示。所以就會有從原來的200萬畫素降至100萬畫素之故。套用在數位攝影機其畫質則有很大的差異，現在的類比式地上波放送的畫素數爲30畫素，這種差異在越大螢幕畫質的差異會越明顯。但最近已逐漸開始增加可以直接在高精細畫質(FULL HI-VISON)電視收看高精細高畫質放送。

電腦的畫面越來越大螢幕化，同時也越來越精細化，其表示規格也就越來越多樣化，原本電腦就廣汎的被應用在資料處理、製作文書，亦是被廣泛的運用在通訊用途上，電腦也可以用來觀賞電視節目、錄像，其中電腦也被運用在必須處理超高精細的顯示診斷影像等。現在 PC 的主流爲XGA亦是SXGA，已漸漸的朝寬螢幕開發。

優良的顯示器需有漂亮的色彩和深膩細密的顯示能力，CRT是利用明亮度和螢光體撞擊後所發生的電子量轉變成類比式，所以可自由自在的顯色。TFT-LCD是利用電壓控制，每個畫素透過背光的光量(色彩亦是明亮度)隨著每個階段控制後顯現出些許微妙的色彩。表1.3爲各個顏色的灰階位元(BIT)的顯色相對關係，可顯示的色彩數決定於所使用的畫像資料的位元數。顯示彩色的部份是由RGB 3色所構成，利用4位元(BIT)的驅動器驅動16灰階即可顯示16^3＝4,096色。8位元驅動器驅動256^3個灰階的話即有256^3＝16,777,216色。

TFT-LCD必須將映入眼裡所呈現看到的質感直接忠實顯像，需具有更精細更明亮的影像，在我們不斷的努力追求畫質更新下，觀眾也開始要求有臨場感。

表 1.3 總 Bit 數比所顯示的情報量

顯示色數	階調數	位元 Bit
687 億	4,096	12
10.7 億	1,024	10
1,678 萬	256	8
26.2 萬	64	6
4096	16	4

現在網頁瀏覽器是以 96dpi(dots per inch)為標準，1 inch(約 2.54cm)約有 96 畫素的密度，為了要能達到顯示標準，TFT-LCD 規格 70-100ppi (pixels per inch)級的螢幕做成商品化，其畫像顯示就像電影軟片般既順暢又高精細、高對比。現在也有計畫將印刷物更換，35mm film 的最大解析度(基本解析度)為 2700dpi，今後 TFT-LCD 的顯像能力必須作到此解像能力。

畫質既清晰且漂亮的高精細數位放映的時代已來臨，TFT-LCD 不光只是充滿臨場感的影像，日常一般的電視節目也能逼眞顯像的 TFT-LCD 所呈現出來的影像會因安裝空間的大小所影響，具體顯現出適合空間畫面尺寸大小的要因在於長度，如圖 1.3 的長寬比圖。

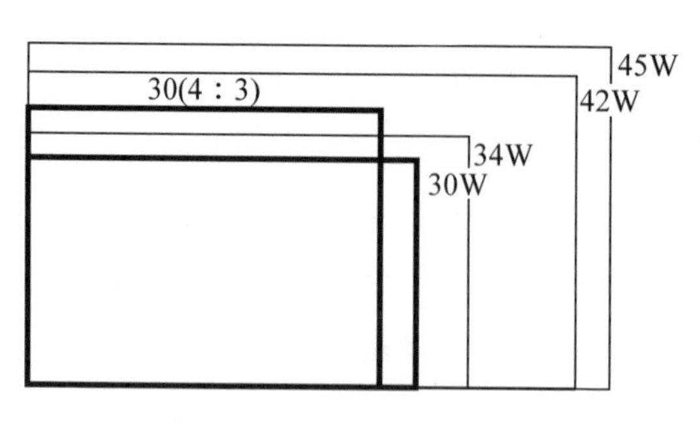

圖 1.3 寬螢幕尺寸比較圖

顯示器的畫面尺寸區分是用畫面對角線長度作表示，但是長寬比4：3和16：9的畫面皆是以各個對角的長度做比較，所以在考量畫面大小時需考量此點。同樣的尺寸，寬螢幕的話會因為畫面比較寬，高度則比較低。相對的看起來就感覺比較小。例如，說以4：3比例的30吋螢幕來做比較的話看起來會感覺像是34吋寬螢幕，而40～42吋寬螢幕看起來就感覺更大了，。

看電視時會視畫面大小而調整適當的視聽距離，如果距離太近畫面看起來則比較粗糙容易感到疲倦，距離太遠則臨場感較差。一般來說SD畫質電視的適當視聽距離大約是畫面高度的6倍。若以29吋的畫面來講，其高度約有44cm 再乘以6倍，即2.6m(公尺)左右為適當距離，高畫質畫面的高度大約是畫面高度的3～4倍為適當標準，30吋寬螢幕的畫面高度約37cm，所以適當距離約為1.1m～1.5m。電視螢幕是使用在觀賞瀏覽上，反之也有些顯示器是必須一直注視用螢幕，兩者所需不同。一般來說，看書時的適當距離是35～45cm，和看螢幕的適當距離相同，稍微朝下方看的自然姿勢及適當的光亮度，視聽者(觀眾)的視角約呈30～36度，以此條件來看的話注視螢幕的適當螢幕尺寸上限為25吋～30吋，畫素大小也很重要，TFT-LCD畫面是由RGB串起來構成的。它的最小單位的長、寬、大小越細微，其顯示越細密。但長時間看細小的文字的眼睛容易疲勞在選擇螢幕時則需一併做考量，可以以畫素間距(相鄰在一起的畫素連結的距離)做選擇時的考量，一般來說0.26～0.3mm的畫素間具範圍最為適當。

1.1.3 推開世界顯示器之窗

圖書館並非只是一個物理性空間，它也是打開世界情報的窗口。圖書館可以收集資料、情報、儲存、提供資料的地方，它也是個能提供你無數的媒體情報，是個輕易、便利、舒適、自由休憩的場所，它同時也是支援你學習、研究的服務機關。隨著寬頻的普及，TFT-LCD 成爲圖書館的服務機能和個人亦是家庭的連結之窗。客廳的電視成爲生活中的主角，不管何時何地大家都可以快活舒適的自由進入使用的“圖書館”。每個人總是盯著喜歡的螢幕看，隨身帶著機器，可自由任意決定和世界連結窗口的大小，而這個任務則是由 TFT-LCD 擔任著。

另外，TFT-LCD這個視窗被普及化的理由在於成功的突破降低製作成本。網際網路的累計情報量推定爲一千兆位元，相當於新聞一千萬年份的情報量，網際網路是以接近 0 的價格，即可和全球裡不同角落不特定使用對象而形成新的開放性空間、新的生活行動、新的情報環境，不管何時何地皆能自由的存取情報。

像這樣象徵著廣域網際網際通訊網的高度情報通訊用的[打開世界之窗]的螢幕顯示器。TFT-LCD 不光只是能夠從靜止畫面到動態畫面，從小型到大型畫面，標準到高精細等，所有的情報之窗所需具備的性能。

要存取大量情報，不光是 TFT-LCD 的螢幕視窗，另外還有像是報紙之類的紙面型視窗。但，這中間有著極大的變化，自從美國的紐約時報的編集部發表爲對應除了在報紙閱讀新聞以外在網路上讀取新聞的讀者越來越多的需求。日本的內政部正在推行利用光纖透過網際網路傳訊至各家庭用戶同時也能再傳送出去。

美國CBS電視台已經開始免費開放觀看即時新聞報導，另外寬頻使用者也可以隨時存取 2 萬 5000 個影像資料，2010 年連接寬頻的家庭數和觀看有線 TV，衛星電視用戶將會併行，CBS 看準網路使用者的需求性而提供此服務。

美國 3 大電視公司亦是新聞報導專門頻道CNN也開始在網站及時新聞播放，電影業也開始加入網路播放，此潮流意味著媒體寶庫和網際網路連結之意，首先是電腦領先導引著這些功能資產將會傳承導入到電視。

1.2 彩色液晶顯示器的發展與未來

1.2.1 目前為止之發展

1888年在澳地利發現液晶，約80年後的1964年，美國首先發明了液晶顯示器，因爲這個契機而開始研究液晶，1973年日本開始量產電池可長時間使用的液晶顯示計算機。漸漸的開始朝 TN 液晶薄型、輕量、耗電量低的方向邁進，在 1980 年爲止是以一節一節方式顯示，主要用途是使用在手錶的液晶顯示面板，液晶顯示面板的計算機，之後因點矩陣顯示器是使用時分割驅動法等新技術進而漸漸畫素容量變大，畫面也隨之變大，1980 年代中期，STN 液晶技術被開發後首先是使用在電子打字機，隨著畫面尺寸大型化後，開發了在當時被認爲性能實用的VGA顯示(640×400 畫素)。

而相反的，1970年代後半期矽膠薄膜 TFT 問世，1980年初期超微細彩色模標榜以彩色問世，漸漸的動畫以彩色放映高對比LED的基本技術。TFT-LCD 是將點矩陣顯示裡的各畫素裡附加點滅燈開關元素，所以不管多少畫素數都能夠可以有很卓越的顯像品格，使顯示器的各項顯示性能、解析度、亮度、對比、灰階、彩色、皆能有更嶄新的表現。

1983年日本發表世界首推的TFT-LCD彩色電視，隔年正式發售，從 2 吋的畫面到 1988 年時，已開發至 14 吋。1990 年初已凌駕 STN-LCD，實際上已能搭載 10 吋的筆記型電腦螢幕，此時剛好正是電腦發展期，TFT-LCD 首次實現了搭載在隨身攜帶式電腦，這帶給筆記型電腦很大的意義，TFT-LCD 可以十足的將畫素數顯示的高畫質顯示器，它代替了原有的CRT後，首次有彩色FPD(平面顯示器)之定位，開始了正式發展。

這樣的結果下，爲對應急速的電腦世代進化，畫面尺寸越來越大型化，越來越精細化，陸續投資第一代、第二代、第三代的大規模生產線設備。1990年代前半TFT-LCD已發展成可獨立出來的新興產業，隨著筆記型電腦的普及，10吋級的量產技術已上軌道，也開始取代了CRT。首先，桌上型PC用螢幕市場急速轉變(圖1.4)，母玻璃的大型化需大規模生產線技術，促使降低製造成本，TFT-LCD 以薄型爲特點策略，方能和CRT競爭。

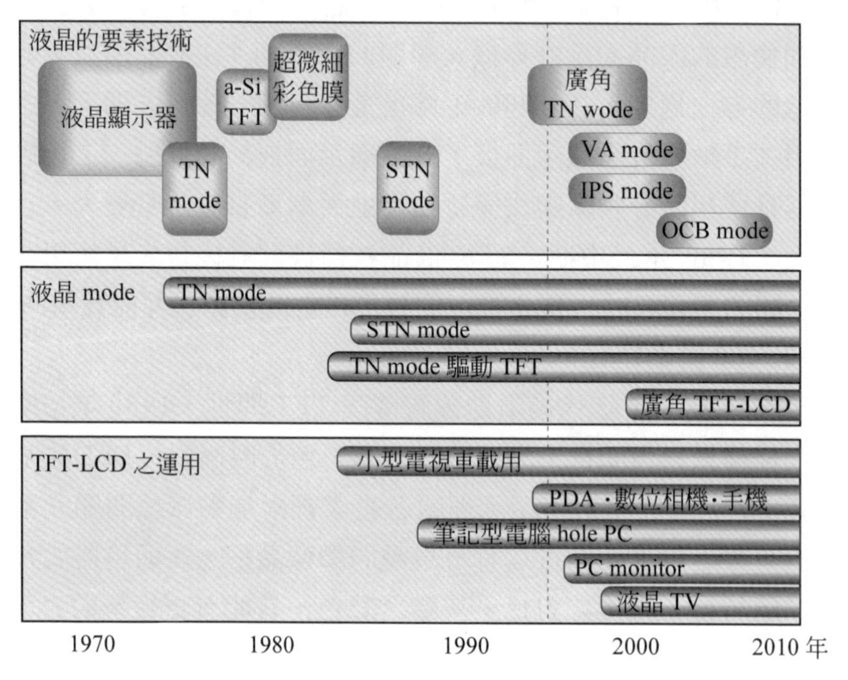

圖 1.4　液晶顯示器的開發史

1990 年代中期，液晶顯示器陸續開發了廣角的新液晶型式，如圖1.5所示，螢幕及電視市場越來越廣泛，由TFT-LCD TN MODE進行至VA MODE、IPS MODE、OCB MODE，漸漸開發成新廣角式液晶螢幕，而同爲螢幕的電視，也進化成視野角擴大液晶螢幕。1999 年 20 吋的LCD電視上市。2000年時，圖1.6 TFT-LCD的大型薄型電視已開始上市，母玻璃基板已超過1公尺正方型、五代廠、六代廠陸續開始生產大型 TFT 基板。2004 年 45 吋、2005 年 65 吋也已登場上市。

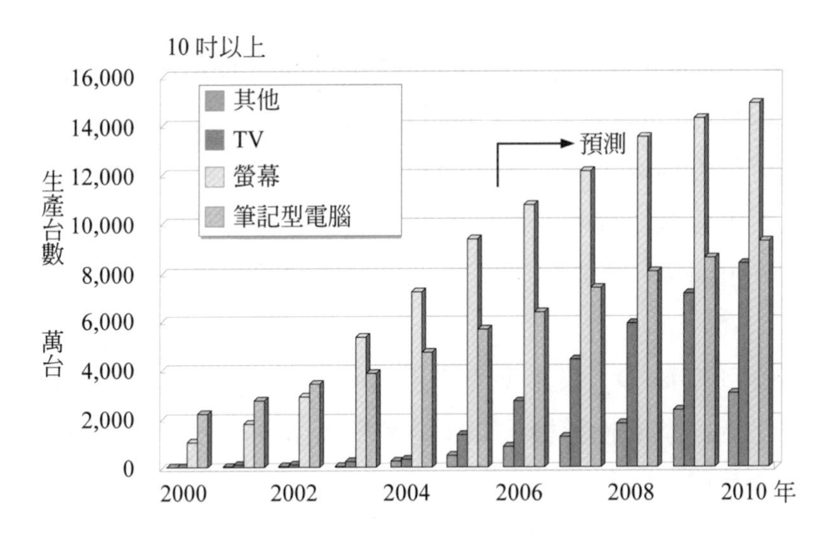

圖 1.5　大型 TFT-LCD 市場規模及其用途別之變遷(台數)
(摘錄至 K&T Institute Inc, Worldwide, 08/2005)

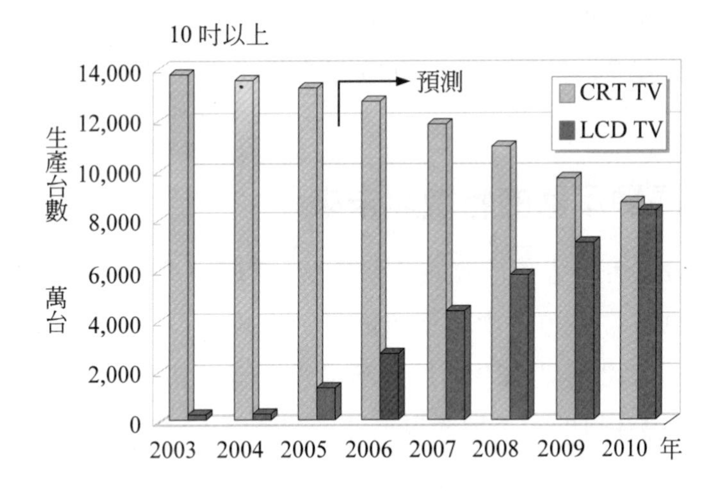

圖 1.6　TFT-LCD TV 和 CRT TV 的市場規模變遷(台數)
(摘錄至 K&T Institute Inc, Worldwide, 08/2005)

各式各樣的液晶模式的回應速度越來越快，也開發了適用於動畫顯示的新驅動方式。

在不斷研發進化發展中，1990年代中期開發了使用低溫多晶矽(LTPS)的TFT-LCD，現也已經實用化。LTPS和一般的非晶矽膠膜的移動頻率相較起來有數百倍高，類似像驅動程式的周邊程式可一併集積在TFT基板，因此可大幅減少成本。而信用好、面板越輕薄化這種大多數是用在10吋以下的中小型 TFT-LCD，特別是廣泛的被利用在手機等輕量小型顯示器。

因開發TFT-LCD，投影型光學系100型以上的大型畫面也可能作成正面型亦是後面型的投影機。TFT是使用高溫多晶矽，最近則部份是採用LCOS單晶矽。

TFT-LCD在日本做基礎研究和技術開發一直到實際上市成爲商品，在 1990 年代裡面板製造廠、機台製造廠、材料部品製作廠三位一體，一起開發彩色筆記型電腦螢幕、電視等運用分野。開發了大規模量產技術，因而形成現有的液晶產業。之後，TFT-LCD產業，韓國在1990年代中期，台灣在90年代後半，2000年中國大陸正式參與加入成爲國際性的產業。

1.2.2 液晶顯示器的特徵與未來

很明顯的在活躍著在社會的各個角落，TFT-LCD的普及化，手機、數位相機、車載零件等，中小型畫面尺寸市場亦是[POST CRT]10吋以上50吋等，平面顯示器(FPD)以逐漸成爲大畫面市場裡的主角。

現在，最被注目的中小型面板尺寸，在市場上已有EL顯示器(Organic Light Emitting Diode，OLDE)使用各種不同的有機材料用薄膜塗在基板上成爲多層膜，再用5～10V 的直流電壓使其發光，因爲發光體是使用有機物故稱之爲有機 EL。用低電壓即可取得高亮度、識別性、掃瞄速度、省電等優點，其特徵爲因不需要背光所以比LCD要來的輕薄化。

現況因還是在作材料開發改善性能之開發期，多半被侷限使用搭載在手機、汽車音響，將來會有極大的潛在能力。屆時，在驅動技術TFT-LCD研發時的經驗也可寄予很大的貢獻。

大型電視市場裡佔有一席之位的電漿電視(Plasma Display panel，PDP)其掃描速度迅速，和有機 EL 相同都是自己發光型顯示器。彩色PDP是由畫素裡的每個元素用電漿放電時所發出的紫外線，利用此紫外線使彩色螢光體發光，適用於大型顯示器，90年代後半 CRT 已無法製作像薄型電視般的產品，PDP以40"至60"超大型先行領先，現在TFT-LCD也已經逐漸大型化兩者相互競爭。

新加入的技術SED(Surface-Condaction Electron Emitter Display 表面傳導型電子放出元素顯示器)也參入市場，SED 的製品技術和 PDP 幾乎相同重疊。

2005年日本的電視市場，LCD 和 PDP 合起來，薄型電視的年出貨量首次超過 CRT 電視。薄型電視在這半世紀間取代了 CRT 所佔有的市場主角位置，北美市場裡32吋亦是37吋大多被使用在臥房亦是廚房，客廳則是以 50"吋以上的大畫面爲主流，背面投影型電視開始成爲注目的焦點，美國的住居空間較大，消費者較不需考量製品的厚度大小，必須以強勢的價格競爭力做戰。

因此液晶顯示器的競爭技術需不斷的開發不斷的鑽研，液晶顯示器有著無限的魅力與個性，如圖1.7可看出，從1吋到65吋，因應使用用途而變化顯示器的大小，可柔軟的變化使用的特性是其它所無法模仿的。不論何時何地只要有可連結的網際網路之窗的ubiquitous，網路無所不在越進步，越能發揮其特性。液晶顯示器將會成爲今後「ubiquitous網路無所不在」的主角。

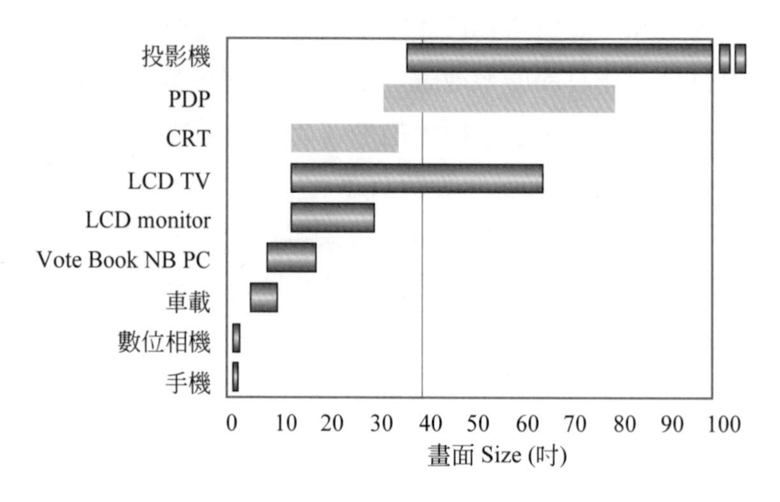

圖 1.7　LCD 應用及畫面 Size 的開拓

1.2.3　Ubiquitous Computing 顯示器之進化演變

用網際網路和世界連結，實現了即時交流空間，也相對的揭開了TFT-LCD 的市場，這個有史以來的大規模市場支援著我們，成爲使用者的不可缺乏的基礎設備，而其關鍵相關語在於寬頻和[ubiquitous網路無所不在]。

Broadband ＝控制載波(Carrier)訊號狀態的傳輸技術，意指經過相互連結而引發的[關連性]。不管有線還是無線，不管在何處都可以做連結的蜘蛛網，網路不單只是連結，它可以掌握使用者的使用狀態位置，再從那裡成成長出廣泛的技術，這樣雙管齊下的發展使利用者間的情報交流更爲迅速，創造出更深的相互關係。

現在是以寬頻網路爲中心的高度情報，社會的先端即有[ubiquitous網路無所不在]。Ubiquitous 是拉丁語。“ubique”是形容全部到處，其形容語的根本爲[悟德]，“ubique”是指所有，到處之形容詞，英語是指到處都遍在之意。不管在何時，不管在何處，都可接收網路服務的社會。

這些在使用者看的到電腦的硬體，但看不到網路的實體，在我們的社會生活環境中，一般指computing環境，即是指電腦晶片和網路連結在一起，使用者無須在意環境、場所、網路使用電腦工作的環境，電子計算機的延長線電腦，電話的延長線是手機、電腦和手機等情報通訊機器已漸漸無區分境界。而在背後支援實現的則是高速通訊的寬頻技術，有了這樣的技術後，照片亦可用動畫處理技術，無線網路(LAN)，地上數位放映技術。甚者，電子郵件、線上遊戲等應用程式的進化演變，作終端連結。走在街上到處都可以看的到，新的科技技術成果。諸如，車票自動投票系統，在便利商店可支付各項付款費用，手機的功能已能夠匹敵電腦等，現況的科技已實現了個人化ubiquitous網路無所不在。

像這樣連結在人機介面(Human Interface)用的ubiquitous，帶著雙向性的系統，可想像會進化至多形態的螢幕視窗，目前爲止 TFT-LCD 爲除了線型顯示器，投影型顯示器之外，正朝著柔軟型顯示器、電子紙張顯示器、3D 顯示器、壁面顯示器等，多樣嶄新的型態、性能、機能顯示器等技術作開發，這些都有可能是發展進化連結反映在新時代顯示器裡。

TFT-LCD 的 TFT 是在玻璃基板上塗布的薄膜矽膠晶體，矽膠晶體除了TFT的元素以外，IC驅動亦是LSI等各種不一樣的迴路也一起組立則稱爲低溫多晶矽 TFT，未來的開發構想是將低溫多晶矽 TFT 和 LSI 的細微加工，亦是 CMOS 技術融合的多樣的感應器亦是 CPU 程式組在裡面薄電腦(SHEET COMPUTER)顯示卡。滿載從入力到出力一貫功能的液晶面板已進化至下一個世代，TFT彩色液晶面板的技術能夠創新世紀的跨進未來之路。

可想而知[Ubiquitous disply]是成爲雙方對話的窗口，它具有親和力，敏捷的處理雙向對話。例如：視訊、麥克風通話等種種的入力裝置亦是感應器和電腦做連結，即使你只是在顯示器的前面，但就好像連到通往世界的窗口。平常即使只是用來裝飾用的畫，如果確認有人站在畫的前面，那個裝飾畫面即可立即自動轉成現場影像，或者是只要輕輕按一下畫面即可以開啓音聲亦是影像頻道。

如果廣泛的推廣[Ubiquitous disply]的話，你在車站、機場、購物中心、鬧區，你放眼望去到處都有不同的影像，凹版印刷般美麗靜止畫面、動態畫面和靜態畫象清晰，即使影像連續放映也如同精緻的海報般，文字和影像有效的配置，左右顯示不同的影像有如從鏡中反映照射出的影像多彩多姿的加工手法。未來正朝著落實創造普遍化顯示器，同時也觀望市場的需求因應其變化。今後不再單純只是液晶顯示器，公共設施開發必須以ubiquitous網路無所不在的方向從機器設計到生活型態設計爲止的相關聯開始做。

Chapter 2

COLOR LIQUID CRYSTAY DISPLAY

何謂液晶顯示器

2.1　何謂液晶物質

何謂液晶，如同它的名字般雖說是呈液狀但卻像是會結晶的物質，其種類繁多，每個性質雖不相同，不管是那一種液晶在低溫時呈固體結晶，溫度上升後則是保持部分結晶性的液狀物質，如果再加溫時則呈液體狀。

比較具有代表性的液晶，如圖 2.1 所示，在−50 度 C 的低溫狀態時是固體狀，呈白色硬質塑膠狀，將溫度加溫後則會漸漸變軟，之後變成透明膠狀的粘稠性液體，越接近室溫粘度越小，呈糖漿狀(如圖 2.2)亦即呈液晶狀態的狀態下，物質的狀態是呈液體狀，類似光學結晶的性質，將溫度升高至 100℃時，則呈完全透明的液狀，在一定的溫度範圍內呈液晶狀態下的物質即稱爲液晶物質，亦是液晶。

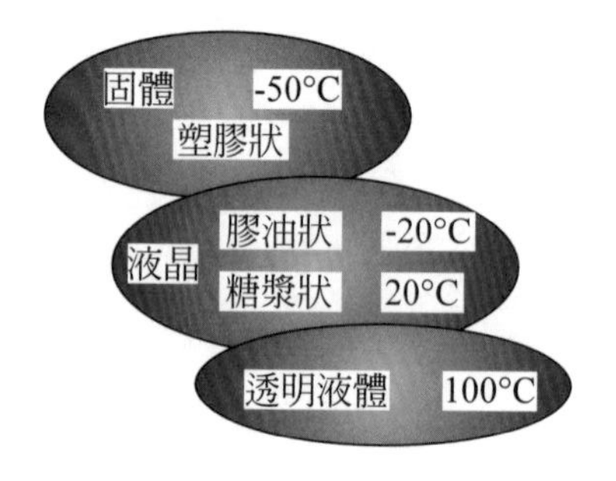

圖 2.1　液晶狀態圖例

圖 2.2　液晶的外觀

2.2　液晶分子的構造

液晶分子如圖 2.3 所示大致分成 2 種，一種是像骨頭般一樣很硬的部份，另一種則是像繩子般彎彎曲曲軟趴趴的部份，可想而知像這樣在顯示液晶狀態裡，同樣的分子包含有相當大不同性質，特有的性質的部份亦即是指液晶狀態，如圖 2.3 所示較硬的液晶分子的部份，互相都很有規律的整列著，剛好達成結晶時的效果，相反的，較軟的部分剛好是分子可自由運動的部份，一個分子裡有著相反性質，兼具了可讓液晶分子自由流動的液體及保持中規中矩的固體物質。

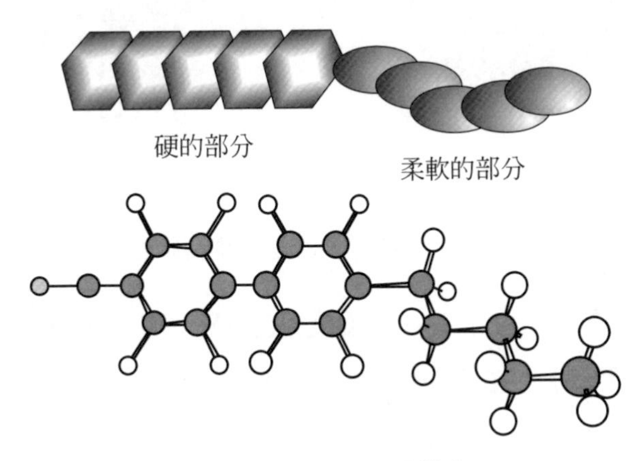

圖 2.3　液晶的分子構造

2.3　液晶的種類

[液晶]是希臘語香皂之意的層列型液晶(Samarium 簡稱 Sm)及希臘語的線之意的向列型液晶(neon簡稱Ne)，圖 2.4 爲將這些液晶分子集合在一起時的樣子，這些狀態是由分子間相互的引力而定，具體來說，是分子構造依長軸方向和短軸方向的分子間引力所定，這兩個引力的平衡可決定層列型液晶亦是向列型液晶。液晶分子的短軸方向的引力較強的話即出現層列型液晶(Sm)，形成構造層，各層可自由移動。相反的，如果長軸方向的引力較強的話則不會形成構造層，而形成連結成像數珠線狀，長軸方向會出現可自由移動向列型液晶相。另外層列型液晶配列裡各層的分子和層呈垂直排列稱爲層列液晶(SmA)相，各層的分子和層呈垂直方向和有傾斜角度的稱爲SmC相，其他還有A～H不同定義的層列型液晶相。

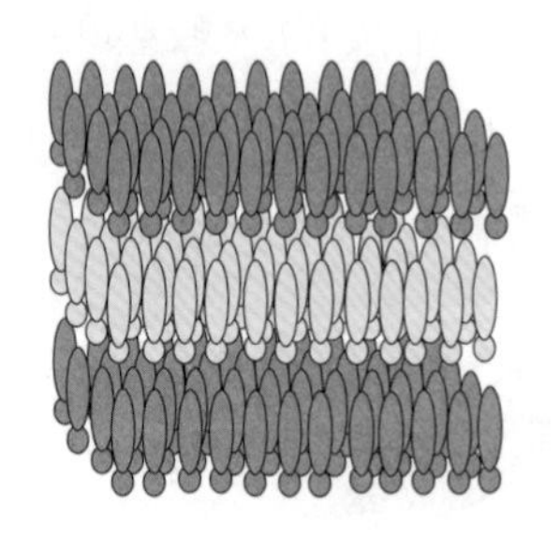

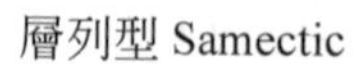

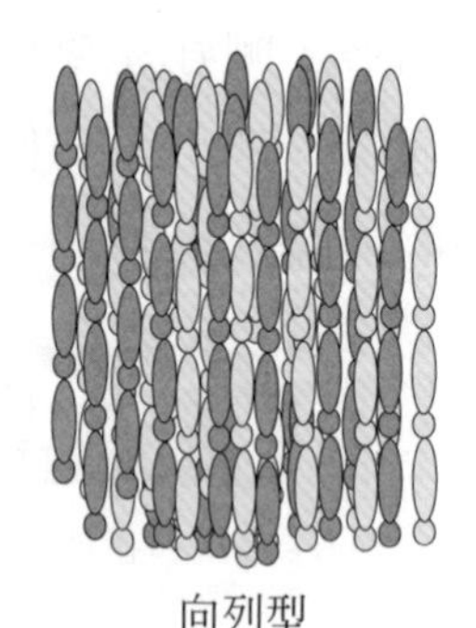

圖 2.4 液晶分子的基本集合狀態

上述之例爲隨著溫度上升，層列型液晶(Sm)變化成向列型液晶(Ne)，其變化稱之爲相變化，液晶物質會因種類不同而呈現不同的狀態，也有呈現一種液晶相的，也有因溫度不同顯示複數的液晶相。不管如何，液晶它總是會被受限於使用溫度。如此一來爲克服液晶的使用溫度問題開始研究改良，開發了混合數種不同的液晶， 可以從零下的低溫開始到可耐盛夏灼熱的車內般高溫的範圍的液晶組成物。

但是在自然界可看到很多蛋白質的光學異性體的存在，液晶也可顯示光學活性，顯示光學活性的是注目有種特異原子，它的結合原子團各個都不相同，液晶的特異原子爲炭素原子，圖 2.5 可看出結合的四個原子團皆不相同，這樣的特異炭素原子亦稱之爲不齊碳素，不齊碳素所持分子如圖 2.6 所示像是左右手的關係，鏡子反照出一樣的東西，像這樣反照對稱的物質稱之爲光學活性，其中心原子稱爲中心對掌，和鏡子裡呈對稱的是用 1-、d-記號，區別其對稱性。這些面向對稱的分子亦稱之爲光學異性體，而這個分子所顯示的光學活性的象徵的中心對掌亦是分子式，在物質名稱加*顯示。

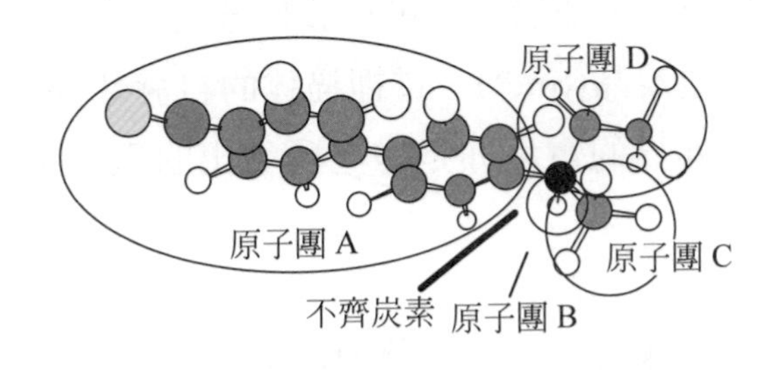

圖 2.5　擁有不齊碳素分子(活性光學體)

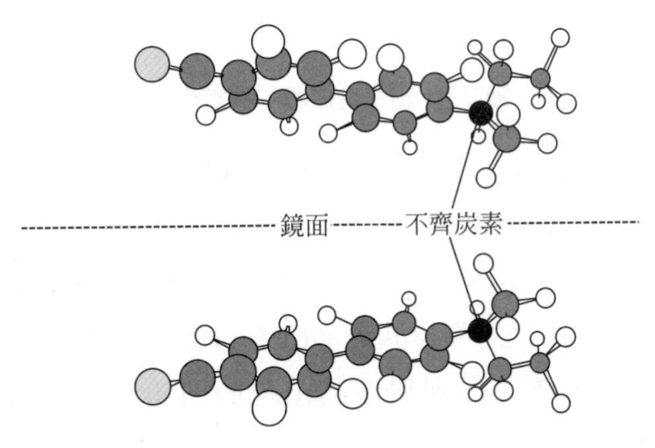

圖 2.6　光學異性體的鏡面對稱性

一般來說，如果分子具有光學活性時，例如蛋白質，分子會呈螺旋狀回轉排列，有光學活性的液晶分子也不例外，擁有光學活性的向列型液晶(Ne)、層列型液晶(Sm)也相同會形成如圖 2.7 般的螺旋構造.這個螺旋構造的週期稱之爲螺旋波間， 螺旋軸稱爲 helical 軸，這個螺旋波間和光的波等長的話，發現它會有選擇性光反射、透光性，這正是它可以控制特異光之故。

但是，向列型液晶中含有活性光學的稱之爲螺旋向列型液晶，在歷史上來看因發現對掌性向列型液晶，其液晶的分子構造有類似像膽固醇的分子構造，對掌性向列型液晶的一部份稱之爲膽固醇液晶。反之，層列型液晶也有活性光學，那個分子可自發性分極，又稱之爲強誘電性液晶亦是對掌性層列型液晶(Sm*)，這裡描述的自發性分極指的是分子中的分子有偏移，而外界的電場亦是磁場所發出的電子存在位置偏移(分極)而發生。

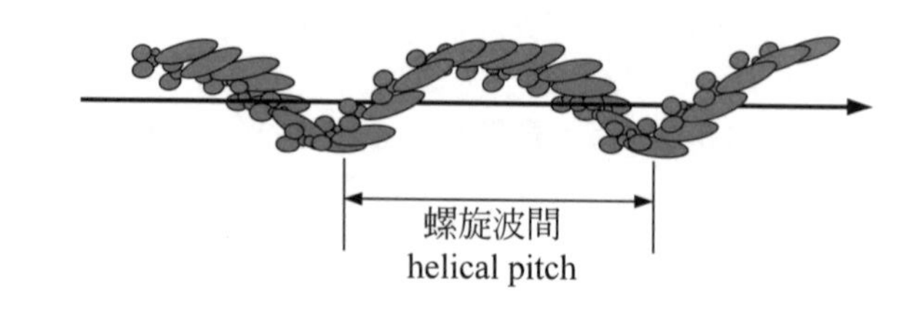

圖 2.7　對掌性液晶的螺旋構造

除此之外，液晶的末端用高分子(polymer)串成念珠狀改善其流動性即是所謂的高分子液晶。另外，強誘電性液晶中，安定狀態可分三種，安定亦是準安定狀態的反強誘電性液晶，以苯環爲核心的圓盤狀酯分子重疊，顯示特異液晶性的圓盤狀液晶(discotic liquid crystal)還是層列型液晶的低溫，再次使向列型液晶出現的凹角液晶(reentrant liquid crystal)等。

上述的每一個液晶，都是會因溫度影響而使得液晶的起變化，這些又稱熱電液晶(Thermo Tropic liquid crystal)。

很多生存在自然界亦是生態組織裡的兩親媒性物質(像香皂般由長炭素鎖鏈串成的疏水基和從離子亦是水酸基所串成的親水基)有些是在水中形成液晶，這些液晶又稱爲海洋熱帶(Riotropic)液晶。

2.4　光如何穿過分子

液晶分子如圖 2.8，因是細長棒狀的分子構造的緣故，光前進會因爲角度而不同，要理解這個原理，首先需理解原子、分子的構造。

通常原子是在原子核(集結陽子和中性子)的周邊如圖 2.8，電子會高速作動。實際上，當電風扇的葉扇在回轉時，無法看出葉子的枚數和形狀的原理一樣，電子在作高速回轉，也看不到它的位置。結果就像圖 2.9 所示，看似像電子雲將原子核覆蓋住，所以稱之爲電子雲。像氦一樣的電子雲呈球狀時，光從右邊射進亦是從左邊射進都是通過相同的電子密度空間。

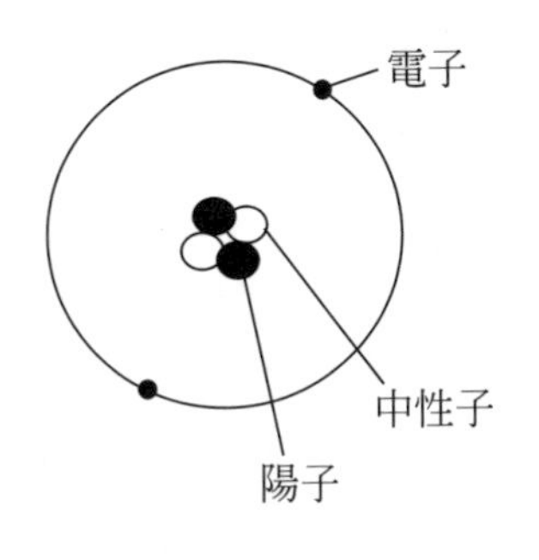

圖 2.8　波耳原子 model

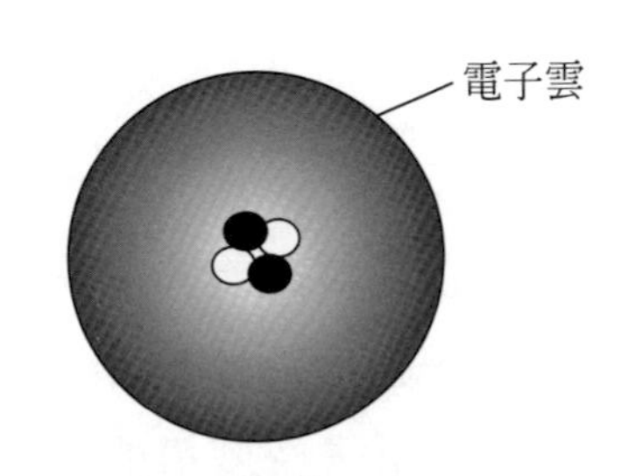

圖 2.9　電子雲 model

如果電子雲不呈球狀之物質，例如說氧分子，若是氧分子不動，電子雲即不呈球狀而呈糕狀，如圖 2.10 所示，左邊的入射光和從上面來的入射光所通過的空間其電子密度不相同。實際上是以非常快的速度將氧分子迴轉，實際的氧是由無數的分子集合體之故，引起平均化。所以，光和剛剛提到的氦一樣會穿過均一化下的電子密度空間。

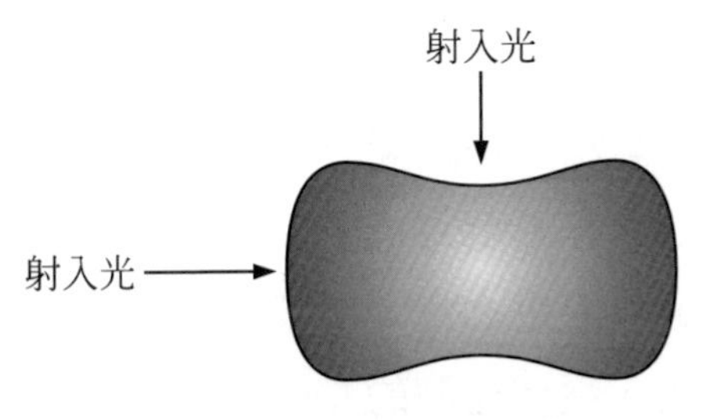

圖 2.10　氧分子的電子雲

一般來說，液晶等的有機物質是由碳素、水素、氧等數個結合而形成的分子，相鄰的原子所持的電子雲會互相混合，形成如圖 2.11 般複雜的電子雲，分子的電子雲在一定的條件下，光入射後那種非對稱性發出的彎曲光、迴轉，亦是只有透過朝某個方向的振動光。

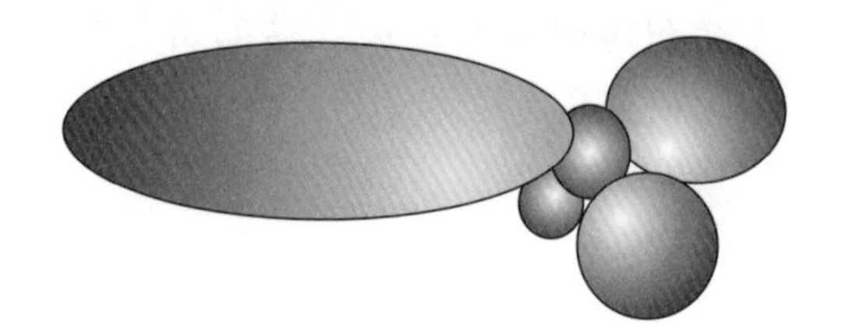

圖 2.11 液晶分子的電子雲

像這樣讓光旋轉的旋光，只有朝某個方向振動的光才可以引發偏光不讓它產生電子密度的平均化，有以下 3 個控制方式。

① 分子內的電子密度橫的和縱的會選擇不同的分子，因這個電子密度的偏向之故所以發現了力距。

② 物質內的分子對齊方向。

③ 爲了不讓物質內的分子亂動，封合起來。

如果可以湊足上列條件即可偏光，實際上要滿足上述條件的話須有單軸性結晶和單軸性延伸高分子膜，單軸性結晶的代表例爲方解石，單軸延伸高分子膜的代表例爲偏光膜。

在此描述說明偏光膜在偏光時的狀況，偏光膜是在聚乙烯(PVA)上塗高分子膜及塗佈碘素，這個膜會延伸成單軸，讓偏光膜中的碘元素分子轉向對齊，此時碘素和膜裡的高分子會一起做配向，這樣一來，碘元素分子會整列，碘元素分子會有電子密度偏向一邊，膜在延伸時整列，因是利用偏光膜的矩陣固定之故，所以偏光的 3 個條件皆能成立。

如圖 2.12 所示般，從偏光膜的左側照射自然光，自然光不管何時都是朝行進方向垂直振動，包含了偏光膜中的碘元素分子長軸方向呈平行

(縱向)震動的光和垂直振動的光，當然也有比較中間角度振動的光，這裡只簡易說明碘元素的長軸方向和平行方向所振動的光和垂直振動的光。碘素的話，因這個分子的電子密度偏一邊而發生的最大效果是分子的光吸收係數相異之處，和分子的長軸呈垂直振動的光大概都能百分百透過，分子的長軸呈平行振動的光則絕大部份的不透光，會被碘素吸收。所以，可以通過偏光膜的只有和碘元素分子呈長軸的垂直光，其他的光全部會都被碘素吸收，用這樣的方式取得從自然光來的，只朝一個方向振動的直線偏光(平面偏光)。

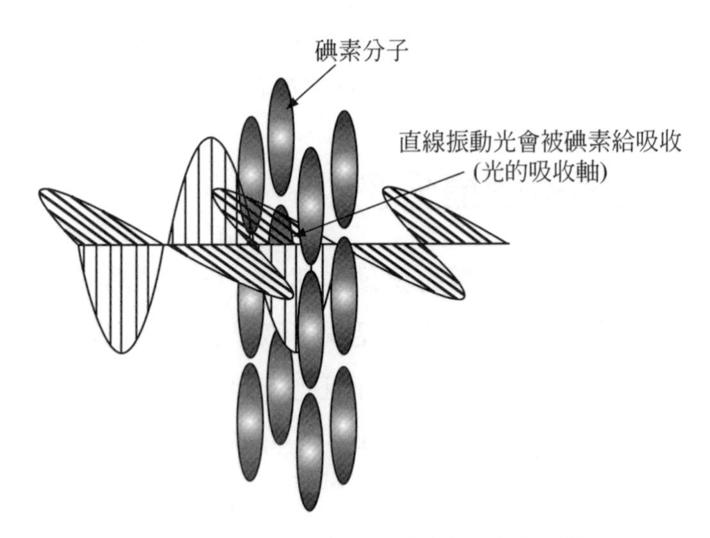

圖 2.12　已配向的碘素分子(偏光膜)的透過光

除此之外，取得偏光得辦法還有利用複折射菱鏡等方式，但液晶顯示器幾乎是不使用，其詳細使用方式請參閱其相關書籍。總之，原理不同，但結果就是偏光膜如圖 2.13 所示，只有朝振動方向才會偏光。

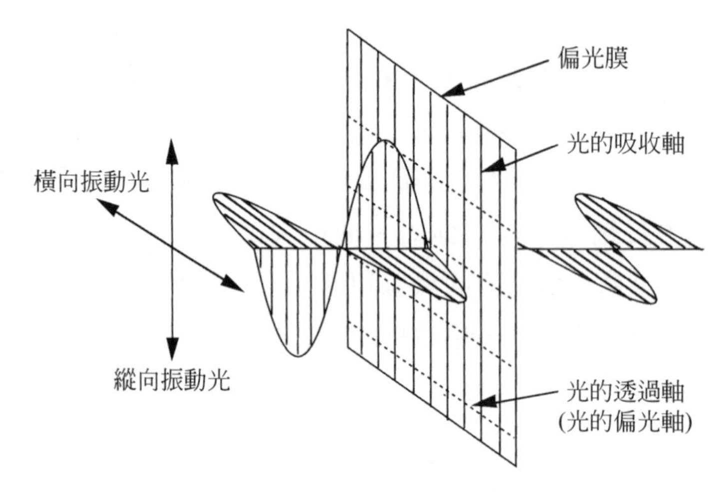

圖 2.13 通過偏光膜的光

2.5 光如何透過液晶分子中

液晶分子，因在分子內擁有堅硬的部分，就像結晶一樣分子的長軸和短軸各往一個方向作整列，換句話說，液晶分子自己本身就具有結晶的性質一樣，自己本身的分子不動而且會密封起來，然而再看液晶分子的長度，長軸向和短軸向有很大的不同，分子內的電子密度和直的和橫的分子不相同。所以，液晶分子裏存在著異方性(兩極力距)。

從上述理由來看，液晶分子有折射率、誘電率、磁化率、導電率等，每個不同的物性值裡都有異方性。另外，從分子形狀的特徵來看，彈性率亦是粘性率也有其特異性。

有很多液晶顯示器的液晶分子會朝一個方向發出兩種折射率，即是利用本身可以複折射控制透光，在此說明其原理。

首先說明何謂複曲折性，不同折射率物質在透光時，如圖 2.14 般從左呈直向振動的直線偏光的光就是曲折率n_e(比空氣的曲折率大)物質通過，因曲折率比空氣大，物質中光的行進速度就比較慢。通常，像固體亦是液體，比空氣的密度大的物質原子也排列的比較密，結果電子密度也比較高。所以，你可以把它想像成要透光時會和很多電子交集，所以不容易前進，結果光的進行速度較爲緩慢，其振動就像圖 2.14 般好比被壓縮了。物質通過之後原來的空氣也會通過所以會回到最初的速度。

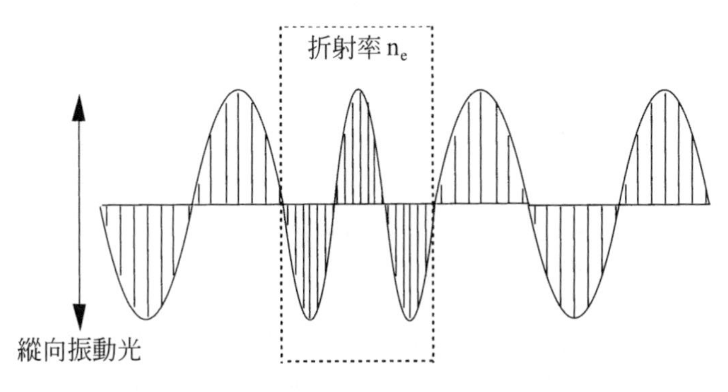

圖 2.14　直線振動光在通過折射率n_e物質時的狀態

下一個，從左往橫向振動其直線偏光的光透過和剛剛的物質是不一樣曲折率，n_o的物質要通過的情況。如圖 2.15 般，和剛才一樣，光會在物質中慢慢前進壓縮。

假定空氣的折射率爲n_{air}、$n_e > n_o > n_{air}$，這兩個光重疊時就像圖 2.16。如果，物質直的和橫的折射率不同時，如圖所示，從物質出來的光，直的和橫的振動的週期不一致，稱之爲位向偏移。

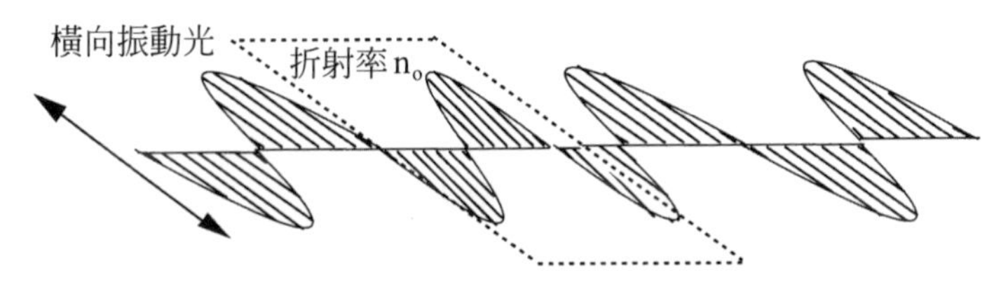

圖 2.15　橫的振動光在通過折射率n_o物質時的狀態

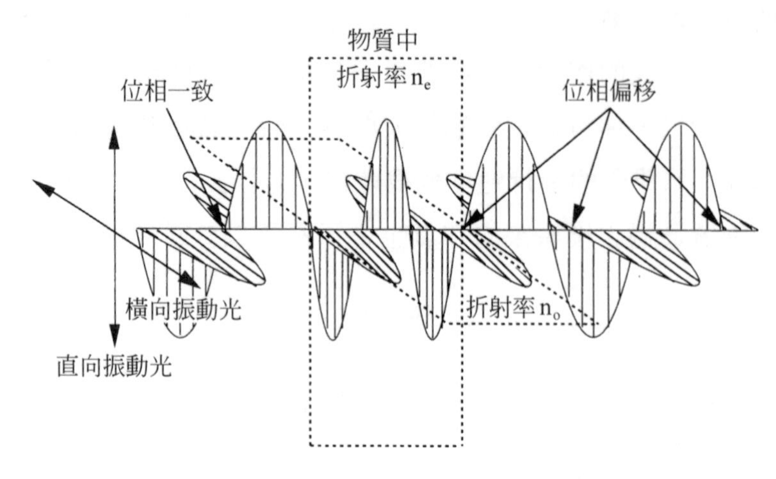

圖 2.16　縱向和橫向的振動光在通過縱折射率n_e、橫折射率n_o物質時位相偏移的狀態

液晶分子的話，如同上述物質的縱向和橫向的折射率不同的例子，圖 2.17 從左側看液晶分子，液晶分子呈橢圓形，其長軸方向和短軸方向的電子密度不同，結果就會發生不同折射率，長軸方向的液晶分子轉向稱爲(D)director長軸，在這裡長軸方向的折射率爲$n_{/\!/}$，和長軸呈垂直方向的曲折率爲$n_\perp$*。將這個液晶分子從分子的左側和長軸保持一定角度振動使直線偏光引向入射(圖 2.17)。在這樣的情況下，直線偏光的振動向量會往長軸(異常光)和呈垂直方向(常光)分解前進，直線偏光在通過液晶分子時，這些分解出的光會在各個折射率n_o和n_e的空間行進，就像前述所示每一個的前進速度不同。也就是說，和折射率($n_e > n_o > n_{air}$)呈反比，進行速度爲$v_{air} > v_o > v_e$的順序，所以在分子的出口會因曲折率的差而發生位相偏移，光的行進速度是從液晶分子出來後即復原成原來的

* 假設光的進行方向液晶長軸的角爲θ，常光線比的折射率n_o及異常光線比的折射率n_e的關係如下：

$$n_o = n_\perp、n_e = \frac{n_{/\!/}\, n_\perp}{\sqrt{n_{/\!/}^2\cos^2\theta + n_\perp^2\sin^2\theta}}$$

v_{air}，在位向偏移的情況下，v_{air}以同樣的速度n_{air}前進，也了解了這個偏移位相和每個光再度合成後，振動向量的方向和時間一起回轉，原本已經分解了一個光，在這樣以同樣的行進速度，但位相是偏移的情況下，振動向量會呈橢圓形動作，此時是右旋還是左旋決定於分子的對稱性。

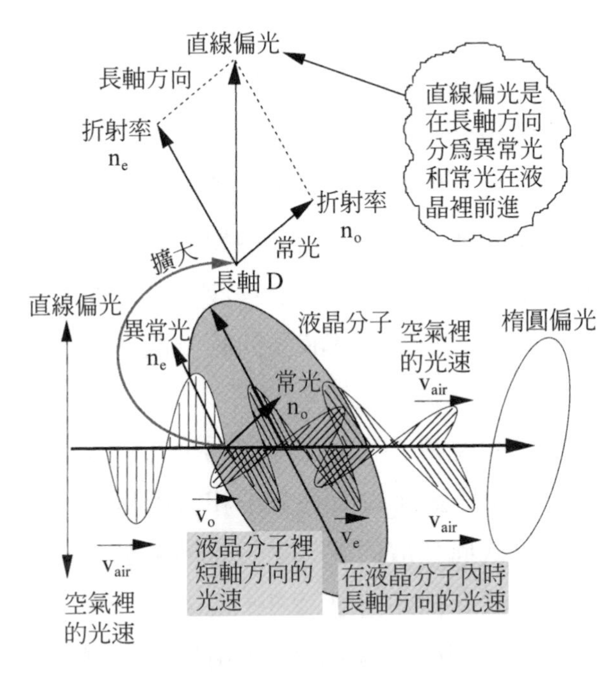

圖 2.17 通過液晶分子的光

但是，入射光是自然光將偏光膜做直線偏光，所以不會像雷射一樣位相很整齊，所以每一個光的向量即使在分子的出口側作回轉、在入射時不同位相的光會共存、平均化可劃出單純的橢圓，又稱爲橢圓偏光。

如同上述說明，入射後的直線偏光會因爲液晶分子的複折射而變成橢圓偏光，這樣的狀態下放偏光板時，在橢圓偏光內因只會通過和偏光板呈一致的軸的偏光。 光雖然會減弱，成爲入射角及角度不同的直線偏光。很多的液晶顯示器是採用這樣的效果，亦稱之爲複折射模式。

2.6 液晶分子有那些配向

在液晶裡施加電場欲促使液晶起光學變化，首先必須將 2 片玻璃基板間的液晶分子排列整齊，此時如何讓液晶分子配向*，會關連到之後液晶顯示器的好壞。

要如何配列*呢？配列會依幾何構造般的液晶分子、溫度、濃度等環境條件， 而左右發現液晶相的大小。如前述所示層列型液晶和向列型液晶的狀態下稱之爲相。相如果不同，當然液晶配列也就會不同，首先須先選擇使用那個相。另一個決定配列中配向的要因爲，液晶分子和基板的相互作用和基板的結合如果比較強，液晶分子的配向則會有扭曲成特異的角度。由此可知，配向即是液晶的相及液晶分子和基板間的相互作用而定。

如圖 2.18 配向的代表例子，垂直配向爲全部的液晶分子，和基板間呈垂直配列，水平配向是全部的液晶分子和基板呈平行，且朝同一個方向。focal配列爲對掌式向列取的配列之一。液晶分子在特定軸的週邊呈螺旋狀，此軸(又稱爲螺旋軸)和基板呈平行，平面上朝不同的方向配列。

讓液晶分子可以水平配向，最常被使用的方法爲配向法(Rubbing)。首先，須先形成配向膜。配向膜需在基板的表面塗上 500A 厚的多硫亞氨等的薄膜方能形成，這個配向膜聚合後，再用軟布做成的滾輪將多硫亞氨薄膜表面往單一方向擦過(配向)，讓底層高分子的分子做配向。液晶在組成 CELL 時，底層高分子的配向狀態和液晶分子相關，及由液晶分子做配向。實際上，因底層高分子和液晶分子的相互作用(引力亦是斥力)液晶分子會沿著高分子的配向做配向。現狀爲配向膜大多都是多硫氫

* 液晶分子依序排列時的動作稱之爲配列。其中，因爲和基板間的相互作用而排列則稱之爲配向。

氨類、分子的硬度、透明性，製造的時所需的耐熱性等(250℃)理由，目前尚未開發比這好的材料。

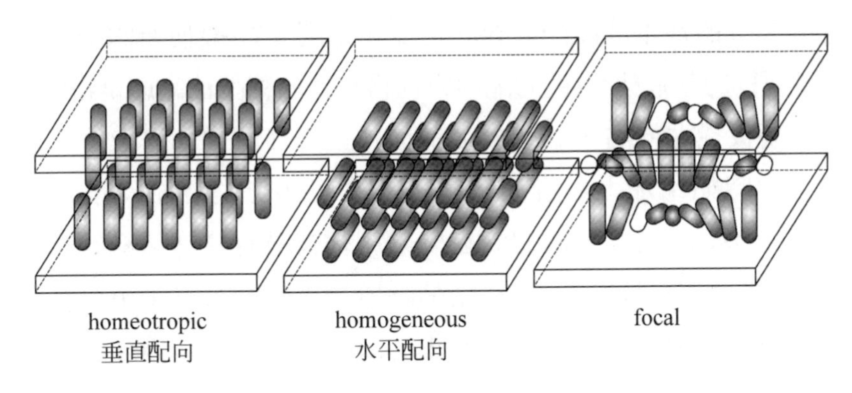

圖 2.18　液晶配列(配向)

Rubbing配向最主要的工作，如圖 2.19 般液晶的長軸方向和基板角度用特定的角度(pretilt 預傾角)做調整。此調整能幫助改善液晶的反應速度和顯示MURA(不均勻狀)。預傾角配向是在做預傾時將液晶分子往要做配向的方向傾斜的先端提高。雖然，在開發初期階段時也有考量過斜向蒸鍍的配向方式，但後來並未被實用化，關於配向技術待後續在說明。不配向技術、光配向技術、離子柱配向等新技術已被實用化。但多數的生產線還是用配向法做配向。

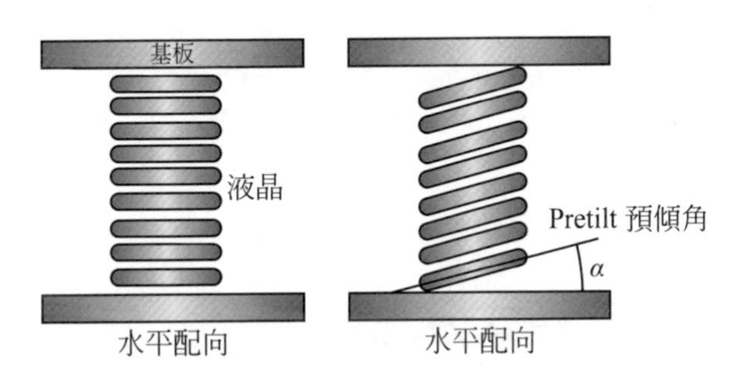

圖 2.19　液晶分子的 pretilt

垂直配向和水平配向所使用的多硫亞氨和的種類不同，垂直配向是使用多硫亞氨的塗布薄膜，此時不做配向處理。

從圖2.18的基本液晶配向要如何能夠像圖2.20般使新的配向產生。首先，將兩枚的基板朝90度的配向方向再夾住向列型液晶即是扭轉(twist)配向。上基板從左向右，下基板從前面往後面作配向即可取得又旋的扭轉配向。此時如果加上右旋的對掌式材料可防止左旋相反扭轉配向發生。扭轉(twist)配向是全部的液晶分子和基板僅有些許傾斜的預傾角，對形成不轉傾配向有益。通常在結晶時所發生的結晶格子平行移動所引起的缺陷稱之爲轉位，因扭轉而發生的缺陷亦即轉傾，因屬於同樣的缺陷，但分爲轉傾和轉位。

(Spray)延展配向是上下基板的配向方向互相呈平行，而且呈同一方向時，將向列型液晶插入後即可取得。此原理可想像前述配向方向和發現預傾角方向等即可理解，噴霧配向如果印加電場後即移轉成(Band)一條配向。

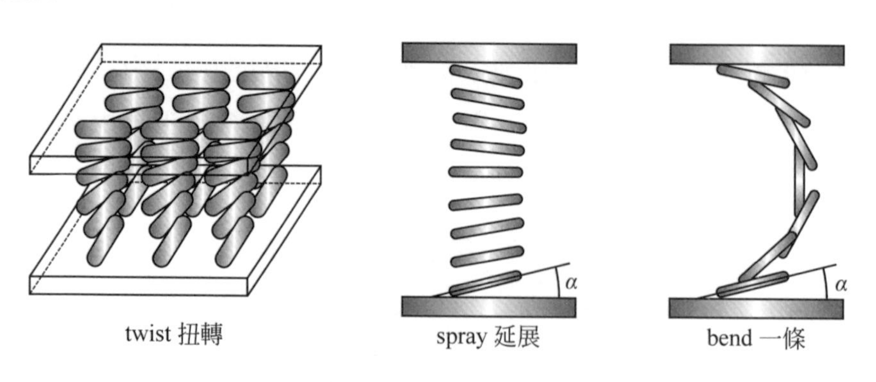

圖2.20　液晶的配向

2.7　液晶的動作模式分為那些

在等方性分子中也有介由電場而變化分子的電子密度，而產生單軸性結晶的性質。例如之前已有研究報告發表硝基苯的液體如果加電場即會發生複折射，一般經由電解而物質會顯示光的異方性的電氣光學現象稱之爲KERR EFFECT效果。液晶分子如前述般，有折射率、誘電率、磁化率、導電率等的異方性，彈性率亦是粘性率也都有其特異性在。利用其本身的性質和 KEER 效果使得介由電界將液晶分子再配列強轉移後，即可用偏光做控制。這種使液晶分子轉移的方式又稱爲Fredericks轉移。

液晶顯示器即是利用Fredericks轉移，在此說明這些應用在液晶動作模式時的原理。液晶的動作模式，分爲次下幾個種類：

(1) 1TN mode。

(2) 2VA mode。

(3) 3OCB mode。

(4) 4IPS mode。

(5) 5STN mode。

(6) 6ECB(複折射)mode。

(7) 7FLC(強誘電性液晶)mode。

(8) 8GH(GUEST Host)mode。

(9) 9DS(動態散亂)mode。

(10) 10PC(相移轉)mode。

(11) 熱光學模式熱電氣光學mode。

在此說明在開發的歷史裡具代表性的TN mode、STN mode強誘性液晶mode、VA mode、OCB mode、IPS mode等模式。

2.7.1 TN 模式

TN(twisted nematic)模式，雖然此動作模式以發展了一段時間，但現在也還是主流模式。二枚附有透明電極的玻璃基板的表面塗上由多硫亞氨的配向膜進行配向操作。下一步驟爲在基板間散布 3～5μm的spacer 在顯示部分的周邊塗上封膠即組合成二枚附有電極的玻璃基板，在玻璃和玻璃間注入向列型液晶即可。如圖 2.21 呈 90°的扭轉配向，在已貼合二枚的基板的各邊外側貼上會互相呈偏光軸(透過軸)90°度角下貼上偏光膜，即完成TN液晶基板製程，將基板的功能分解說明其透光時的樣子。

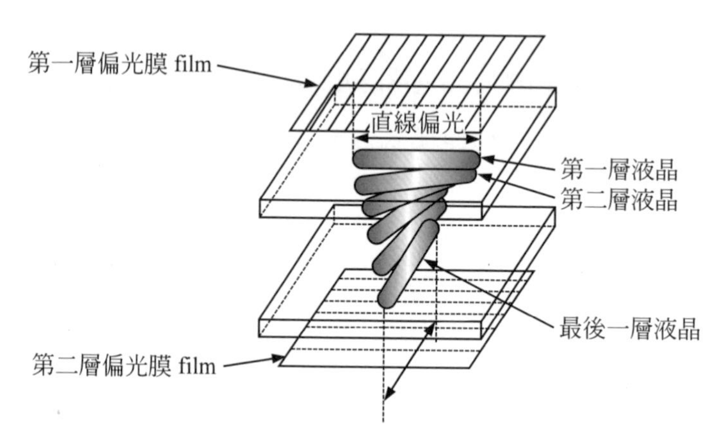

圖 2.21 TN 液晶面板的構造

TN 液晶內部會有直線偏光回直轉之現象，這種現象又稱爲「旋光性」，液晶有旋光性和複曲折性的二個性質先說明二個旋光性，從上面射入自然光，在通過第一偏光膜時會如圖 2.13 所示，在自然光內碘素分子的短軸塗上平行方向振動只有持有電解成分的光可以透過，像這種透過偏光膜的光稱之爲直線偏光。

直線偏光和液晶分子的長軸會先一致化，所以直線偏光會和液晶分子的長軸平行射入，通過第一分子層的光會沿著分子回轉，射入第二個分子層，也就是說直線偏光的角度讓分子層扭轉的部分才會旋轉，這樣的情況一直重複下，當進到下面一層的分子層時，配合分子的扭轉狀態，直線偏光的偏光方向會回轉即是「旋光」。但要做 90°旋轉則須有液晶的螺旋波間距(螺旋構造的週期 $P = d2\pi/\theta$(θ爲 Twist 角)和射入光的波長比起來需充分長度。這個條件又稱 morgan 條件(界限)。

$$\Delta n \cdot p = \Delta n \cdot d \cdot 2\pi/\theta > \lambda \quad (2.1)$$

如果沒有達到 morgan 條件時，則會有特定的波長就會有漏光的情況，這樣一來容易造成著色及視野角色差的問題發生。實際上 TN 液晶的話，Δn 是 0.08～0。1，液晶的 CELL GAP 爲 5μm，螺旋波間 $P = d \cdot 2\pi/\theta$，$\theta = \pi/2$)爲 20μm，$\Delta n \cdot p$和可視光波長λ(0.38～0.78μm＝380～780 μm)比起來大 2.5～5 倍，達到 morgan 條件。

接著說明有關複折射性，介由複折射性做偏光軸迴轉，如 2.5 節所描述般藉由液晶分子中的透光的橢圓偏光理論。液晶的光學性特質並非是用一個分子去思考，而是要用液晶層整體做考量。液晶相最上面的分子和最下面的分子間扭轉成 90 度，所以不管是從那一個角度射入直線偏光一定會存在著和直線偏光呈一定角度的液晶分子。如圖 2.17 所示通過液晶層的光會發生異常光和常光的位相差，因此是橢圓偏光。入射後的直線偏光在通完液晶層後，位相差剛好是呈 90 度時會是怎樣的狀態呢？圖 2.22，剛好是呈 90 度的直線偏光，可看出是沿著扭轉液晶分子轉 90 度。TN 液晶具有通過液晶層後異常光和常光的位向會呈偏 90 度的效果。換句話說，可以當作TN液晶刻意爲了可以做 90 度位相偏移而故意調整液晶CELL的厚度的基板。這種考慮複折射性(位相偏移)的TN液晶基板的透光率爲液晶長度方向的折射率$n_{/\!/}$和短軸方向折射率$n_{\perp}$的差(折射率異方性)Δn和液晶的CELL厚度d加起來的總和用$\Delta n \cdot d$的阻礙關數表示。所以，如果將液晶的折射率依存性和液晶 CELL 的厚度做調整再加上旋光性的效果也設計成剛好可以偏離 90 度位相差的阻礙。依據這樣的原理下直線偏光的偏光軸回轉會依據旋光性和複折射性的相互關係而產生。

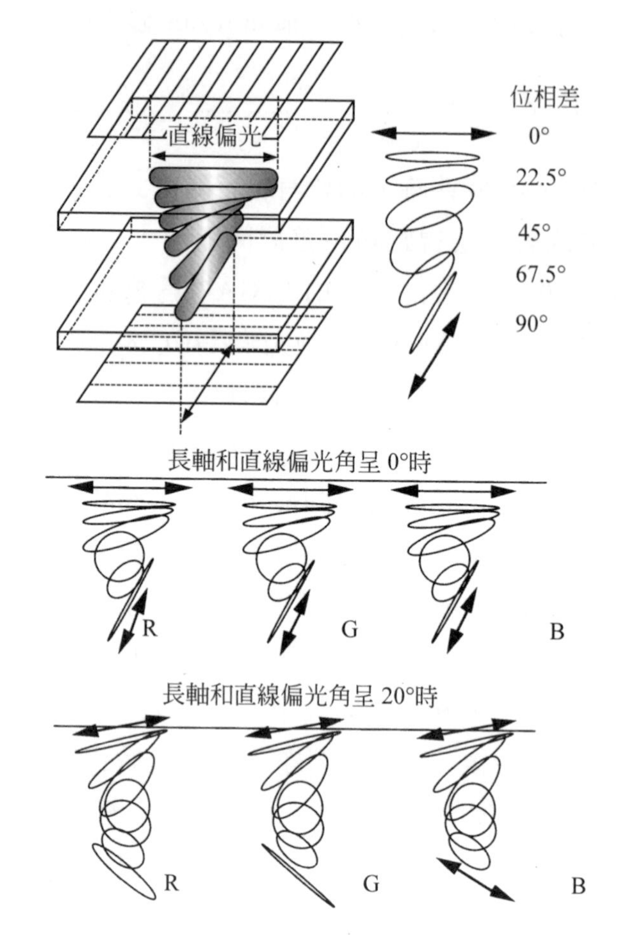

圖 2.22 TN 液晶通過時和直線偏光的位相差

爲什麼 TN 液晶基板的入射直線偏光相須和液晶分子的長軸呈一致呢？如果按照前面所說明的複折射性(位相偏移)原理下，液晶分子長軸的分佈爲 0～90 度內，從任何一個角度射入必定會有任何一個角度的液晶分子存在。所得到的結論是直線偏光射入時，不管是那一個入射角都會發生偏光。但，事實上 TN 液晶並非是單色光，它有不同波長的白色光所以會有波長分散(旋光分散)的問題。實際上也有 TN 液晶波長較短的領域內，無法達到 morgan 條件的案例。這個領域內無法發揮其旋光性，複折射性的效果較強，結果就會有波長依存性現象。亦即一部分波長的直線偏光在通過液晶層 90 度扭轉後，漸漸從直線偏光偏移而變成橢圓偏光。爲了有效的利用橢圓偏光則必須像圖 2.22 般，直線偏光和射入第一層液晶分子的長軸需呈一致。

再詳細說明，亦即是現在上下的偏光膜交錯時直交下*，不印加電壓狀態下的 TN 液晶基板透光率 I，扭轉角爲θ，計算公式如 2.2 所示。在這樣的條件下，入射側的直線偏光剛好呈 90 度扭轉，射出不含橢圓偏光的直線偏光。

$$I = 1 - \frac{\sin^2(\theta\sqrt{1 + u^2})}{(1 + u^2)} \quad \text{在這裡是} \quad u = \frac{\Delta u \cdot d}{\lambda} \cdot \frac{\pi}{\theta} \text{.........(2.2)}$$

實際TN MODE以2.22計算公式，$\Delta n \cdot d$設計固定爲0.48μm的，扭轉角透光率的波長依存性即如圖 2.23 所示。如同TN液晶的扭轉角呈 90 度以下時，除了兩邊波長領域以外幾乎看不到波長依存性。但是如果扭轉角變大時透光率的波長依存性即變大，就像 STN MODE 般，在 180 度～270 度也會旋轉的狀態下就會受到較大的波長依存性。TN MODE $\theta = \pi/2(= 90$ 度)，透光率 I 爲計算公式 2.3 所示。

$$I = 1 - \frac{\sin^2\left(\frac{\pi}{2}\sqrt{1 + (2\Delta n \cdot d/\lambda)^2}\right)}{1 + (2\Delta n \cdot d/\lambda)^2} \text{...(2.3)}$$

光透光率 I 爲 n·d 的係數，只有依存阻礙和波長。而阻礙所產生透光率的波長依存性即如圖 2.24 般。阻礙$\Delta n \cdot d$ 愈大其波長依存性越少，但實際上會因爲液晶的 CELL GAP 太大時所造成應答數度會變慢的緣

*相當於後述的 normely white mode。

故，因此設計成$\Delta n \cdot d = 0.5 \sim 1.3$左右。

實際的液晶基板會有因複折射性所導致的偏光軸回轉時分散波長，如上述所示，偏光軸回轉是因液晶本身的複折射性所致，因為有分散波長等效果實際狀態很複雜，再加上通過液晶層的直線偏光是設計成和入射角呈90°扭轉的直線偏光再通過液晶層。

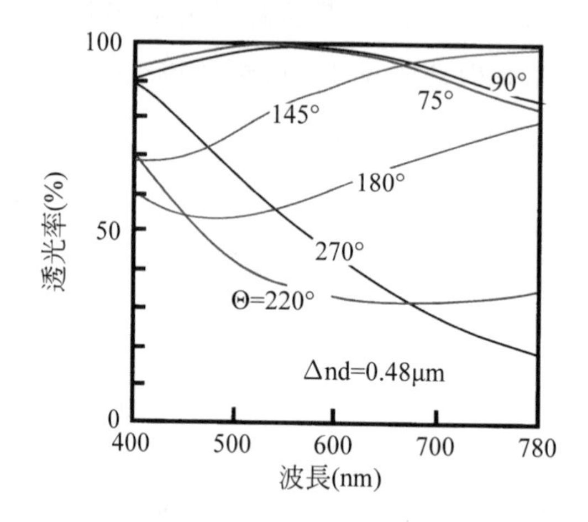

圖 2.23 扭轉角的透光率所產生的波長依存性

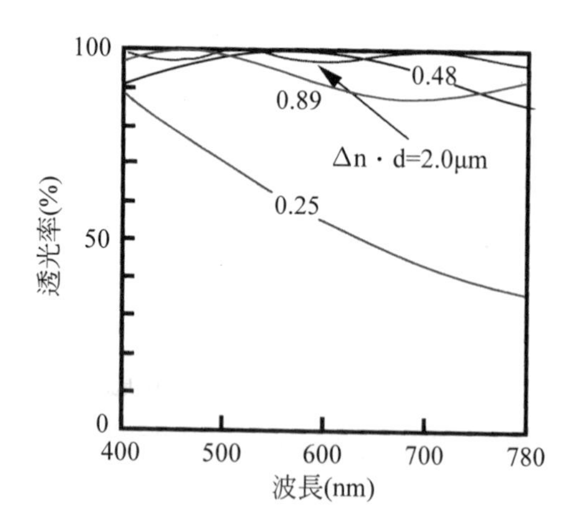

圖 2.24 因阻礙影響透光率的波長依存性

這個通過液晶層的直線偏光在通過第二偏光膜時剛好和偏光膜的直線偏光的通過角度呈一致，從液晶層出來的直線偏光方能全部透過。但是偏光膜在自然光的狀態下只能透過特定的直線偏光，其光量會比最初的時候減少 50％以上。

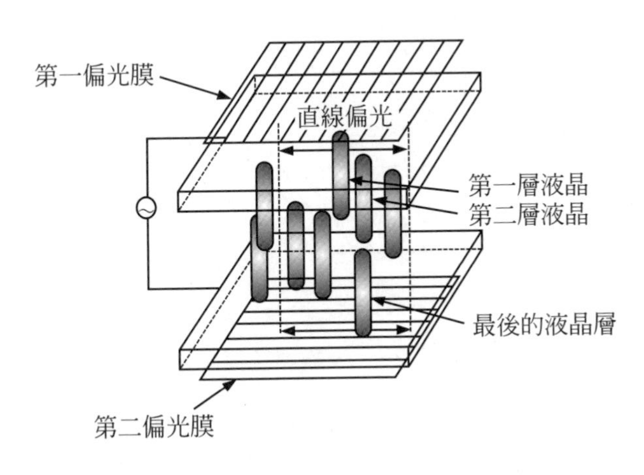

圖 2.25　已印加電界後的 TN 面板的構造

在這樣的情況下，如果在液晶基板印加電場的話，液晶分子所持有的誘電率異方性，亦即因爲分子內的電子偏移之故導致液晶分子的長軸和電界方向呈平行。所以液晶分子和基板呈垂直排列。這樣的狀態下，從上部射入自然光。如圖 2-25 般在通過第一的偏光膜時，和剛剛一樣，在自然光內只會透過碘元素分子的短軸呈平行方向振動含有電界成分的光。直線偏光和液晶分子的長軸呈垂直狀之故和液晶分子的長軸，直線偏光會垂直射入。通過第一液晶分子層的光和液晶長軸的轉向大致一樣在光學特性上是均一的，所以不受任何變化影響，直接進入第二液晶分子層。這個狀態會持續到最後的液晶分子層，直線偏光和射入方向呈平行狀態出液晶層。要穿過第二偏光膜，但因爲和直線偏光及偏光膜的通過可能角度因有扭轉 90°的關係，通過液晶層出來後的直線偏光無法穿過偏光膜。這樣的情況下在不印加電場的狀態下透光這種狀態又稱爲

normaly white mode。這種情況時，如果將第一、二的偏光膜設置成平行，但不印加電壓的狀態下，光會被遮斷。這種狀態又稱爲 normaly black mode，要使用那一種方式得須依偏光膜的配置而決定。

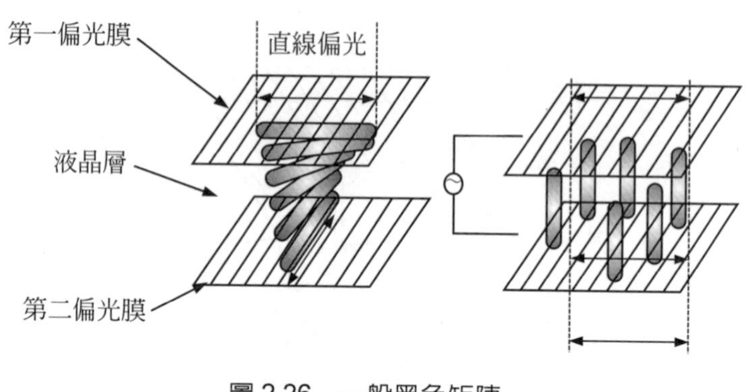

圖 2.26　一般黑色矩陣

Normaly black mode的情況，如圖 2.6 二枚的偏光膜呈平行配置(平行nicole)液晶爲扭轉配向狀態，亦即不印加電壓狀態的話，通過第一的偏光膜變成直線偏光的光會在液晶裡著螺旋構造做 90°旋光，但無法通過第一的偏光膜和呈平行狀的第二偏光膜。所以原本可以獲得黑色，但因旋光具有波長依存性，光會透掉一些，所以無法獲得全黑。Normaly black mode的透光率I、扭轉角θ、計算方程式 2-4(Gooch Tarry schame)所示般，

$$I = \frac{\sin^2(\theta\sqrt{1+u^2})}{(1+u^2)} \quad \text{在這裡是} \quad u = \frac{\Delta u \cdot d}{\lambda} \cdot \frac{\pi}{\theta} \cdots\cdots\cdots\cdots (2.4)$$

這個計算公式$u^2 = 15$、35、63 時通過 I 爲 0。在這樣條件下，入射側的直線偏光剛好呈 90°扭轉，會射出不含橢圓偏光的直線偏光。在這裡u^2等於 3 的狀態時稱之爲 first minunn。u^2等於 15 的狀態時稱爲 second minumn。各波長的每個λ的透過率最小的阻礙$\Delta n \times d$ 的值也不相同。例

如：R(紅)的 First minumn 設定爲Δn×d 如圖 2.27 所示，其它波長的話只會漏些許的光。這是normaly black mode最大的缺點。要提高對比的話與其提高白的光量，將黑的變黑其效果更佳。也就是說漏最少的光就能讓對比提高。黑階的色相也會起變化，儘量避免著色。

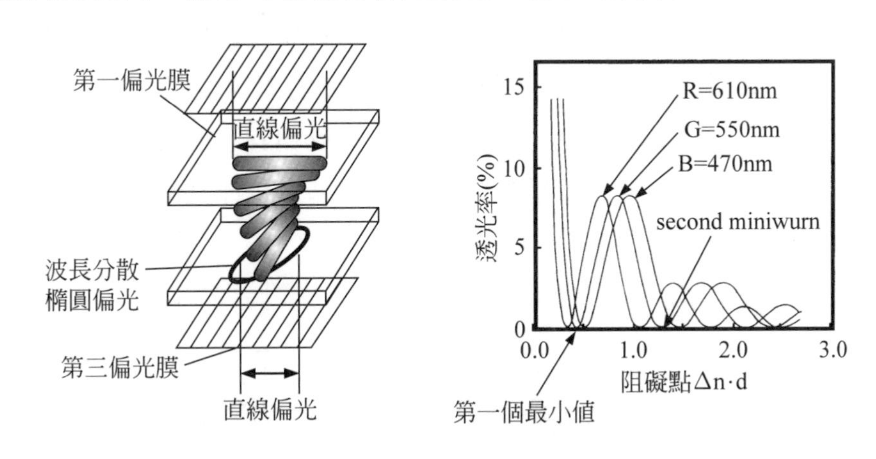

圖 2.27 利用一般黑色矩陣時，TN 液晶的波長分散狀況

爲了避免 Normaly black mode 的缺點，大部分都採用如圖 2.28 的 Normaly white mde。Normaly white mode 是將二枚偏光膜配置成直角化(cross Nicole)。印加電場後，液晶分子會垂直站立，通過第一的偏光膜的直線偏光會直接進入第二偏光，但完全無法通過。因這種情況下，液晶未顯示複折射也沒有旋光所以就沒有波長依存性，所以只能純粹偏黑光，就是這樣的方式取得無波長依存性的純黑色。

再來就是液晶分子要如何控制電壓是最大的問題。TN 液晶會因爲印加電場(電壓)而可以控制透光。實際上在液晶層印加電場時，低電壓無法驅動液晶會維持初期狀態。但是，如果超過一定的電壓時液晶分子會開使始作動。這種電壓稱之爲臨界電壓，如果印加臨界電壓以上的電壓的話即會做液晶的二度配列。其狀態即如圖 2.29 所示般在橫軸爲電壓，縱軸的液晶層中央部份的傾斜角。如印加臨界電壓以上的電壓，如果是接近臨界電壓的話透光率就不會發生變化。透過率的變化需再提高電壓，在一定的傾斜角以上的話就會急速的作液晶的二度配列。這種透過率等的光學性變化而產生的電壓稱之為辨識值電壓。利用辨識值設定其前後的電壓控制液晶驅動。

但是液晶基板會施加交流電場。當然，液晶層就像熔媒呈液狀的絕緣體。因此導電流幾乎都不流動，依交流電場而應變換液晶分子的配列。所以顯示時只要一點點的電力。液晶基板和其它的發光元素相較之下可減低其耗電量。不光只是TN mode，液晶會依印加的電壓有效值對應其動作。

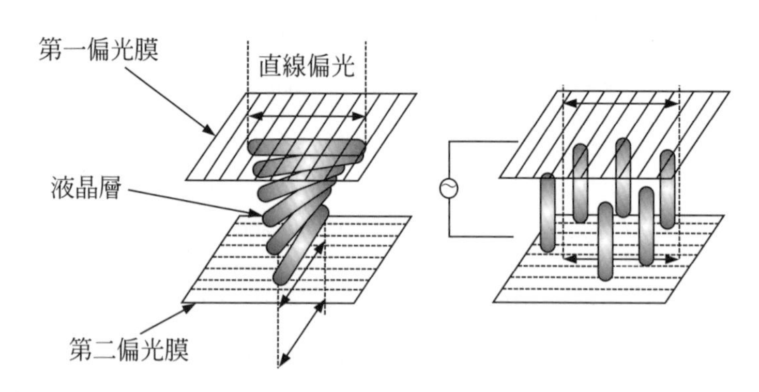

圖 2.28 一般白色矩陣(normaly white mode)

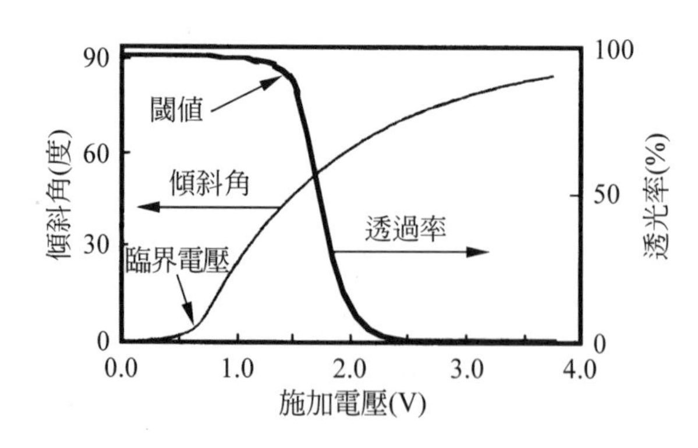

圖 2.29 TN 液晶基板的傾斜角

2.7.2 STN MODE

利用單純矩陣方式驅動液晶時，最好是在透光率變化的臨界值邊緣突然發生會比較好。嚴格來說需具有適合急峻的電氣光學特性。這個變化愈突然，則液晶分子在二次配列時液晶基板的透過率變化較大，畫面較清晰可見。但 TN mode 是像圖 2.29 般是屬於緩慢的變化之故，即需改善臨界值的特性。所以展開了研究開發 STN mode。

如果在向列型液晶添加些許對掌性向列型液晶亦是對掌性聚合物，向列型液晶即會如圖 2.30 所示的螺旋構造狀。圖 2.31 爲基板各部角度的定義。在這些角度內螺旋的回轉角，亦即扭轉角(twist 角)假設θ爲 180°～270°液晶的臨界值特性會被大幅改善。在這樣條件情況下基板和液晶的傾斜角χ的電壓依存性如圖 2.23 所示。這樣的情況下螺旋扭轉角的θ爲 240°～270°時在臨界值附近的液晶會急峻站立，這個動作模式稱爲 STN mode。

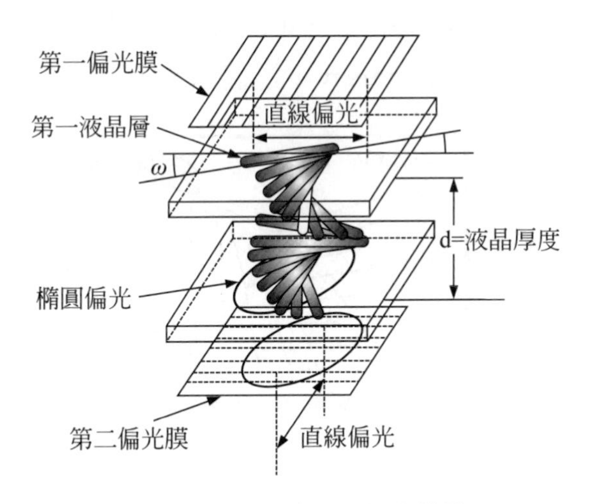

圖 2.30 STN 液晶面板的構造

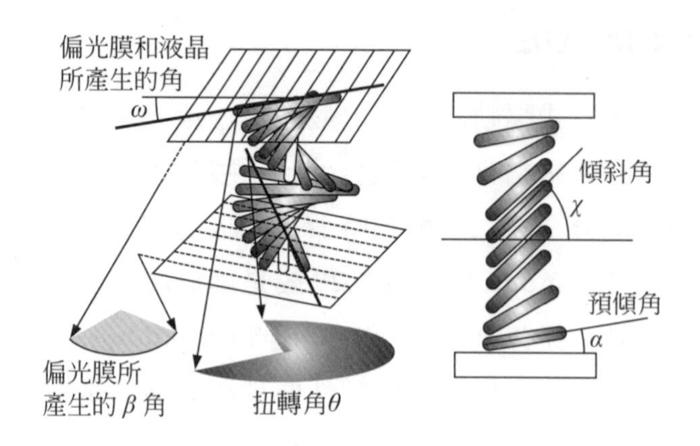

圖 2.31　STN 液晶基板各角度的定義

STN mode 液晶基板和 TN mode 一樣，在基板的電極上塗上配向膜，為了讓液晶可扭轉成 240°～270°度，須調整對掌性化合物的添加量及 CELL GAP。具體來說，最好是設計成 CELL GAP d 的比和間距 P 的比 d/p 為 0.6～0.9。如果是要扭轉 270°時，比 1/2 pitch 小 90°為不發生扭轉的線條狀(twist domain)情況，d/p 值的廣範圍也是很重要的。這個範圍的上下限差稱之為 d/p margin，這個值愈大，液晶顯示器愈安定。

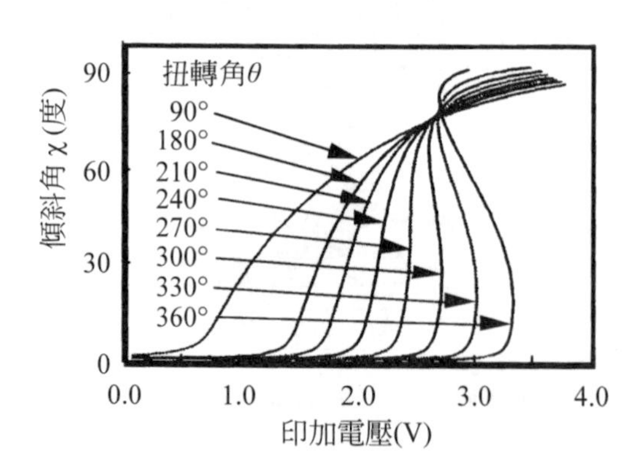

圖 2.32　STN 液晶基板的臨界值特性
(T.J.Scheffer, SID Seminar Lecture Note S-7,1987,1p)

但是液晶的d/p margin如果比較小，會造成扭轉導致不良的原因，即是說會發生轉傾。而會發生轉傾的原因之一，即是這個d/p margin所導致的問題。液晶爲具有彈性成爲連續流體，在液晶施加電壓驅動後除掉電壓時，液晶分子會恢復至原本的狀態driving forth同時失去平衡就會發生轉傾。要確保d/p margin在液晶基板上，防止轉傾發生是很重要的。

另一發生轉傾原因爲液晶具有黏彈性之特性，液晶的黏彈性之特性就如圖 2-33 所示，有延展(Spray)(K_{11}：擴散 8-18pN)、扭轉(twist)(K_{22}：扭轉 5～10pN)、條狀(band)(K_{33}：彎曲 10～25pN)等三個彈性定數而定。通常彈性定數是不管分子的形狀$K_{33} > K_{11} > K_{22}$，彈性定數比($K_{33} > K_{11} > K_{22}$)愈大，它可以使像 STN 般大的扭轉角，在安定且高速的狀態下急峻站立，而且彈性定數比例愈大愈能抑制轉傾現象發生。

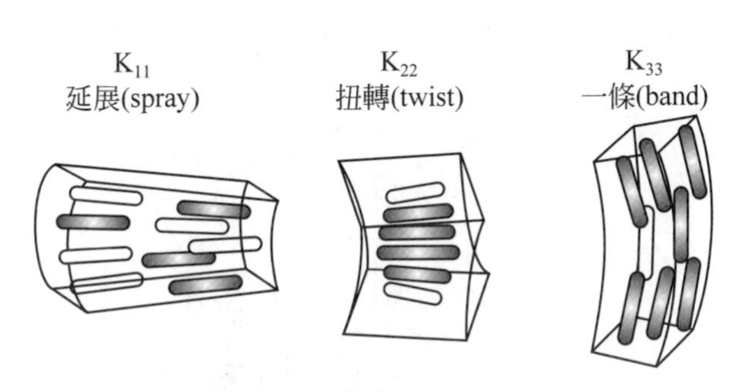

圖 2.33 彈性定數的定義

STN液晶基板爲防止在構造面發生轉傾，液晶分子層和基板的角度(預傾角)α如果是TN液晶大1～2度變成4～15度這種方法。是因爲要有效的抑制扭轉角θ增加domain(轉傾)。

就上述理由來看，要製作穩定的STN基板，各種物性皆會被考量在內，扭轉角θ爲 180°～270°預傾角α爲 4°～8°，CELL GAP d 爲 5～8 μm， d/p margin 爲0.6～0.9，K_{33}/K_{11}爲1.5，每一個平坦性設成0.05

μm，穩定的液晶組合成CELL後貼二枚偏光膜。在這樣的情況下，一邊將對比調成最大，二枚偏光膜的偏光軸角度β比直角小一些，同時最上層及最下層的液晶長軸和各偏光膜的偏光軸及調整液晶角ω再貼上偏光膜即完成STN液晶基板。

STN液晶基板從上面投入自然光就會像圖2.30般，首先自然光裡偏光軸和電場成分呈一致的光是從第一的偏光膜通過的直線偏光。這個直線偏光向和液晶分子長軸方向的角度呈ω狀配置偏光膜(如圖2.17所說明般，因液晶分子的複折射在出口側所以呈橢圓偏光，從第二偏光膜只可通過在橢圓偏光內的偏光膜透過軸方向的直線偏光。

接下來是，如果在液晶基板的印加比臨限值還要高的電壓時會如圖2.34般，和剛才所提到的TN液晶基板一樣，爲了讓液晶分子和基板呈垂直後作二次配列，所以通過第一偏光膜的直線偏光膜無法通過第二偏光膜。在不印加電壓的狀態下透光，即是所謂的normaly white mode。

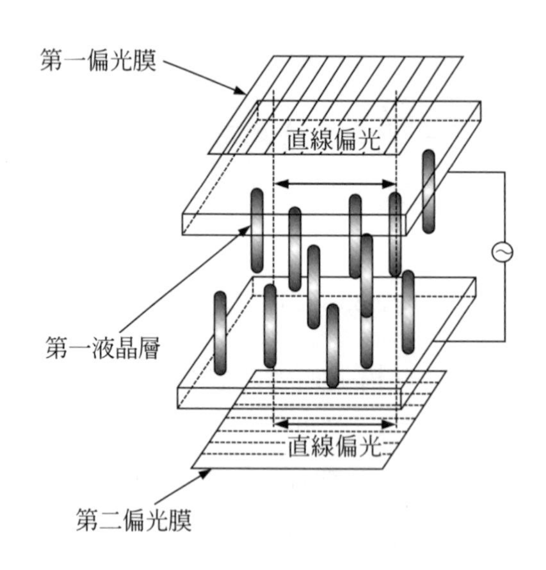

圖2.34 STN液晶面板的動作方式

調整偏光膜的角度設定成讓對比能到最大。在normaly white mode條件下的STN mode顯示方式中，青／淡黃～無彩色比(非顯示／顯示)顏色變化的稱作blue mode。黃綠／深藍～黑(非顯示／顯示) 顏色變化的稱作yellow mode。

STN液晶因爲是利用液晶分子的複折射(橢圓偏光)，所以會有因折射率的波長依存症而導致的著色之缺點。爲解決此問題點來又開發了有逆螺旋的液晶基板放在第二偏光膜前的DSTN(Double Super Twisted Nemectic)。但是這個方法在成本上重量都不符合現實，進而改良使用和第2片的STN補正基板有同樣作用，一枚擁有複折射位相差膜補正的FSTN (Film Super Twisted Nemectic)以下說明有關F-STN。

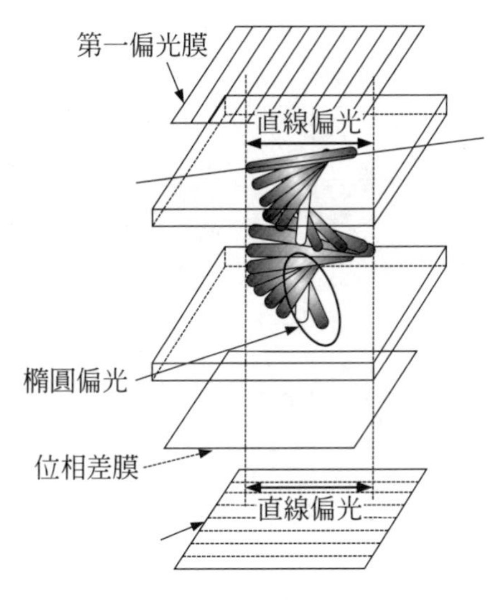

圖2.35 F-STN液晶面板的驅動原理

STN液晶基板如果從上面射入自然光，通過第一偏光膜的光爲直線偏光、偏光向爲液晶分子長軸方向的角度。就如同圖2.35，因液晶分子的複折射性，出口側即呈橢圓偏光。這個位相偏差的程度爲，長軸折射率$n_{/\!/}$和短軸軸折射率$n_{\perp}$的差$\Delta n(=n_{/\!/}-n_{\perp}$；折射率異方性)和液晶層的厚度(cell gap)d加起來的和，阻礙Δn·d而定。Δn是視液晶的材料而定，沒辦法很大。而且如果將液晶層的厚度變厚的話，液晶的反應速度會變慢的問題即衍生。通常會控制在和TN液晶基板一樣Δn·d爲 0.5～1.3μm 左右。

但是這個位相偏移有波長依存性。如圖 2.36 所示，在 RGB 表示位相偏移的程度，意即橢圓偏光的形狀相異的意思。也就是說各個波長，在透過第二偏光膜時光量不同的緣故，結果就著色了。

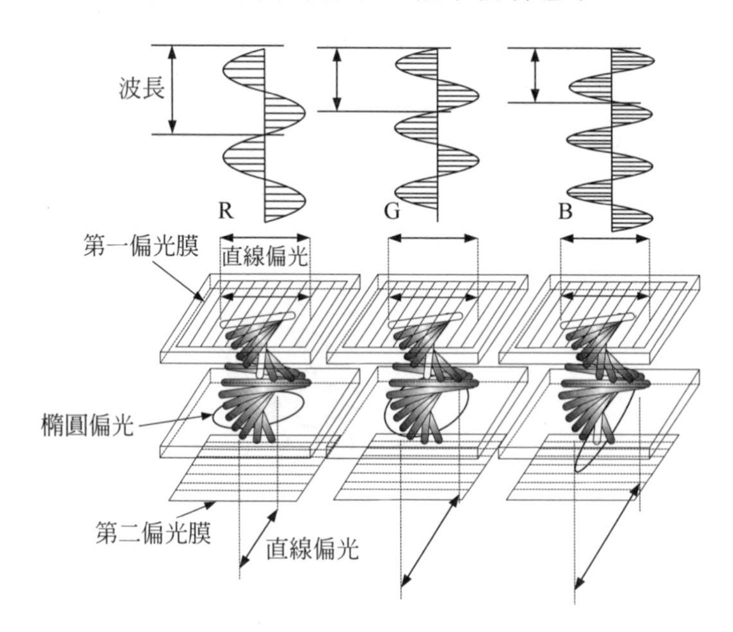

圖 2.36　複曲折的波長依存性

STN 液晶因爲扭轉角很大，雖不符合 morgan 條件，從螺旋構造來的直線偏光一部份會有旋光，所以除了阻礙Δn·d 之外，純粹只有因扭轉角θ所帶來的阻礙也會存在著。如圖 2.37 般，旋光也有波長分散的關係，在 RGB 使 white balance 進而著色。

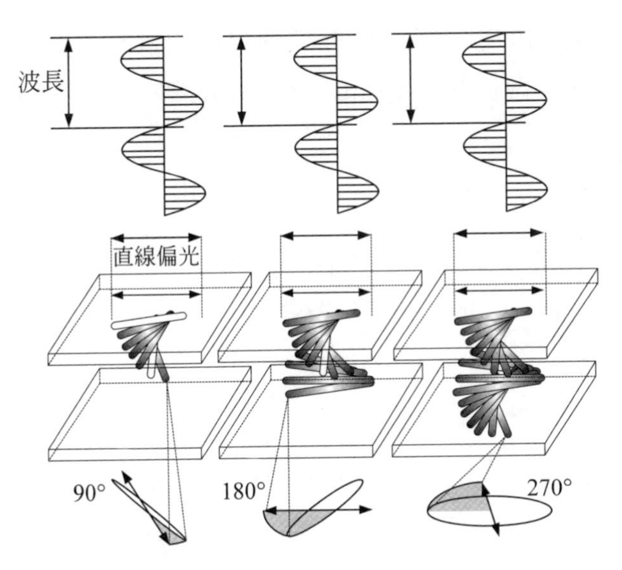

圖 2.37 旋光扭轉角的依存特性

STN液晶的話，因複折射性的項導橢圓偏光的波長分散，亦是因扭轉所引發旋光項的波長分散影響所致，用每一個項目作補正，必須解決改善著色等問題。F-STN mode則是因使用液晶層及阻礙相等的位相差膜而橢圓偏光可以回復至接近原來的直線偏光的橢圓偏光，而使波長分散消失。F-STN mode的動作方式爲通過第一偏光膜的直線偏光，會通過STN液晶基板及位相差膜再恢復成原來的直線偏光，但無法通過第二偏光膜。在這樣的狀態下不印加電壓狀態下光會被遮斷，normaly black mode。位相差膜和偏光膜爲相互關係，位相差膜和偏光膜重疊成一般的流通形態，這一層膜又稱爲橢圓偏光膜(橢圓偏光板)。

但上述的STN液晶類的基板是利用複折射性顯示的緣故，所以會有視角比較窄之缺點。圖2.38將各模式的視野角示意圖View Cone。View Cone 即是從各個方向看到的基板對比量測，用等對比線顯示，視野角的評價則一般普通。圖2.39的半徑方向是看基板的角度，和從基板面的法線取的Ψ角。這就是所謂的視野角、視角。中心點是從基板的正上方看下來，視野角Ψ角爲 0°時。最外環圓周部的視野角Ψ是 50°。Cell Gap d 爲 8μm和 5μm的做比較，5μm的視野角較廣。

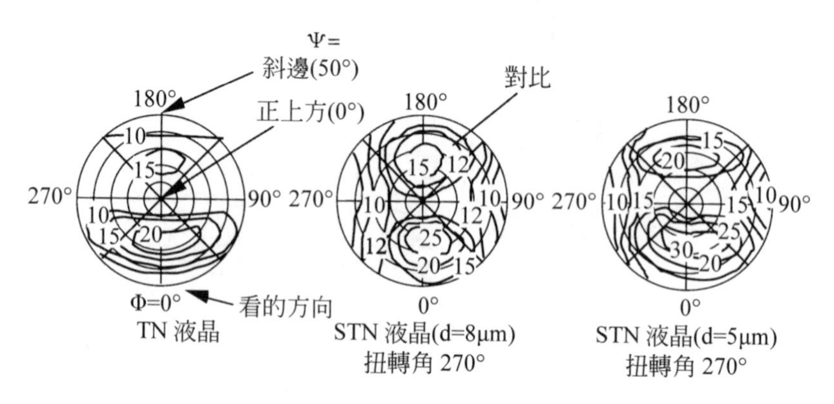

圖 2.38　各液晶基板的視野圓錐

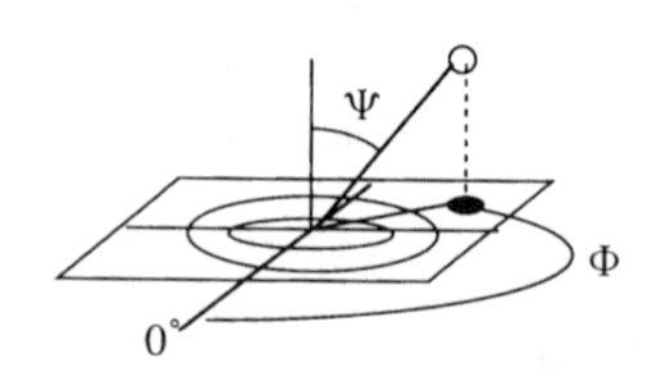

圖 2.39　視野圓錐量測

而且，將Cell Gap變窄即能改善視野角特性反之因爲利用複折射的關係，Gap Mura 會直接就變化透光率、顏色的特性，所以基板的表面和 TN 液晶類相較起來必須數倍平坦才行。通常 TN 液晶類 0.1μm就可以，STN 液晶類必須控制在 0.03～0.05μm以下。如上述所述般，製造方法太複雜，就算背負著視野角的危險，STN的臨界値特性良好，比單純距陣的TN液晶顯示性能好，所以被用在商品化上。

2.7.3 FLC MODE

FLC(ferroelectric liqllid crystal 強誘電性液晶)mode 的構造爲對掌性層列型液晶，沿著螺旋軸的螺旋卷上。雖然是螺旋，但它不像TN液晶的螺旋波間般的可視光波長，它沒有足夠的長線，如圖 2.40 般，形成和大部份的可視光波長等間距。在這樣的條件下，直線偏光分爲右旋圓形偏光及左旋圓形偏光和螺旋方向呈一致圓形偏光會反射，分子無法通過。

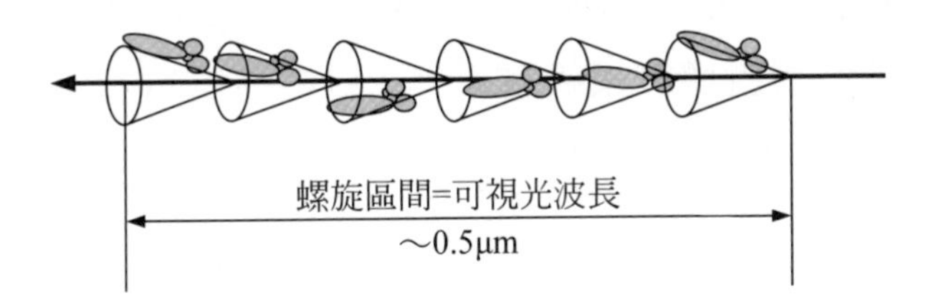

圖 2.40 強誘電性液晶的螺旋區間

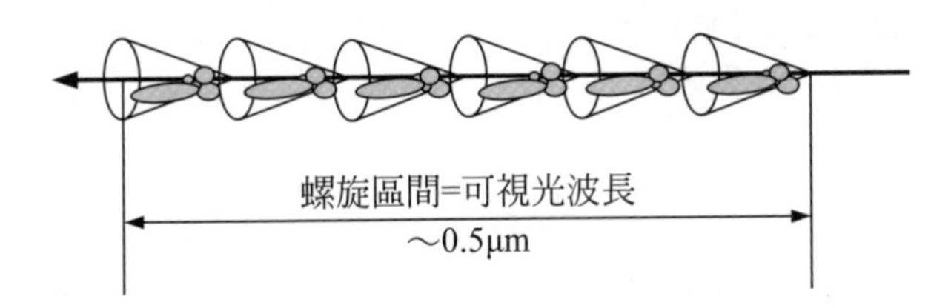

圖 2.41 不具有螺旋構造的強誘電性液晶

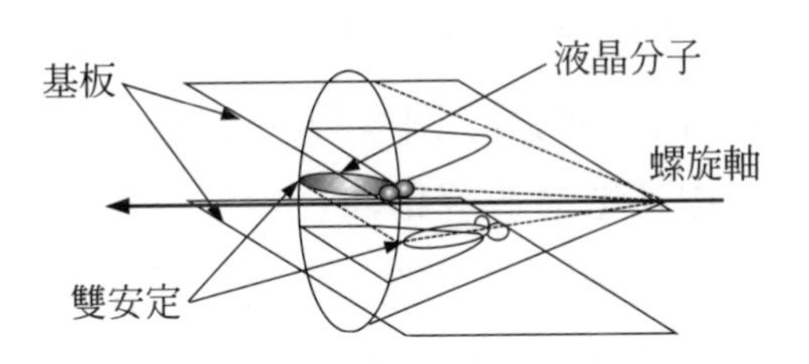

圖 2.42 強誘電性液晶的雙安定動作

強誘電性液晶的CELL GAP用薄(d/p＜1.0)，如圖 2.41 不具有螺旋的狀態下可取得二個安定的狀態，稱之爲 SS(surface tabilized)FLC。圖 2.42，在這個雙安定裡，讓單方偏光膜的直線偏光軸呈一致的話，雙安定的單邊會透光，另一方不透光的顯示方法則可以顯示。而強誘電性液晶，在不印加電壓的情況下單邊呈安定狀態，具有 memory 性。如果印加電壓則可以切換成爲另一種狀態。強誘電性液晶就是這樣顯示。實際的強誘電性液晶基板，爲確保雙安定液晶厚度(cellgap)必須要具有 2 μm才行。平坦性 cell gap 也須保持在 0.05μm以下。

強誘電性液晶基板的構造如圖 2.43 所示，是屬於單存矩陣構造。液晶配列層列型液晶層就像書架般整列，一般被稱爲 book shelf 構造。圖 2.44 液晶構造解析的結果就像彎曲的“く”字型的 chevron 山形袖章般的構造。

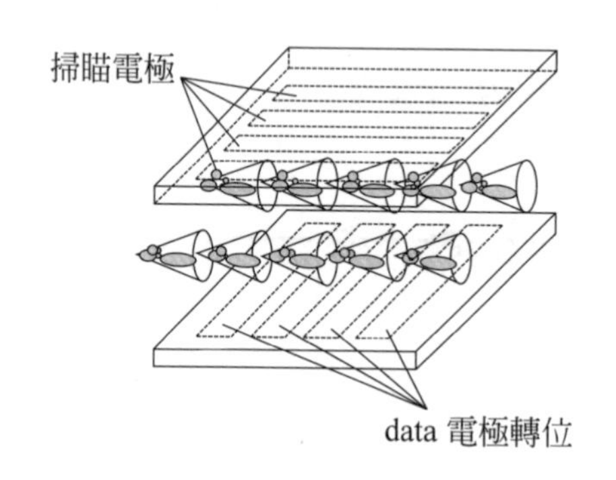

圖 2.43　強誘電性液晶面板

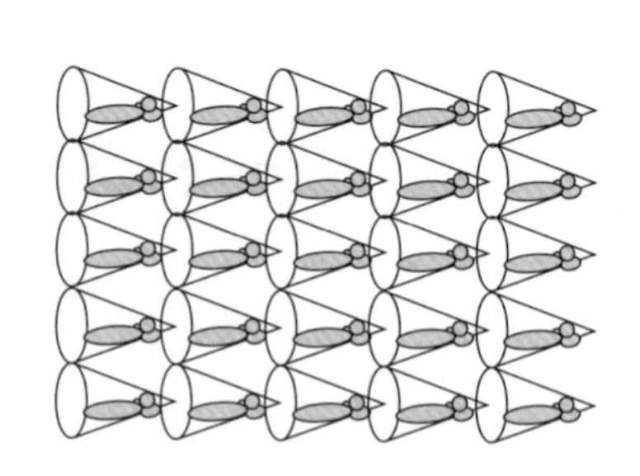

圖 2.44　書架式構造

強誘電性液晶除了轉傾亦是轉位之外，強誘電性液晶分子還會在圓錐上回轉，而且還會有特別的參差不齊等不良現象發生。在研究參差不齊現象的過程中，藉由X光構造解析而發現層列型液晶彎曲呈く字狀，其參差不齊的發生的位置則是在“く”字的頂點不良狀態。證實了強誘電性液晶是取山形袖章式構造。除此之外，強誘電性液晶的液晶是連續的流動體，是一種會動容易發生又稱之爲 gold stone mode 的現象。從液晶的厚度(cell gap)開始，其嚴苛的樣式規格超出 TN 亦是 STN 液晶以上的規格。總之因克服了嚴苛的製造條件，才有現在的強誘電性液晶基板的誕生。

現在，假設從強誘電性液晶基板的上方射入像圖2.45的自然光，第一偏光膜只會透過直線偏光。再來是使下一個這個直線偏光和液晶分子的長軸(長軸方向)呈一致狀態配置偏光膜的緣故，分子內的曲折率的異方性不會被發現，通過第一偏光膜的直線偏光會直接通過液晶分子。但因直線偏光和第二偏光膜因角度的關係就無法再通過了。

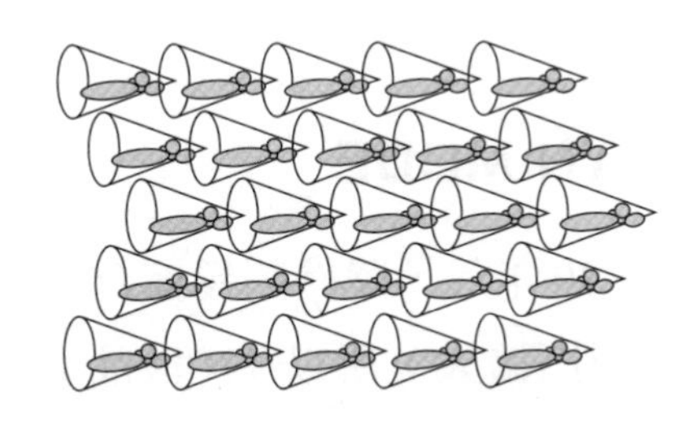

圖 2.45 山形袖章式構造(字型構造)

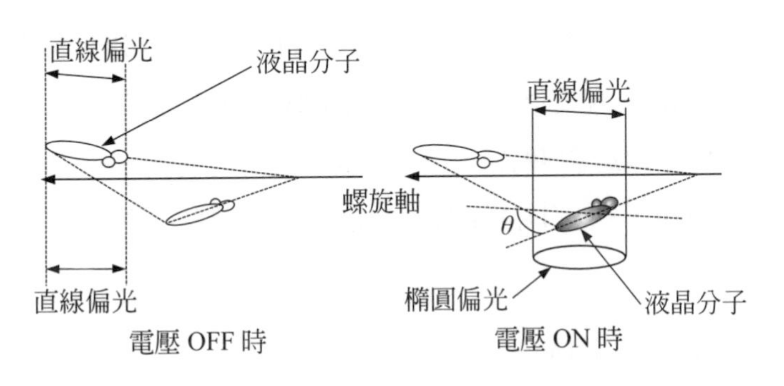

圖 2.46 強誘電性液晶面板驅動方式

下一步，在液晶基板印加比臨界值高的電壓時，即會像圖2.46，強誘電性液晶分子會遷移至另一個安定狀態。液晶分子因移動至雙安定另一邊，所以就變成直線偏光和液晶分子的長軸呈一定的角度(30°～50°)。如之前在圖2.17所說明的液晶分子介由複折射分解成長軸和短軸方向，而進入液晶分子內部，在出口側則呈橢圓偏光。然後再從第二偏光膜在橢圓偏光內，只透過特定的直線偏光。這種狀態只是由電壓切換而已，反轉後即使是不印加電壓亦能保持反轉的狀態。

但是，強誘電性液晶可自發分極，而且反轉的距離較短，因在螺旋軸間做回轉移動，液晶的驅動速度和TN液晶亦是STN液晶相較起來相當快速。但是，對比只有20左右而已，因此會有配向容易壞掉的缺點。其起因多半是因爲發生轉傾所導致，加上是山形袖章式構造，會發生些許應力。

2.7.4　視野角擴大 TN MODE

從1980年後半至1990年代，陸續開發擁有TFT驅動迴路的TN液晶基板。爲了因應運用範圍擴大，所以TN液晶基板的視野角擴大的需求也變高，而發生液晶基板視野角依存性的理由有二個。一個是因爲液晶分子的折射角度依存狀態是呈橢圓形狀，如圖2.47看的角度不一樣，看到的東西就不一樣。另一理由是從正面看液晶基板時，液晶基板的上下偏光膜和偏光軸呈直交狀，斜看液晶基板時，如圖2.48，看起來就是偏光軸比90°大，於是會漏光。

爲解決其問題，研究開發的結果是畫素分割法、擴散膜法、光學補償膜法等改善提案。

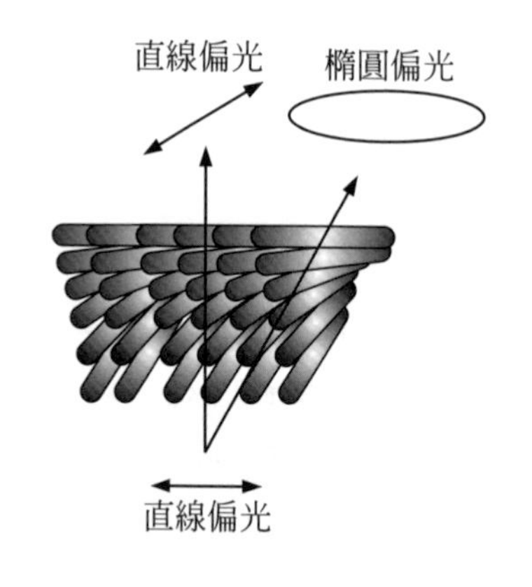

圖 2.47　TN 液晶的視野角依存性

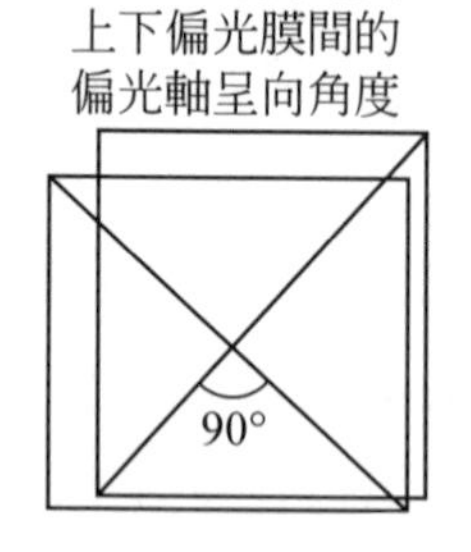

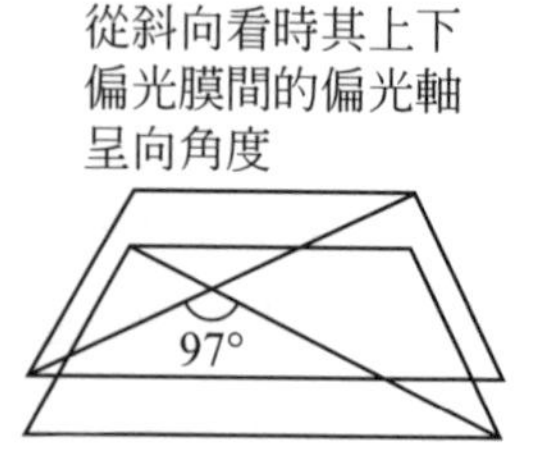

圖 2.48　偏光膜的視野角依存性

畫素分割法就是將畫素分割成複數，將各個畫素的配向變更而擴廣視野角之方法，圖2.49爲畫素二分割的例子。另外也有研究在畫素電極的二個領域裡印加不相同的電壓分割畫素之方法。擴散膜法爲將背光源的光用多數的顯微鏡濾過，通過畫素再擴散後，使視野角變廣的方法。但這些方法就生產性的觀點看來，後來並沒有被商品化。反之，一直以來都持續研發光位相差膜的光學補正膜，現在已有至三次元的補正效果，以擴大視野角的主角取得一定的地位。

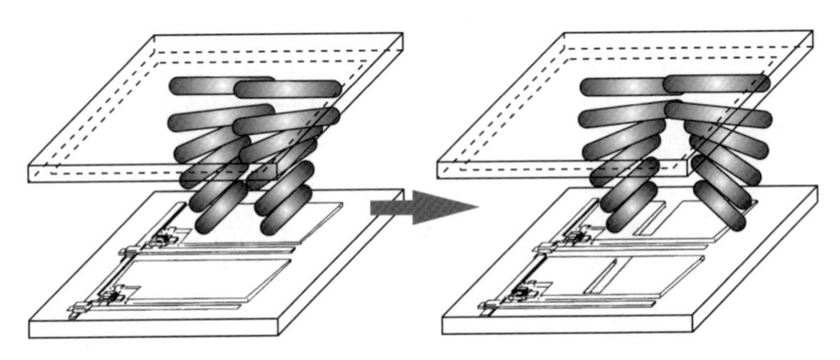

圖2.49 畫素分割法

擴大視野角膜的製造方法是延續偏光膜製造法。PC(poly- carbonate)聚碳酸酯亦是 PVA(poly-vinylalcohol)聚乙烯醇的單軸延伸，在膜中做分子配向，發現其複折射的異方性。偏光膜的最大相異點是延伸倍率不同之處，偏光膜是爲了要使碘元素配向，雖然可以有很強的力量延伸，但擴大視野角膜會阻礙在液晶做好排列時加減其延伸倍率，所以必須同時均一製造。

近年來經過不斷的研究已開發出，增加複折射性的補正，具有補正旋光性的棒狀高分子液晶的擴大視野角膜。在 TN 液晶裝擴大視野角膜及可像圖 2.50，補正 TN 液晶射出偏光的非對稱性後視野角即會擴大。開發了使用圓盤狀的盤狀液晶擴大視野角膜，成功的使視野角變寬。這種擴大視野角膜的製造方式是在TAC支持體上塗圓盤液晶，利用架橋時熱收縮的力量，圓盤液晶會漸漸往厚的方向站立而形成。圖 2.51 圓盤液晶的配向厚度方向不同，這種配向稱之爲混成配向。圖 2.51 將折射橢圓體的傾斜方向和光學補正膜的回轉軸設定成直角，和極角的光學補正膜彎曲阻礙成一致狀，設計擴大視野角膜的物性值亦是其配向。隨著使用擴大視野角膜，TN 液晶的視野角有著顯著的改善。

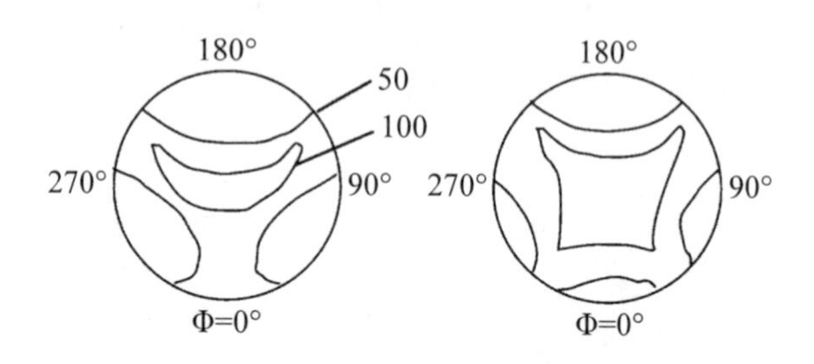

圖 2.50 視野角擴大膜裝著 TN 液晶

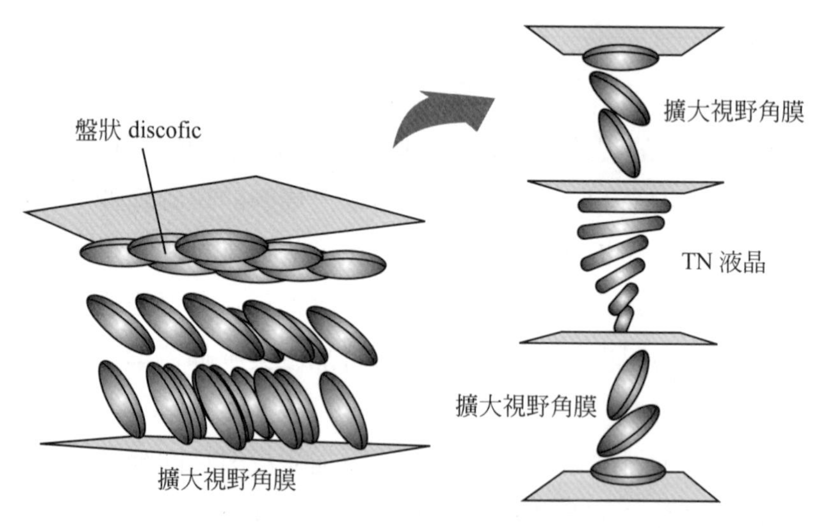

圖 2.51 視野角擴大膜的構造

2.7.5 VA MODE

開發了VA(vertical alignment 亦是 vertically aligned，垂直配向) mode，和以前的TN液晶相較之下，能有快速的驅動及高對比。因爲在VA mode使用了擴大視野角膜的技術而實現了廣視角，開啓了原來被認爲很難實現的TV亦是螢幕的使用用途。

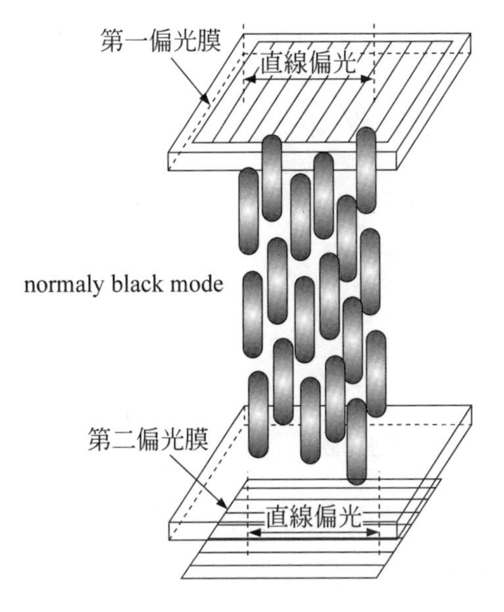

圖 2.52 VA 液晶面板的構造

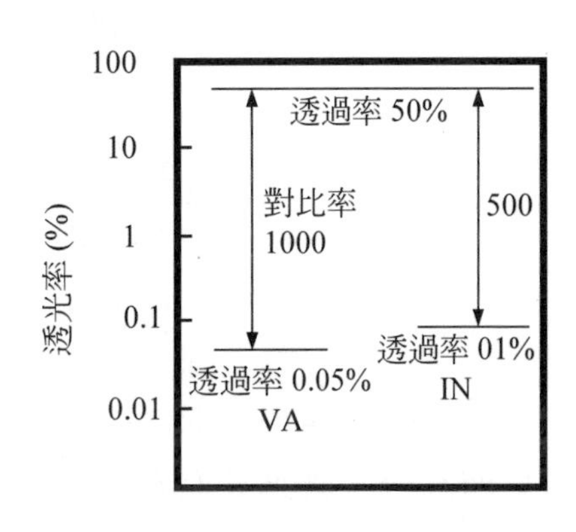

圖 2.53 液晶面板的對比比率

VA mode如圖2.52，和基板呈垂直狀態下排列液晶分子後做垂直配向。(homogeneous)和偏光膜呈直交狀做normaly black顯示。所以，在不印加電壓的狀態下，液晶分子呈垂直配置，VA mode的黑色是從二枚的偏光膜做成。從正面看的話是所有液晶基板中最暗的。TN mode亦是後續會描述的IPS mode等除了VA以外的mode，一定包含經過水平配向的液晶分子，所以，通過液晶基板時因折射率異方性的影響而會有時大時小，橢圓偏光無法完全變黑。VA mode因爲是用這種黑色base做偏光膜的十字菱鏡(cross nicole)配置而得到的黑色，對比率的分母變小而取得高對比。圖2.53所示白光的透光率爲50％時，VA的黑透光率爲0.1％的情況下，對比率則是1000，TN液晶的黑透光率是0.1％時，對比率則是500。與其增加白色的輝度，倒不如將黑色的輝度降低，這樣可以提高對比。而且，如果正確調整ganma曲線的話較容易取得高顏色的再現性。

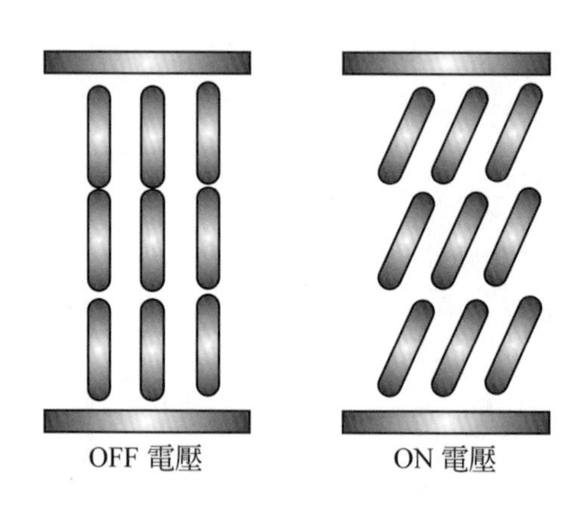

圖2.54 VA mode液晶的驅動

用VA mode驅動液晶的話，如圖2.54藉由電場促使傾斜液晶分子。所以液晶分子必須要有負的誘電率異方性。此時印加電場液晶分子就會往水平方向傾斜，因爲從液晶基板的右邊看和從左邊看時液晶分子的長軸方向不相同的緣故，透過液晶分子的直線偏光位相差就會有產生視野角依存性，圖2.55 single domain的VA液晶基板從右邊看時液晶分子的複折射長軸和視野方向呈平行，和不印加電壓時的構成一樣看起來是黑色。相反的，假設是從左側看時會液晶分子朝反方向傾斜的緣故，長軸和視線方向呈直角狀，看起來似白色。從正面看時液晶呈稍微傾斜狀，會辨識成灰色。因視野角依存性過高，爲解決這個現象開發了將畫素分割成一半，如圖2.56形成二個domain。2 domain (multi domain)

就是可取得從左亦是從右邊看，透過率會變近的中間調。假設從右邊看過去，一個畫素被分割成二個 domain，畫素右側的 domain，液晶分子複折射長軸和視野呈平行，和不印加電壓時的構成一樣，看起來近似黑色。一樣畫素的左側 domain 和液晶分子呈反方向傾斜狀，長軸和視線呈直角狀看起來的狀態像是白色。但畫素的 domain 較小的關係會被平均化，看起來像是灰色。反之，從左側看的話左右邊的 domain 只是相反而已，看起來還是灰色，從正面看時左右邊的 domain 液晶會呈稍微傾斜狀態，會辨識成灰色。總之，正面、右邊、左邊看起來都像是灰色，大大改善了像single domain 般的視野角依存性。

這個 domain 的形成方法是在畫素的中央使用光阻(photo Register)技術而形成透明的阻隔壁(rib)。大小約 0.5μm以下。只要少許的突起物即會向像圖 2.57，像是推倒骨牌般，液晶分子會自動配向(ADF；automatic domain formation)。使用 2 個 domain(multi domain)VA mode 稱之爲MVA(multi domain vertical alignment)mode 是 VA mode 的基幹技術之一。

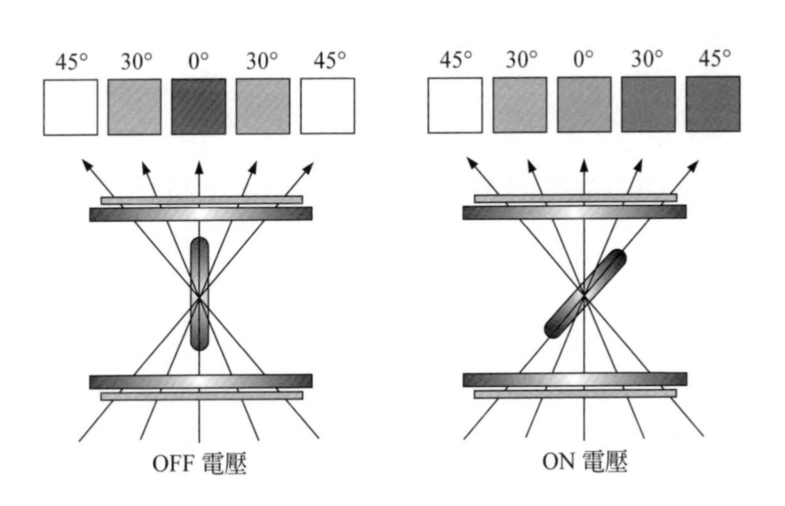

圖 2.55　single domain VA 液晶的視野角依存性

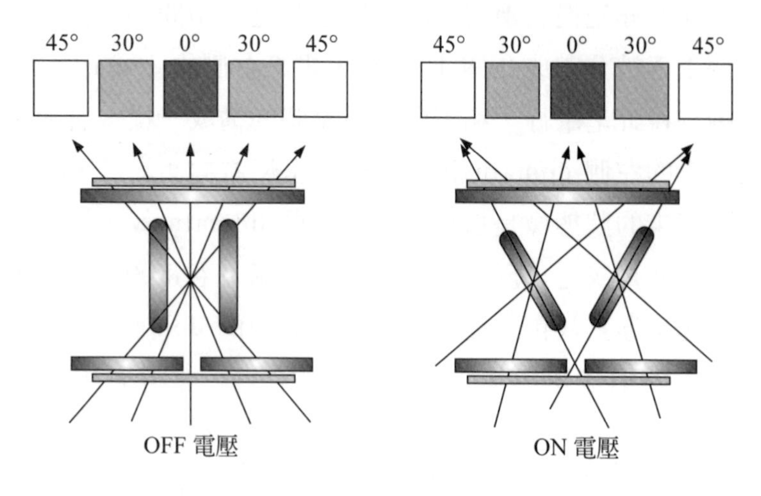

圖 2.56 2 domain(multi domain)VA 液晶的視野角依存性

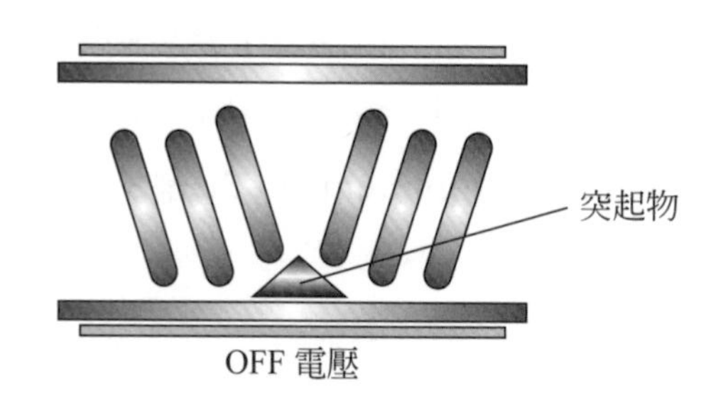

圖 2.57 藉由突起物的液晶構造

當 MVA 液晶的電壓 OFF 時，用 Rib 配向，液晶分子的長軸和背光的光呈斜狀的緣故會有漏光現象發生。爲克服這個缺點，故將阻隔壁縮小，電極做pattering在畫素內形成次畫素(sub pixel)。ON狀態下的Sub Domain，會形成斜向的電界(fringe電界)，使液晶分子能向左右傾斜。更甚者開發了在電極 pattern 做改良，將 domain 增加至 8 個。也開發了如圖 2.58，將一個畫素細分化後，用兩種類的次畫素(sub pixl)構成的PVA(patterned vertical alignment)mode。PVA mode，當電壓 off時液晶分子會呈垂直站立折射較少，阻隔壁構造較小的緣故會被偏光板吸收，結果光漏的比較少，黑色的再現性就比較良好。

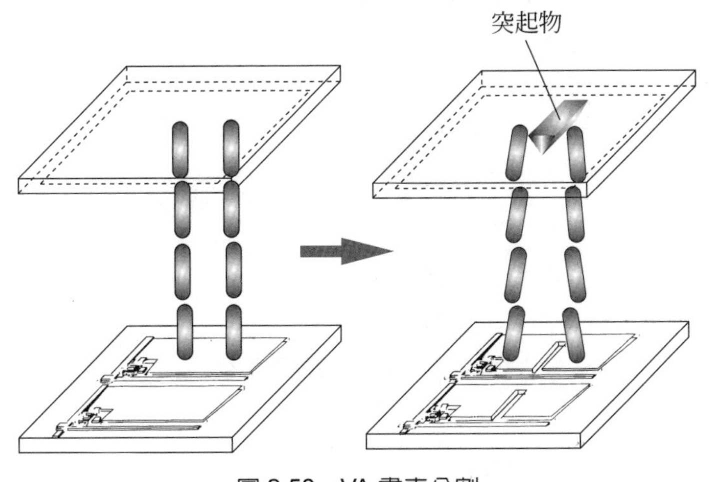

圖 2.58 VA 畫素分割

爲改良 VA mode 利用來控制邊緣(fringe)電界配向的方法，開發了電極邊端削圓的 CPA 方式(continuous pinwheel alignment)。這種 CPA 液晶的特徵是像圖 2.59，刻意將電極邊削圓之設計。這樣一來，如果和對向電極間發生斜面電場時，液晶分子會倒向畫素的中心部。實際上，在畫素內做複數的電極形成 sub pixel 做分割配向。如圖 2.59 所示，因爲將液晶分子做全方向性連續配向，實現了上下左右 170°的廣視角化。因爲連續配向所以配向方向也會跟著改變，就沒有了區域(domain)的概念，也不會發生轉傾現象。而且因爲是 VA 液晶的 base 液晶分子的應答速度也進步到 25ms。因爲是用斜向電場，當電壓off時，液晶分子不會產生阻隔壁(Rib)等障害，幾乎可呈垂直站立，和 PVA 液晶比起來更不容易發生黑浮現象，實現了 normaly black 方式的對比 350：1。但是 CPA液晶是用放射線狀配向，而且液晶分子的長軸部分爲360°，且每一個方向都有。所以會有液晶分子的長軸和偏光膜的偏光軸呈平行的部分，只有這個部分不會透光，會出現十字狀的黑影，爲了要克服此點，將對掌劑混入，做扭轉配向，減低十字狀黑影發生。而且可因爲併用擴大視野角而取到更實用的視野角。(圖 2.60)

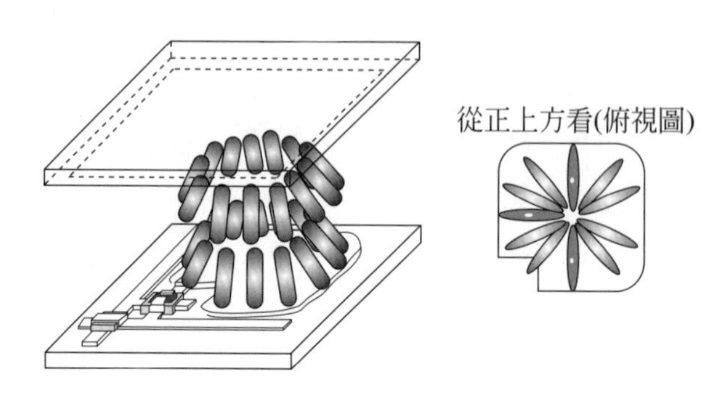

圖 2.59 CPA 液晶的配列

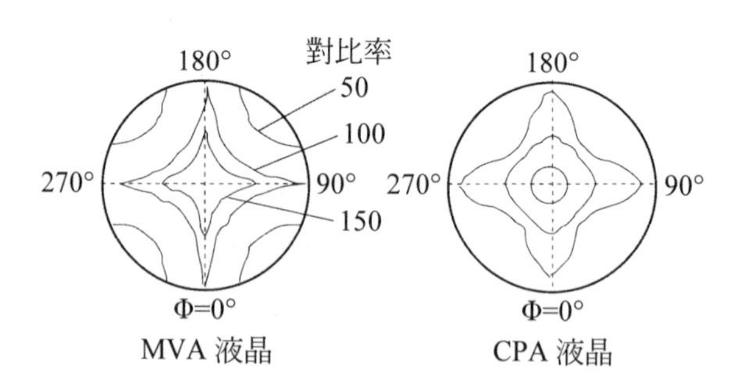

圖 2.60 MVA 液晶和 CPA 液晶的視野角

2.7.6 OCB MODE

液晶電視是以CRT爲基準，故被要求的條件也很嚴苛，目前尚有不完全需改良的部分，爲了改善廣用了OCB(optically compensated bend 亦是optically compensated birefringence 光學補償bend)mode也就是說高速應答和廣視角化已經漸漸被實現了。

一般而言，有條狀(bend)配向的液晶(π cell)可高速應答。它被採用在，用高速將π cell 的阻礙變化成一半的波長，用來補色用的二色附加應用在黑白CRT上。π cell及OCB cell是因上下基板的配向和Rubbing的方向相同，所以使用延展配向。在這樣的情況下如果加上一分鐘 2V左右的電壓，即會像圖 2.61 般轉移成條狀(bend)配向。如果轉移過一次，只要設定在Gips自由能量的臨界值內的話，即使不加電壓也可以維持條狀配向。OCB cell即是用這個條狀配向驅動。

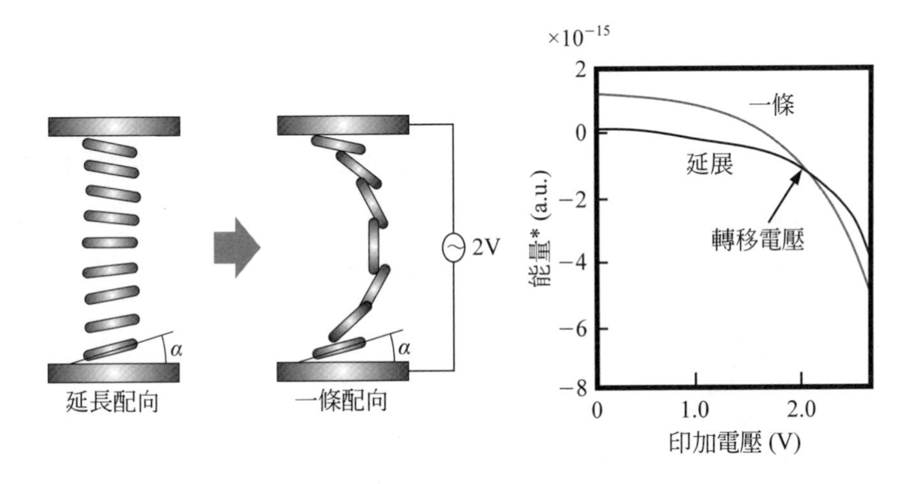

圖 2.61 π cell 的條狀轉移

(* T.Miyashita, T.Uchida, et. al., Proc. of 13th IDRC, p.149(1993))

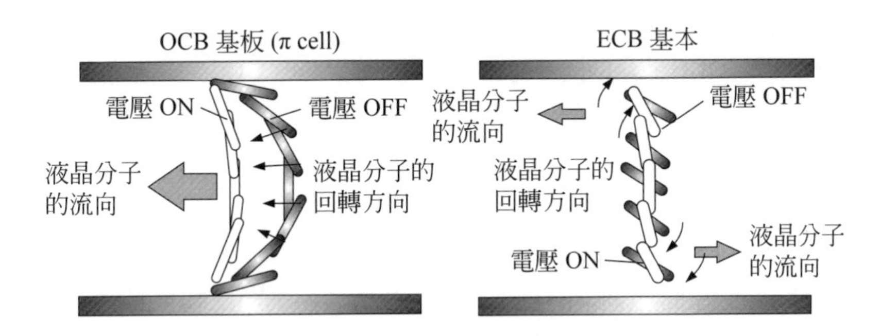

圖 2.62 倒流的高速驅動

這個傾斜運動轉向導致液晶分子流動(BACK FLOW)的流向相同的緣故。從ECB cell除了OCB液晶以外的液晶mode，液晶分子的回轉方向和液晶的流向相反傾斜，應答速度較慢。液晶的應答速度和電壓的乘積成反比的關係，從電壓 0V 開始只變化一些電壓，因變換這種小電壓而使得驅動變很慢。OCB mode因液晶的倒向(back flow)和回轉呈一致的緣故，實現了包含中間調領域的 5～8ms 的應答速度。TN 液晶亦是VA 液晶，即使是加入充分的電壓，從白變黑的變化還是只有 8～15ms的應答速度。

OCB液晶分子的配列是和cell gap的中心線上下對稱，如圖2.63這個面內的折射率已有補正。因爲是設計成和這個面呈垂直方向，使用擴大視野角膜才得以進展至廣視角化。(圖2.64)

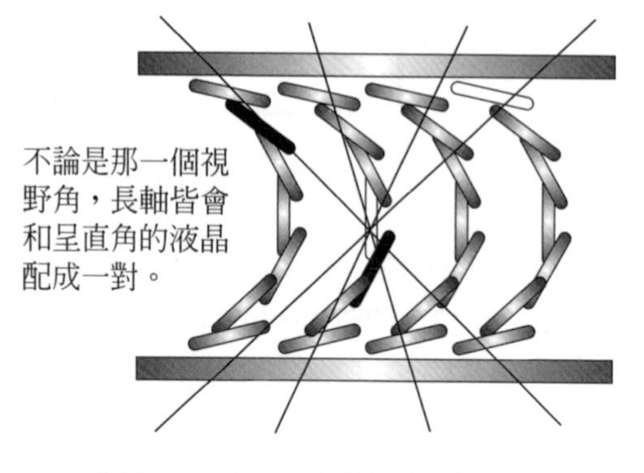

圖 2.63　OCB 液晶的自動補正

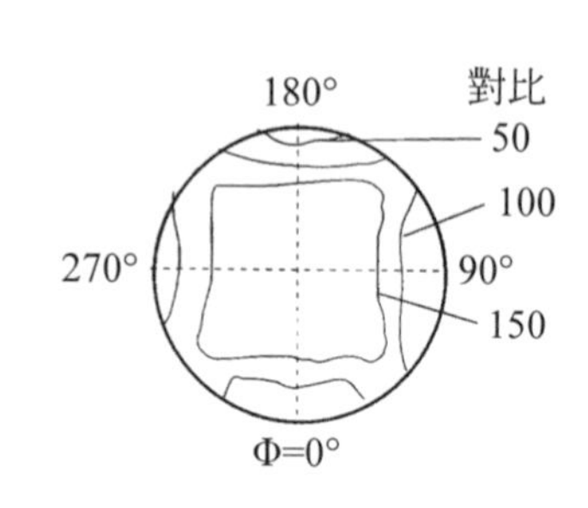

圖 2.64　OCB 液晶的視野角依存性

2.7.7　IPS MODE

爲擴大液晶的視野角而開發了IPS(in plane swiching mode)。長度方向以及和長度方向呈垂直方向不同折射率的雪茄長條狀的液晶分子，可想成是從折射率橢圓體的背面照射光線。像是TN mode般液晶分子的長軸方向和顯示面呈平行漸移動至垂直時，會因看的角度不同而複折射性也大幅不同。結果就會有因看的角度不同而對比，顏色會有很大的變化。如果液晶分子的作動只限於顯示面的平行面而已的話，則ON、OFF及看過去的角度其複折射性(折射率異方性Δn)不會有太大差別。因強誘電性液晶 mode 它的液晶分子的作動和顯示面呈平行的緣故，這種液晶本身具有廣視野角的特性。IPS mode 就如其名般，液晶分子在顯示面內，作一平面 ON 和 OFF 切換。IPS mode 是因強誘電性液晶 mode 爲hint 而研發出來的 mode。

通常Δn 有極角及方位角做變化。但 IPS mode 幾乎不會有變化。而且幾乎不用依賴視野角就可以透光，是優良的視野特性 mode。

IPS mode 因爲是在橫向加電場的緣故，所以 TFT-LCD 是在單邊基板裡用源極電極及汲極電極形成像梳子狀。圖 2.65 顯示視野角特性及其構造。

IPS mode 的另一個特徵爲中間調的應答。像 TN mode 般，解開扭轉狀呈垂直站立時，因彈性定數spray K_{11}的緣故需打破很大的彈力，如果只是稍微移動一點點液晶分子的話，用中間調顯示會比較費時。反之，IPS mode只是會讓液晶分子回轉，只需打破引發小彈力的彈性定數扭轉 K_{22}即可，只要打破這個小彈性力，就可以在短時間內作動。也就是說，中間調的應答性是高驅動方式。

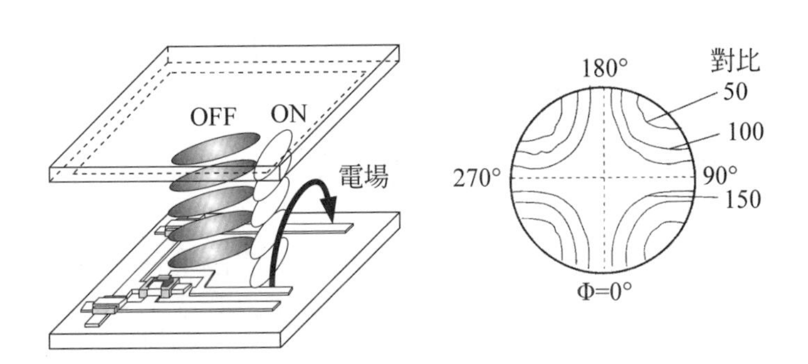

圖 2.65　IPS 液晶之構造與視野角特性

但是因為 IPS 是利用液晶的複折射性的緣故，會發生因視野角所帶來的波長依存性。液晶如果只是單一方向動作時，會因為看的方向不同而會看起來像是綠色亦是黃色。為解決這個現象研發了如圖 2.66，將電極配置呈鉅齒狀，然後做左右對稱的區域(domain)，再利用光學互相抵消的方法。所以中間調的gamma曲線灰階(灰階控制曲線)色度座標的視野角依存性也較小。

雖然 IPS mode 不需要擴大視野角膜，但斜看偏光膜的直交軸時會有因為直交軸變廣，為了補正視野角依存性而將擴大視野角膜重疊。

為了讓畫素內的電極行走，電極上的液晶分子不動，所以顯示品質會劣化。如圖 2.66，使其發生邊緣電場，進而研發了在電極上也能控制液晶分子的構造。

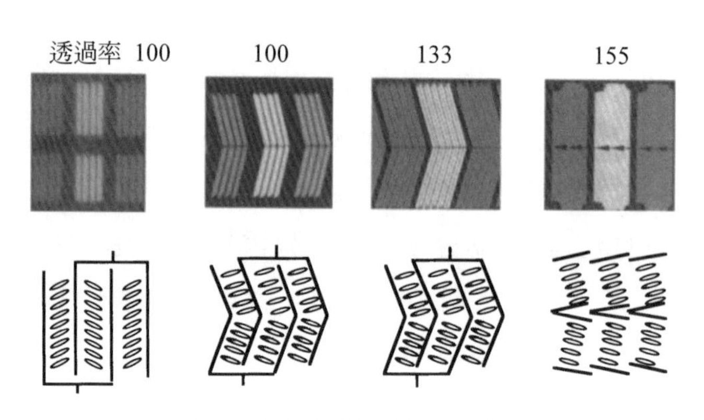

圖 2.66 IPS 的電極構造及透過率

2.8 驅動液晶顯示方式的種類

液晶的顯示方式有將文字，或是想要顯示的圖形，利用 patterning 後的電極顯示每一分節(segment)的方式(圖 2.67) ，以及文字用點數做成集合體後的點矩陣方式顯示(圖 2.68)的兩個方式。點矩陣顯示的話，湊成文字的點數愈多，顯示出來的文字越美觀。每一個點稱之爲畫素，每個畫素所形成的文字稱爲font。具體說來，例如電子計算機的數字顯示是利用每一分節(segment)方式驅動的簡易分節顯示方式。電腦亦是電視等高品味顯示則是使用點矩陣方式。

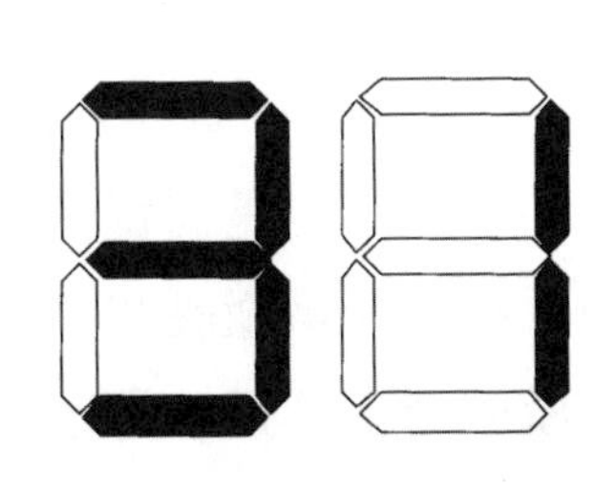

圖 2.67 條狀方式的表示例

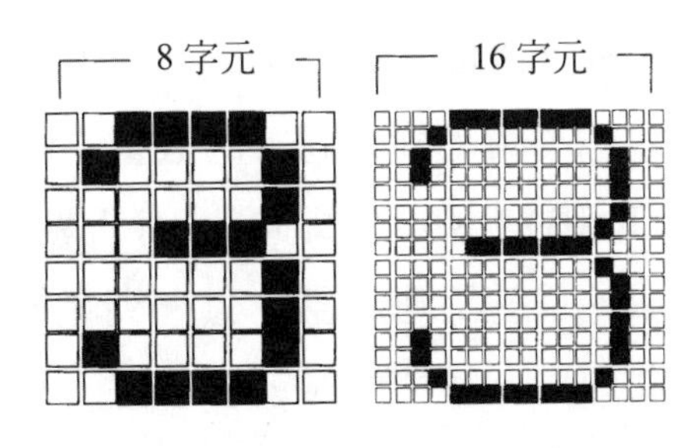

圖 2.68 點矩陣方式的表示例

共驅動方式有二種，stick 驅動方式：將每一個畫素印加電壓 ON、OFF；多路(multi plex & dynamic 驅動)傳輸驅動：幾個畫素用時脈驅動時分割之方式。

Stick驅動是將每一個畫素設配線，雖然很麻煩，但當在驅動時各個電極屬獨立作動，不會受旁邊的電極所影響，所以能簡單驅動。

畫面越高精細化的話，font 爲 16×16 點、32×32 點、64×64 點，越細配線就會急速複雜化。例如：VGA 規格的彩色液晶基板的話：1920 (640×RGB)×480 點做顯示，但如果要用 stick 驅動方式的話，驅動電極也須將這些數量加入至共通電極(通常是一個)。所以stick驅動方式配線較困難因而研發了多路傳輸驅動方式。

驅動液晶時爲保有信賴性和長壽化必須有交流驅動才行。液晶會成爲電氣容量性的負荷，需印加交流電壓做驅動。這時，如果在液晶裡印加含有週期性的電壓波形，液晶的電氣光學特性不會依存電壓波形的瞬間電壓，而是依存有效値而做變化，稱之爲有效電壓依存性(rms responding characteristics)。這和向列型液晶的顯示方式的驅動性共通，是驅動液晶的基本方式。

2.9 單存矩陣驅動

用多路傳輸方式驅動點矩陣的方式稱爲單純矩陣驅動。信號電極如圖 2.69 需要縱和橫加起來的數量，彩色液晶基板的話，VGA顯示爲 1920 (640×RGB)＋ 480 條即可。Stick驅動需有 1920×480 條，是個實際的驅動方法。單純矩陣的話，每一列電極只須一條電極，將電極設在晝素和晝素間即可。這種配線方式的話，可運用在量產製造上。這也是單純矩陣的有利點。

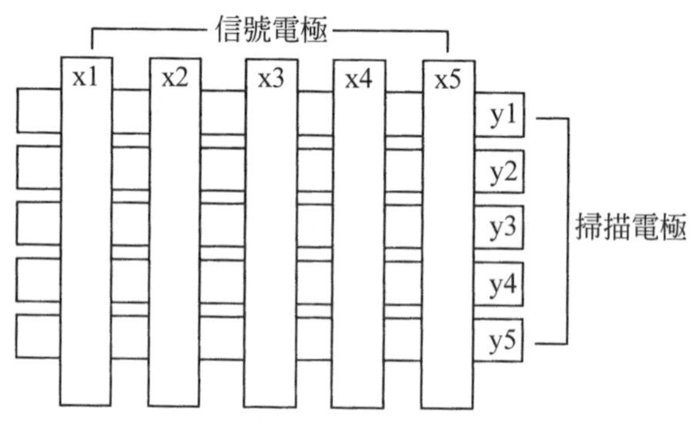

圖 2.69 點矩陣、多路傳輸驅動

單純矩陣驅動方式如圖 2.70 般：將上、下玻璃基板裡呈格子狀的電極配製成互相交叉。爲了在電極的交點施加電壓，選擇各個電極再印加電壓。在兩枚的玻璃基板間已注入液晶。可適用單純矩陣驅動的爲 TN 液晶面板、STN 液晶面板、強誘電性液晶面板等。

這種驅動方式，是時脈式選擇順序掃描電極。在選擇掃描時，選擇各點對應訊號電極而印加電壓。掃描線的總數爲N的話，每一個掃描電極只能印加畫面顯示期間的 1/N 時間的電壓。此畫面的顯示期間稱爲 frame 期間，T/N 稱爲時脈驅動的功率比。當然，視液晶的種類，可驅動功率比的臨界值不同。TN 液晶面板的功率比界限界爲 1/100 左右，STN 液晶面板可達 1/400 左右，能確保可做高精細顯示，像這樣的單純矩陣驅動和後述的 Active 矩陣驅動又稱爲 positive 矩陣驅動。

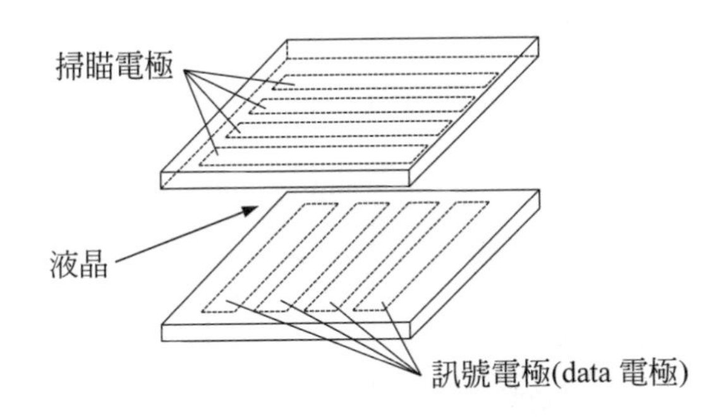

圖 2.70　單純矩陣液晶面板之構造

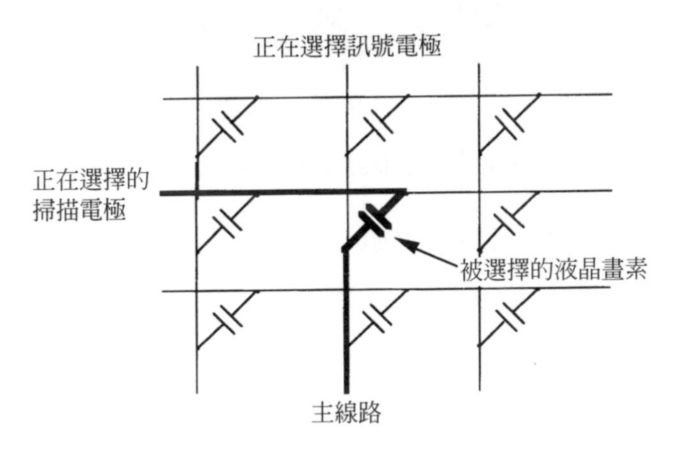

圖 2.71　液晶面板整體的等價回路

單純矩陣驅動是選擇在一定的時間，順序選擇各掃描電極，在選擇掃描電極時，選擇可對應各點的訊號電極再印加電壓。觀察此時的回路發現其實不光是只有選擇被交叉點的部分才有施加電壓。例如：也有像因爲迂回而驅動了其他顯示的迂回迴路，又稱爲干擾。圖 2.71 顯示液晶面板的等價回路。電容器容量的顯示爲液晶層的部分，液晶是絕緣體，其驅動方式和電容器的充放電方式相同。圖 2.71 選擇用粗線畫的掃描線及訊號線、其交叉部爲 ON 的狀態。假設將這個線路稱爲主傳遞(主 PASS)。注意看這個回路時會發現，除了主傳遞以外也有別的迴路(route)。如圖 2.72 有副傳遞，這個副傳遞所引起驅動的非選擇畫素則稱之爲干擾。

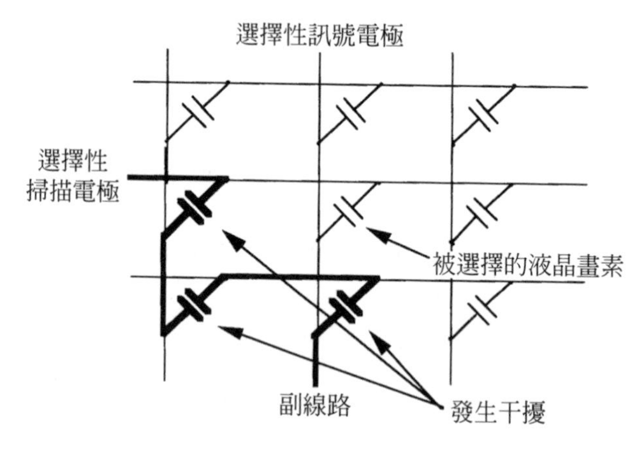

圖 2.72　副 fass 的 crosstalk 狀態

這種現象會使得對比顯示降低，經過各種研究檢討該如何解決其驅動方法。結果研究出可防止干擾的電壓平均化法。如圖 2.73，回路(3×3)的情況時，選擇掃描電極印加V_0時，則在其他二個非選擇的掃描電極印加$V_0/3$，如果是在選擇訊號電極印加接地的電位(0V)時，則在其他二個非選擇訊號電極印加$2V_0/3$，非選擇的畫素只有$V_0/3$的電位差(電壓)。因爲就是在各畫素印加均等的干擾電壓，所以稱之爲電壓平均化法。這時，ON 的電壓是V_0、OFF 電壓爲$V_0/3$。

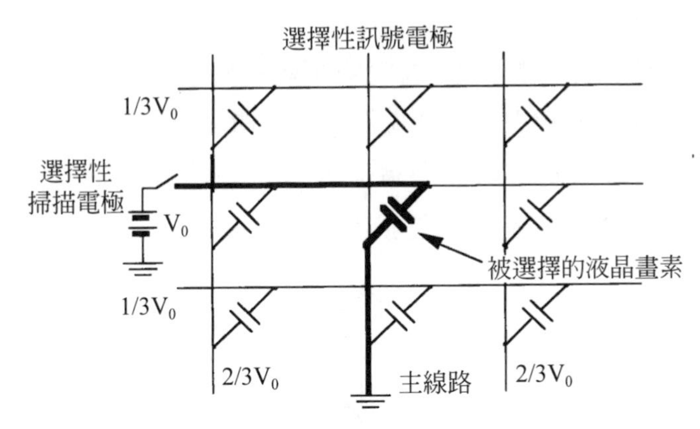

圖 2.73 印加在畫素上的電壓均一化

已印加的電壓並非就是液晶的驅動電壓。實際上是在ON和OFF畫素施加的電壓有效值V_{on}和V_{off}才是驅動電壓，因此顯示出液晶有有效電壓依存性，ON、OFF的電壓比如2.5的計算公式條件下，其對比可變成最大。

$$\frac{V_{on}}{V_{off}}=\sqrt{\frac{\sqrt{N}+1}{\sqrt{N}-1}} \quad (2.5)$$

計算公式2.5的N是代表掃描線的條數。可以導出ON電壓和OFF電壓的理想比率。稱爲ON、OFF比。實際上：N＝100時ON、OFF比爲1.1。N變大ON和OFF的比越接近1。因此，掃描線越多時ON和OFF的電壓差會變小，需在這個電壓差之間各灰階電壓。因此，單純矩陣爲了將顯示的對比拉高，必須具有電氣光學特性的急峻辨識特性。因爲這個緣故而開發了STN mode。

換一個角度想的話，因爲單純矩陣的掃描線有因爲驅動方法已到達極限(Scanning limitation)的緣故，後來又開發了Multi Line驅動法等，但是向列型液晶用2.6的計算公式算的話，ON、OFF比可以成立，但無法打破掃描線的極限。

並非是驅動方法，解決回路干擾問題是Active矩陣。簡單的說，使用 TFD(thin film diode)就是如圖 2.74 所示般，具有整流作用的元素在副傳遞上時，看得出副傳遞並不會流通電流。像這種在Active矩陣，理想狀態下時就不會有干擾的問題發生。

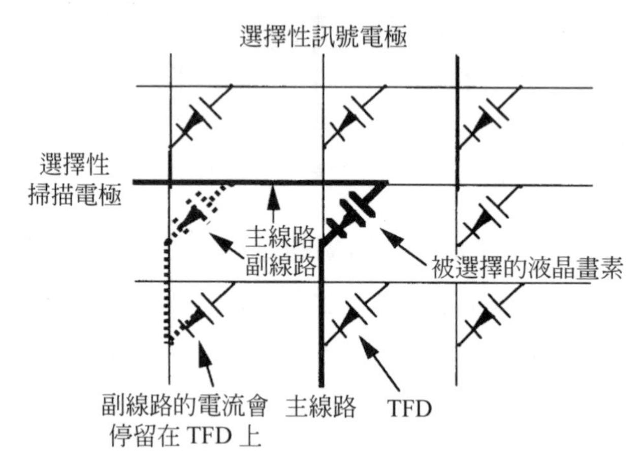

圖 2.74　TFD 液晶面板整體的等價回路

2.10　主動矩陣(active matrix)之驅動

導入STN mode，強誘電性mode，亦是加強改善電壓平均化法等驅動法之後，解決了絕大部份單純矩陣驅動問題。但是對比和畫像的精細度還不是十分的完全。另一方面同時間開發了在每一個畫素(Dot)裝上電晶體等的活動元素。即是所謂的Active主動矩陣驅動。它具有充分的對比及精細度。

Active主動矩陣如圖 2.75 所示，透過能夠開關的能動元素驅動電壓傳至液晶元素。在畫素部裏有液晶元素和儲積容量並列連接在一起。首先，主動元素如果 ON 的狀況下，驅動電壓則會進入畫素部。畫素部裡的主動元素轉成OFF時，會利用儲積容量保持電壓。也就是說，為了保有儲積容量，其訊號輸入時間的功率比有1/400，到下一個訊號來為止，會利用儲積容量保持其電壓訊號。所以和一般的 ON、OFF 驅動(Stick 驅動)可用相同的條件去驅動液晶。

在此說明何謂主動矩陣。主動矩陣是如何以開關半導體元素而左右影響其性能。其中特別針對 TFT 元素和MIM 元素做說明。

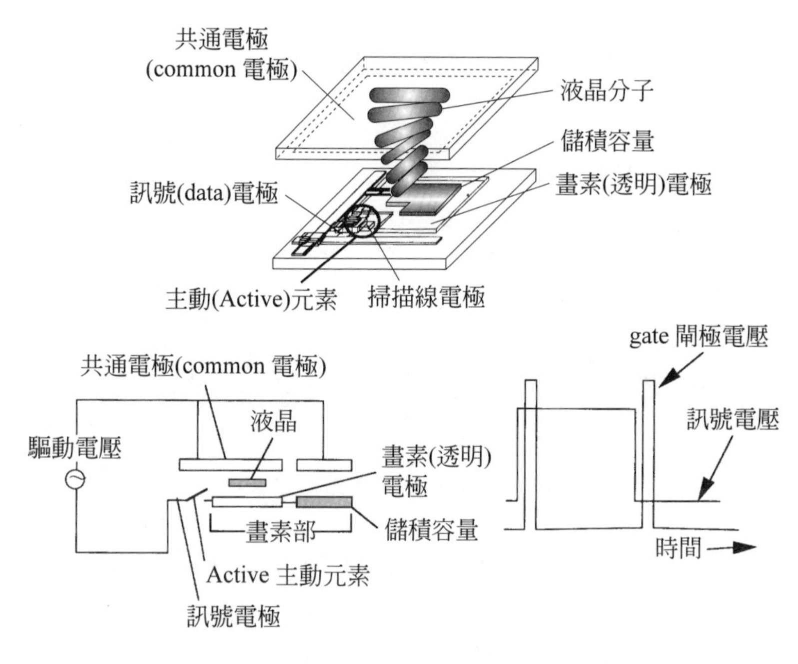

圖 2.75　主動矩陣的儲積容量和顯示時間

2.10.1　TFT 液晶元素

圖 2.76 在主動元素裡使用TFT液晶畫素和TFT液晶面板的概略圖。TFT 元素是由薄膜化後的電晶體所構成，稱為薄膜電晶體(thin film transistor)元素。TFT 是由薄膜半導體、閘極、源極、汲極所構成的三

端子開關。在閘極印加電壓後，源極(訊號電極)傳到汲極，亦是相反的流到半導體內部通過電子流通電流。在閘極印加OFF電壓時，源極和汲極會被遮斷。也就是說，閘極電極是用來使TFT作動ON、OFF的電子門開關的功能。在閘極電極施加ON電壓的情況下，從汲極加電壓至畫素電極(ITO透明電極)和對向的共通電極(基板全部均塗上ITO透明電極)之間的液晶元素印加電壓驅動。和液晶元素並列連接在一起的儲積容量也同樣一起施加電壓。閘極電壓爲零時TFT呈OFF狀。保持液晶元素和儲積容量的加壓電壓。液晶就是在如此的情況下作動。

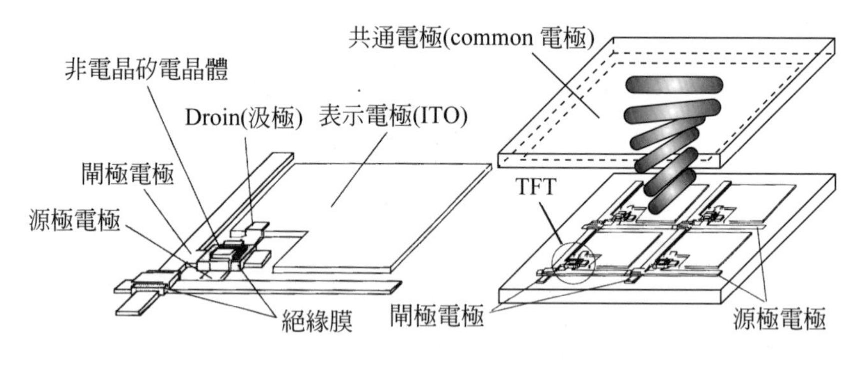

圖 2.76　TFT 液晶的畫素及基板構造

液晶材料是使用向列型液晶，其作動方式採用有 TN mode、VA mode、IPS mode。TFT 液晶的特徵是，如果任意控制印加在源極的電壓的話，可以變換實際印加在液晶上的電壓(驅動電壓)。簡單說，是否要印加電壓，可以在閘極做控制，印加在液晶的電壓是在源極做控制。所以，液晶的驅動狀態可在源極做控制的關係，也可自由設定液晶元素的中間透過率。因此顯示黑、白濃度就分爲幾個階段，實現了灰階顯示。在這個情況下，向列型液晶的電氣光學特性會因爲依存在共通電極和源極間的印加電壓的有效值而起變化的關係，在TFT驅動上即可成立有效電壓依存性。當然也不會像單純矩陣般的干擾，對向的ITO透明電極也不做 patterning 全面均一的狀態(緊密狀態)的關係，所以可讓後述製造 COLOR FITTER 等零件時的負擔變小。

2.10.2 MIM(metal insulator metal)液晶元素

圖 2.77 是MIM(metal insulator metal)驅動元素的概略圖和MIM液晶面板的構造圖。MIM元素的特徵是金屬／絕緣膜／金屬的積層構造，擁有急峻的臨界值及雙方向的二極體特性。被運用在向列型液晶材料，而動作模式是採用 TN mode。MIM 元素為二端子，和MIM 元素連在一起的鉭金屬電極及對向電極ITO(indium tin oxida)透明電極和單純矩陣電極一樣是格子狀。雖然 MIM 驅動方式和單純矩陣的驅動方式類似。但是，元素會被操控所以不會有像單純矩陣的干擾問題產生。

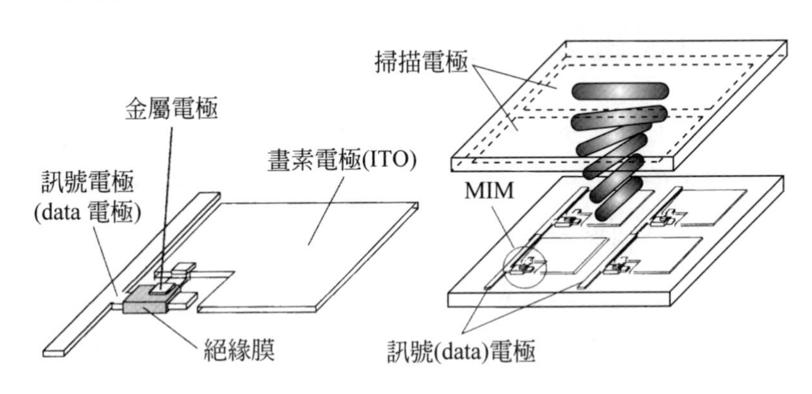

圖 2.77 MIM 液晶之畫素及基板構造

彩色濾光片(Color Filter)和 MIM 元素呈對向配置在基板上，如果要理想的驅動液晶時，必須在彩色濾光片上形成透明電極。但是如果在彩色濾光片上形成ITO透明電極時，會受彩色濾光片的表面平坦性所影響，而且加上彩色濾光片是用有機層裡形成的關係比較難控制。現況已可以利用低溫濺渡法製造，但因為必須是低抵抗電極的關係在必須要有250℃溫度。這種 ITO 成膜溫度和配向膜的聚合溫度為250℃左右，彩色濾光片有耐熱的特性。這個問題在材料亦是加工(平坦性)獲得解決，現以這個方式爲主流。

反之在形成 ITO 電極時，爲了要提昇電極 patterning 的良率觀點來看，並非是在彩色濾光片上形成ITO，而是先在玻璃基板上形成ITO之後，才形成彩色濾光片。這樣的方法比較有利。這樣的方式，因爲在電極間挾著彩色濾光片，必須克服驅動電壓變高的宿命以及將膜厚均一化，以及降低彩色濾光片的阻值。爲了積極改善上述的問題，將 MIM 方式的一部份改成採用先形成ITO方式。

這種 MIM 方式，當初是使用在遊戲機等的螢幕而普及，現在則以 TFT 爲主流，只使用在一部分的用途上。

2.11 如何讓畫像移動

文字亦是圖形等不會動的畫像稱之爲靜止畫像。相反的，會動的畫像稱之爲動態畫像。在一定的時間更新靜止畫像，會因爲殘留在眼睛裡的影像而覺得像是圖形在動，這即是動畫的原理。在一定的時間將靜畫逐次更新，看起來就像是畫會動。實際上是利用，殘留在眼睛裡的畫像和連接下一個畫像，人的眼睛無法做區別的時間大概是 1/30 s左右。所以只要在這個時間內將畫面更新，看起來就像是動畫。點矩陣型LCD即是用這種速度驅動顯示 TV 的畫像。

該如何讓液晶顯示器在一個畫面用 1/30s 顯示。不管是主動矩陣亦是被動矩陣，VGA(640×480dot)顯示的話須將 480 線輸入至畫像裡，一條線最少須以(1/480)×(1/30)＝ 1/14400S的速度輸入。用這個速度輸入但實際上是以 1/30s一次更新一次畫面。反過來說，必須在 1/30s內讓畫面清晰的顯示。想必是需要花功夫處理。後續會再做說明。因此開發了線反轉、點反轉、OVER DRIVE等驅動技術，而實現了的現有的TV畫質。

2.12 液晶顯示器如何顯示顏色

TFT彩色液晶顯示器，會在TFT液晶顯示器的共通電極基板裡，設置對應TFT陣列側的每一個RGB三原色畫素(紅、綠、藍)，而形成的彩色濾光片。此時是依加法混色而顯色。但還需設計 RGB 的平衡。所以必須先將光的強弱和顏色定量化後，再加上人的眼睛的特性做調整後，才可以將想要顯色的顏色顯示在彩色液晶顯示器。其設計方式如下列說明。

首先，你必須理解利用波長顯示光的強弱的方法。太陽光、房屋內的照明、物體表面所反射出來的光等，我們在日常生活中每日看的光並非都是等波長光，其實混合著種種的波長。而且通常每個波長的能量也不相同。所以爲了顯示這種光的特質，將每個光的波長分開顯示其所持光能量的大小。稱爲能量的分光分布。但是，太陽光線的波長會連續變換物理量，細分爲600nm、600.3nm、600.35nm………。因爲它是無限的存在，無法細分成各個波長。改用先決定好一定的波長，再顯示這個波幅內所含的能量。前述的單色光在這個波幅內則是非常狹窄的光。

例如圖2.78波幅設定爲5nm時，要量測600nm的光能量時597.5～602.5nm的波幅則視爲600nm。5nm寬所含的單位時間能量量測假設是S(W)，這樣600nm 的光能量就不適合想成是 S(W)。原因是 S(W)中實際上包含了600nm以外的光能量，用S(W)除以波幅5nm S/5(W/nm)爲600nm，光的單位時間所含的能量，稱之爲能量的分光密度。

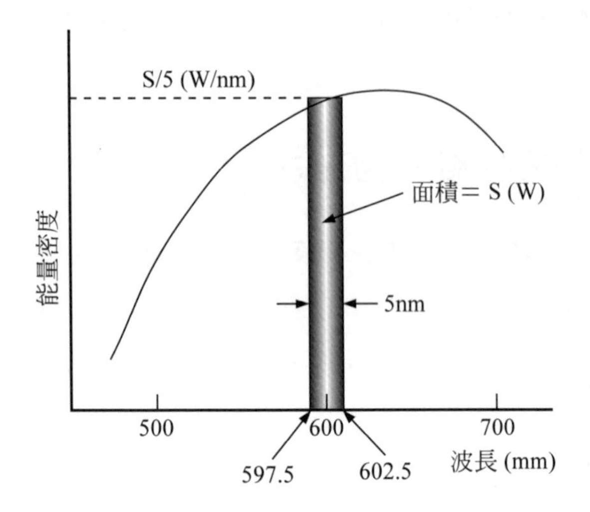

圖 2.78 能量的分光密度

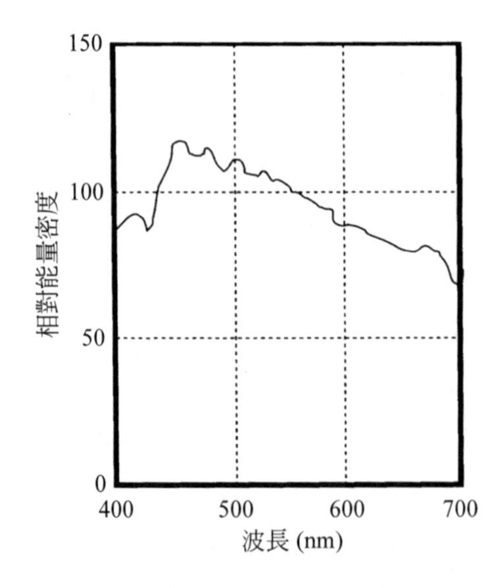

圖 2.79 日光的分光分布

調查光源亦是顯示器顏色的目的在於與其知道絕對質，如果知道分光密度的相對值大部分的情況就可以解決了。圖 2.79 將實際的能量分光密度用相對質顯示出分光分布圖的縱軸能量比、相對能量、相對放射強度等。用圖 2.79 顯現出每個光的波長的強渡。

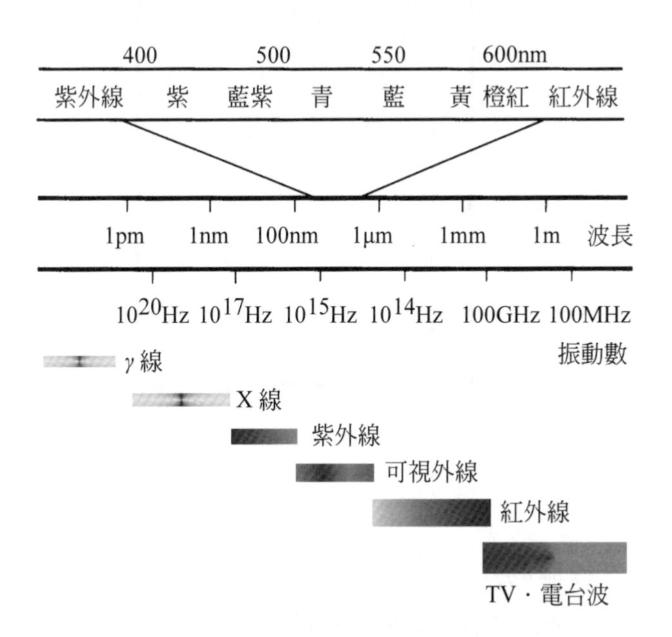

圖 2.80 電磁波和波長的分類

由此可知光有很多種類的波長，眼睛並非每個波長的光都可以看到。看得到的光的波長範圍是 380～780nm 左右，稱之爲可視光。圖 2.80 爲眼睛會視波長而感受到的顏色不相同。而且眼睛也會因波長的長度而影響感受到的明亮度。圖 2.81 分光分布並非眼睛看到的明亮度。

眼睛會依光的波長而感受到的明亮度不同，再這裡須注意的是顏色和明亮度是完全不相同的。譬如說，黃光和青光比較起來的話，原本黃光會讓人覺得比較亮，但是其實調整光的強度，也就是說調整能量，兩種光的明亮度也可以相同，也可以將藍光調整成比黃光更亮。即是說明了明亮度和顏色是互相獨立的性質。

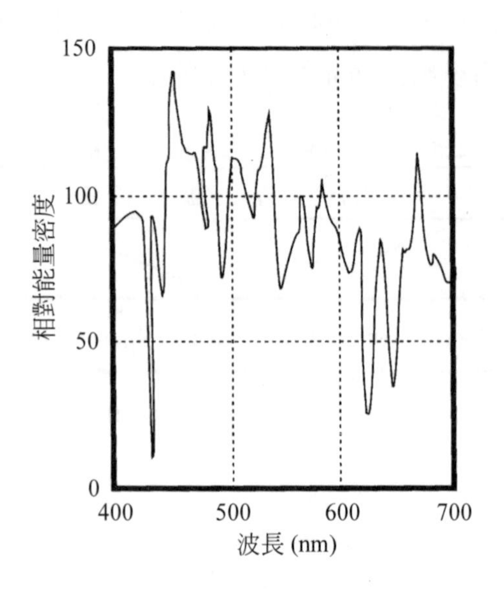

圖 2.81　光源的分光分布

該如何調查每個波長的感光度呢？眼睛看不一樣波長的單色光，和感受到各單色光的明亮度相符等的能量做比較即可。因每個人的感光度不同，讓多一點人看過再取平均點。實際上，每個人的感光度都差不多，但可以確認感受的光度是否一樣。

此感光度的調查又稱爲視感度。此測量需在可視光領域內實施，如果要感受同等的光亮度，但是用最少的能量，波長的視感度假設是 1 的相對化，這個值稱爲視感度比。圖 2.82 所示，人的眼睛最可感受到的波長光爲 555nm。

光的能量表示單位爲瓦特(W)，從眼睛看到的光亮度是以光束做爲表示單位。光束的單位是流明(ln)各波長的能量(放射束)和明亮度(光束)之間的關係，可用視感度比做對應，所以先決定好 1W 等於幾 1m 即可從光的能量算出光束來。1w 的能量有 555nm 波長的單色光，6831m 的光束。其計算公式爲式(2.6)：

單色光的光束(lm)

$= 683(\mathrm{lm/W}) \times$ 視感度比 $\times$ 單色光的能量(W) .... (2.6)

表示明亮度的單位除了光束(lm)以外，還有光亮度(cd)、輝度(cd/m^2)、照度(lx)等，其基本爲光束。

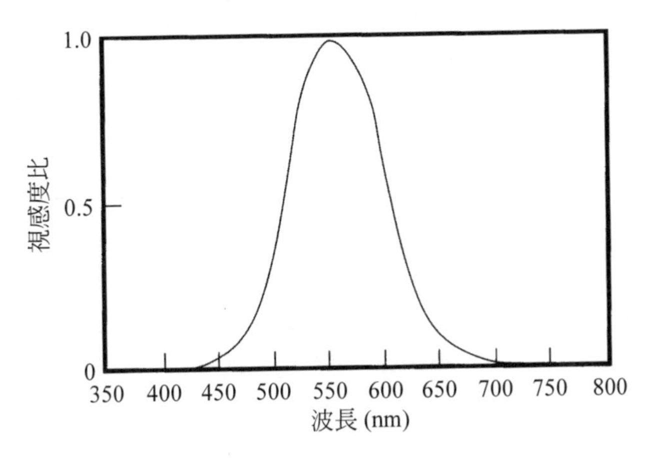

圖 2.82 CIE 測光標準觀測者之亮度所視值之視感度比
(CIE：Commission Internationale de l'Eclairage, 國際照明委員會)

以上說明的是感光，再來說明感色的部分。基本上顏色是像圖 2.83 所表示的色相、彩度、明亮度的三個特性。

(1) 色相

紅、橙、黃、綠、藍、靛、紫、紅紫等顏色稱之爲色相或是顏色。這是色彩的第一特性。

(2) 彩度

想像成在菱鏡分開前光的顏色。看太陽、螢光燈等的光源時，可感受到光亮，同時也會感受到光的濃淡。太陽光的話，白天看起來像白色，傍晚會漸漸變成薄暗的灰色，太陽下山後就感覺是黑色。色相中不包含白色、灰色和黑色。因爲它是在色相分開前的光當然就不包含在色相內，這種顏色又稱爲無彩色。從無彩色，到可看出有淡淡的顏色，甚者，也可以看到從菱鏡分開後的鮮豔顏色，可把它分類成鮮豔的顏色。這種鮮艷色是彩度的第二特性。稍微有染上一點點顏色的話稱爲有彩色。

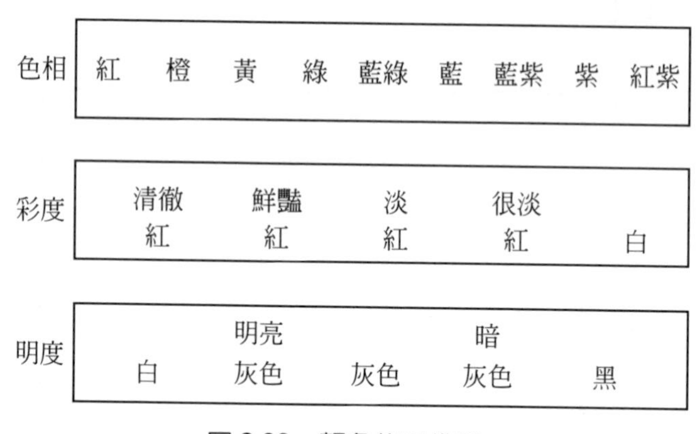

圖 2.83　顏色的三性質

(3)　明亮度

第三的特性稱爲明亮度，亦即顏色的亮度。同樣的顏色也可以做明亮區分。明亮度就如前述般，無彩色是三個屬性內只有明亮度有顏色。

圖 2.84 將中心軸從白到黑的明亮度，在圓周上的紅、橙、黃、綠、藍、靛、紫、紅紫完了後會再回到紅的色相，再畫出從中心放射出來的彩度圖即可取得三性數質的値化，一樣的顏色可用數字表示。

表示 RGB 量的單位是以 RGB 顏色的強度影響力爲基準點，也就是說 RGB 各色的強度等強時，量也必須視等量。該如何規定顏色的強弱呢？RGB 呈等強狀態時，R 和 G 和 B 的力量是一樣的，不帶紅、不帶綠、也不帶藍，也就是白色。所以混合 RGB 呈現白色時須先決定適當的單位使 RGB 能等量。

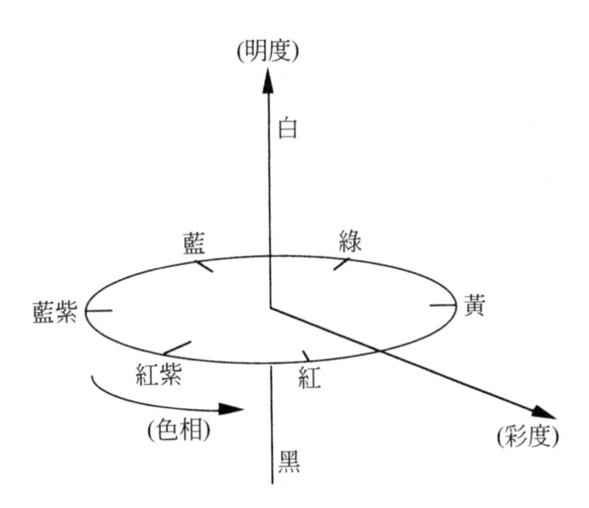

圖 2.84　顏色的三性質關係

光的強度單位有表示明亮度的光束、輝度等。變更混合RGB的光度時顏色也會變。這樣可能會被想像成輝度這和 RGB 的單位，但剛剛所提到的RGB的量(能量)，即使是相同的等量但各色的強度不均等的話，這觀點就不對了。實際上，混合明亮度一樣的RGB也不會變成白色。

所以，光的能量藉由眼睛看時，明亮度一樣，RGB的單位和用眼睛看過去時，明亮度爲基本的 RGB 的單位。實際上，是以混合後會呈白色的 RGB 的明亮度爲各色的單位量。當然，能量和明亮度可用視感度比可以做變換，不會有問題。

量測的最初階段決定於三原色RGB。例如，紅色也可以分成很多種紅。如果使用不一樣的紅色 RGB 的混合量會不同，必須都使用同一個紅色。綠和藍也是一樣的原理。國際照明委員會(CIE Commission International de l'Eclairrage)的三原色是採用R(700.0nm)、G(546.1nm)、B(435.8nm)的單色光。然後再準備圖 2.85 般的基準白色，在調整 RGB 的亮度讓它呈一樣顏色。基準白色是使用有等能量的向量白光。這是可視光波長域裡分光能量密度相同的白色。基準白色和 RGB 混合色呈相同色時，RGB的明亮度(光束)各爲Lr、Lg、Lb(lm)爲1單位。也就是說R量的1單位爲Lr、G量的1單位爲Lg、B量的1單位爲Lb。這樣就可以實現最初的在RGB加等量混合後呈白色的目的。Lr、Lg、Lb的比例如2.7的計算公式。

$$Lr : Lg : Lb = 1.0000 : 4.5907 : 0.0610 \quad (2.7)$$

再來在RGB混合Φr、Φg、Φb(ln)明亮度，製作其他顏色。三原色的量如計算方程式2.8明亮度／單位的明亮度。

(三原色的量)＝(明亮度)／(單位的明亮度)..................(2.8)

RGB的量則是方程式如2.9

(R的量)＝Φr/Lr、(G的量)＝Φr/Lg、(B的量)
＝Φb/Lb ....(2.9)

這種RGB量一組稱爲顏色的三刺激値，由CIE將此規則一般化，這裡光和色也是採用國際通用規則。

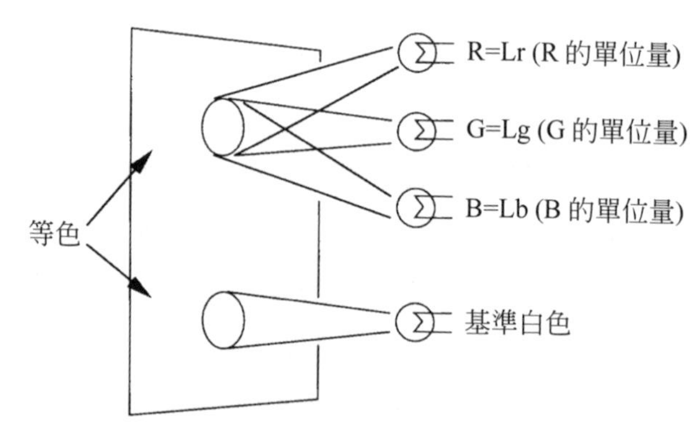

圖 2.85 白色的等色實驗

2.13 如何在空間裡顯色

顏色是用 RGB 三成份的量作表示，能像圖 2.86 作三次元顯示。用 XYZ 座標代表顏色。XYZ 軸和 RGB 軸的位置更換的話 RGB 用 3 ： 5 ： 2 的量混合作成的顏色會顯示在 RGB 空間內的(3、5、2)點位上。

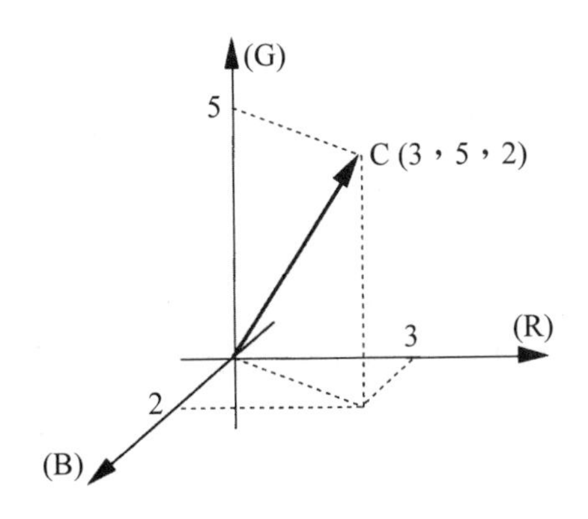

圖 2.86 顏色的三次元表示

但是，如果 RGB 的混合比是一定不變的話，即使是變更混合量的話，只會變化明亮度、顏色(色相和彩度)則不會的屬性。也就是說 R = 1、G = 2、B = 3 的混合色和 R = 3、G = 6、B = 9 的混合色只有明亮度不同，顏色不變。估且先不想明亮度，只顯現顏色。試著換算三刺激值(R、G、B)的和爲 1，比率不變。將每個RGB用計算公式 2.10 做更換即可知道。

$$R \to R/(R+G+B)=r$$
$$G \to G/(R+G+B)=g \qquad (2.10)$$
$$B \to B/(R+G+B)=b$$

r + g + b = 1。這一組 rgb 稱做爲色度座標。r + g + b = 1 爲 3 點(1，0，0)、(0，10)、(0，0，7)是通過平面的方程式，所以色度座標會plot

在平面上。如圖 2.88 所示，三刺激值的座標(R、G、B)和色度座標(r、g、b)從原點開始的轉向一樣，但距離不同的二個點。

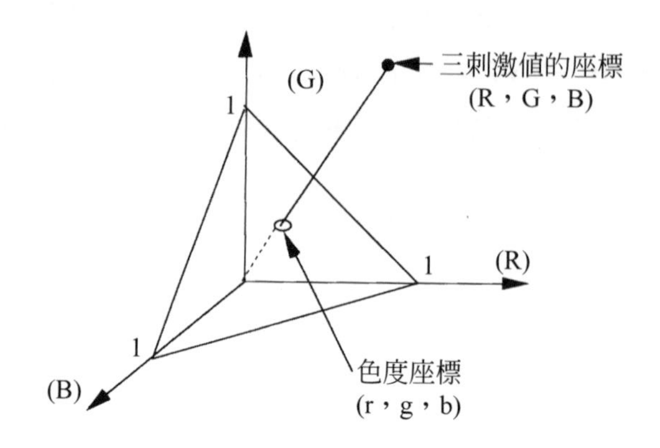

圖 2.87 三刺激值和色度座標的關係

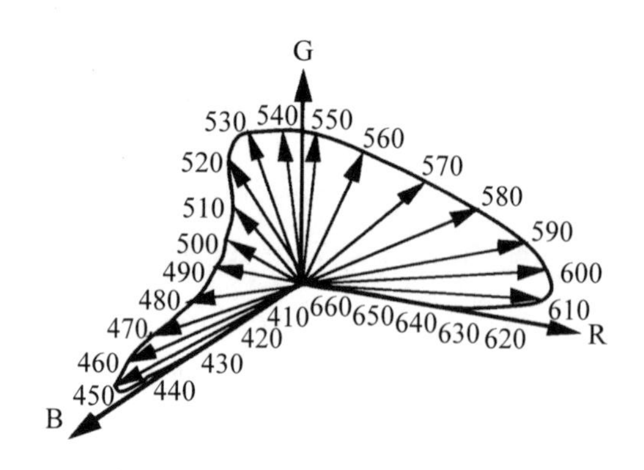

圖 2.88 等能量單色光刺激值的三次元表示

混合三原色就可以做全部的顏色，所以混合RGB即可做出和單色光一樣的顏色。CIE 對等能量的單色光要求有三刺激值。這些值又稱爲等色參數。顯示等能量單色光的接點圖，請參考圖 2.88。

關於各單色光求出色度座標，plot 在RGB空間裡，R軸和G軸調整成可以看到的向，B軸和紙面呈直角方向的情況下看圖 2.88，則看起來像是圖 2.89，稱爲色度圖。三原色各等量的混合皆爲白色，白點的座標

(White balance)爲(0.33，0.33)。單色光是所有顏色中彩度最高的顏色，所以我們看到的其他顏色會全部匯集到和單色光連結的曲線的內側。彩度越低越接近白色，其他顏色會到比單色光接近白點的位置。

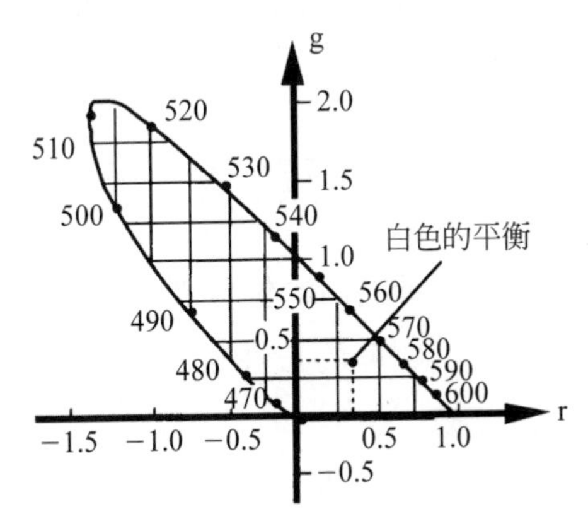

圖 2.89 r-g 色度圖

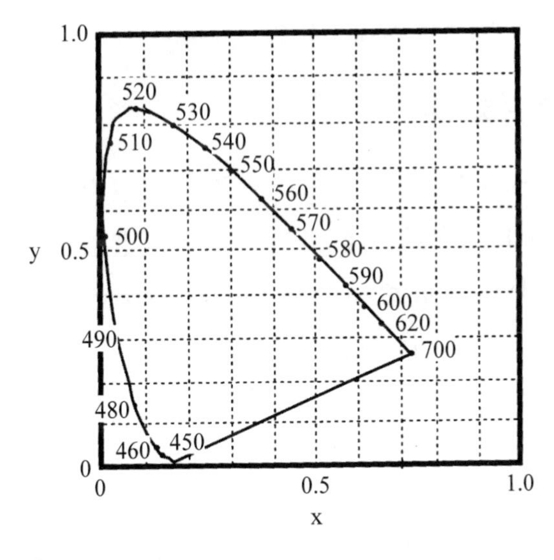

圖 2.90 x-y 色度座標

上述所示 CIE 是採用 700.0nm、546.1nm、435.8nm 的單色光做表示，稱為 RGB 表色系。在 RGB 表色系加上數學性操作，使其使用方法更方便的 XYZ 表色系，將來想學色彩學的人也經常會看到 XYZ 表色系的 x-y 色度圖。如圖 2.90，最近也常用 L*u*v 表色系，L*a*b 表色系等。人對顏色感覺幾反映出來的表色系。

2.14 TFT 液晶面板如何顯色

關於顏色，到目前為止所說明的做整理

(1) 顏色有色相、彩度、明度的三性質。

(2) 顏色有三原色(RGB)。

(3) 全部的顏色皆可用三原色(RGB)的加法混色製作。

那液晶面板的彩色畫像是怎樣出來的，COLOR 彩色，即是說儘量顯現出多彩的顏色，因為這樣就須再利用到三原色的混色組織。實際上多採用畫素分割法和時間分割法的顯示方式。

2.14.1 畫素分割法

圖 2.91，如果要將構成畫面的一個畫素顯現出全部的顏色的話，一個畫素裡須有 RGB 三原色。然後再將這一個畫素細分成三個，作成會出現 RGB 光的窗格(sub 畫素)。之後再調整 RGB 的光的強度的話，可作成全部的光。但是 RGB 因為是在不同的位置，也許有的人就會質疑看起來是個別分開的不會混合在一起。但是，小面積的 RGB 畫素是人的眼睛無法判別其色差，看起來就會像是三色的混合色。圖 2.92 是 RGB 的顏色交互排列者。每一個畫素的顏色看起來區分的很清楚。畫素漸漸變小的話就不容易看出色差，到一定的細密度時則完全無法區別。所以從各窗格映出的 RGB 光看起來像是混合在一起的關係，液晶基板的窗

格必須是小窗格才行。眼睛和畫面的距離如果是 30cm 左右時，每一個窗格的大小大約是長 300μm 寬 100μm。如果是離畫面越遠的地方看的顯示器，例如：啤酒廣告的電視牆所顯示的每個畫素都相當大。

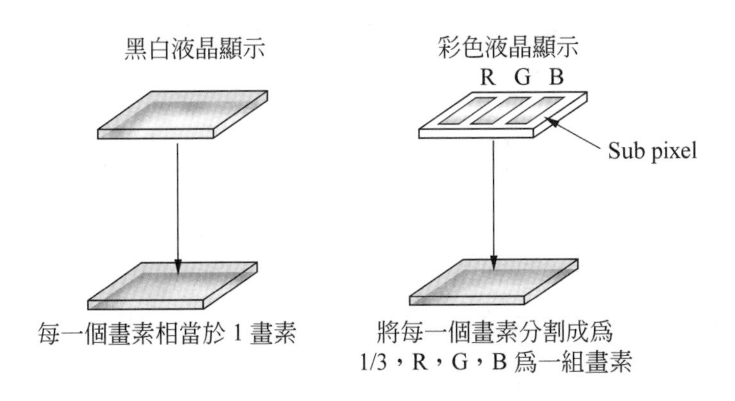

圖 2.91 黑白與畫素的比較

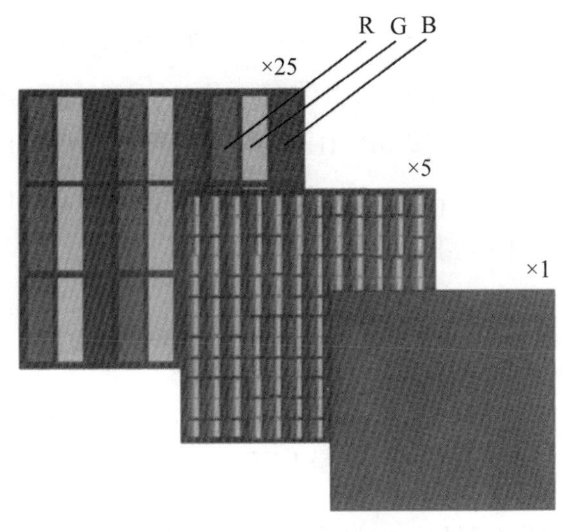

圖 2.92 細膩的畫素和判色

RGB的色光是如何做的呢？液晶自己本身不會發光所以須要另外的光源。而這個光源是須要是含有 RGB 的白色光源，例如：螢光燈等。

在窗格裡細工處理特殊材料，只通過各顏色的光，R 用的窗格只會通過 R 光。這個特殊材料稱爲彩色濾光片。光的明亮度是由設在窗格下方的液晶快門控制開關。快門的開關是利用 TFT 施行，液晶面板的構造和 TFT如前述之說明。在這樣的構造上即可控制畫面上的色彩，可顯示全部的色彩。

2.14.2 時間分割法(Field Sequential 法)

所謂的時間分割法即是假設從做完空間配置過RGB三原色的色彩濾光片所顯示出的彩色，會利用人的視力極限是因空間融合性的關係，而RGB的光會隨時間順序傳送色彩，時間分割法就是利用人的眼睛對時間的反應極限藉由時間融合性顯示彩色即是時間分割驅動。原因是最初開始彩色濾光片很貴，加上一樣的明亮度但可減少些許耗電，而且一樣的製作技術，精細度高三倍的顯示器誕生。

在此思考電視畫像顯示的事，每一個單元的畫面的畫像情報顯示時間稱爲 frame，每一個 frame 的畫像有原色 RGB 的顏色信號。首先將畫素個別的原色部分分成 3 個 sub frame 將這個 RGB 的 sub frame 畫像順序顯示在沒有彩色濾光片的 LCD 上。此時和 RGB 的 sub frame 混合起來切換 RGB 的背光點燈。如此一來就可看到彩色畫像。但是各個 sub frame 爲 1/180s，並非是 60Hz 而是以 180Hz 的週波數做驅動。所以必須有反應快的液晶，也必須有動作用週波數高的驅動器。加上TFT液晶是hold型驅動的關係，未避免畫素的垂直方向的輝度傾斜排列很多的背光做對應。背光是使用日光燈亦是 LED。

2.14.3 背光和 CF(color filter)和顯色的關係

如果要顯示彩色的話另外還有一個重要的要素。即是背光和彩色濾光片的 matching。代表彩色液晶面板的背光爲圖 2.93 上段所示的分光分布。RGB 各畫素的彩色濾光片如圖 2.93 中段所示，具有分光透光率分布，入射到彩色濾光片的光能量能穿過幾％，亦即是說，透光率爲縱軸，波長是由橫軸。例如：R的彩色濾光片可以穿過620nm常的波長光約 80％左右，短波長則幾乎無法穿過。所以背光的光是從彩色濾光片分光，得到目的的 RGB 光將這此光混合起來就是彩色顯示。

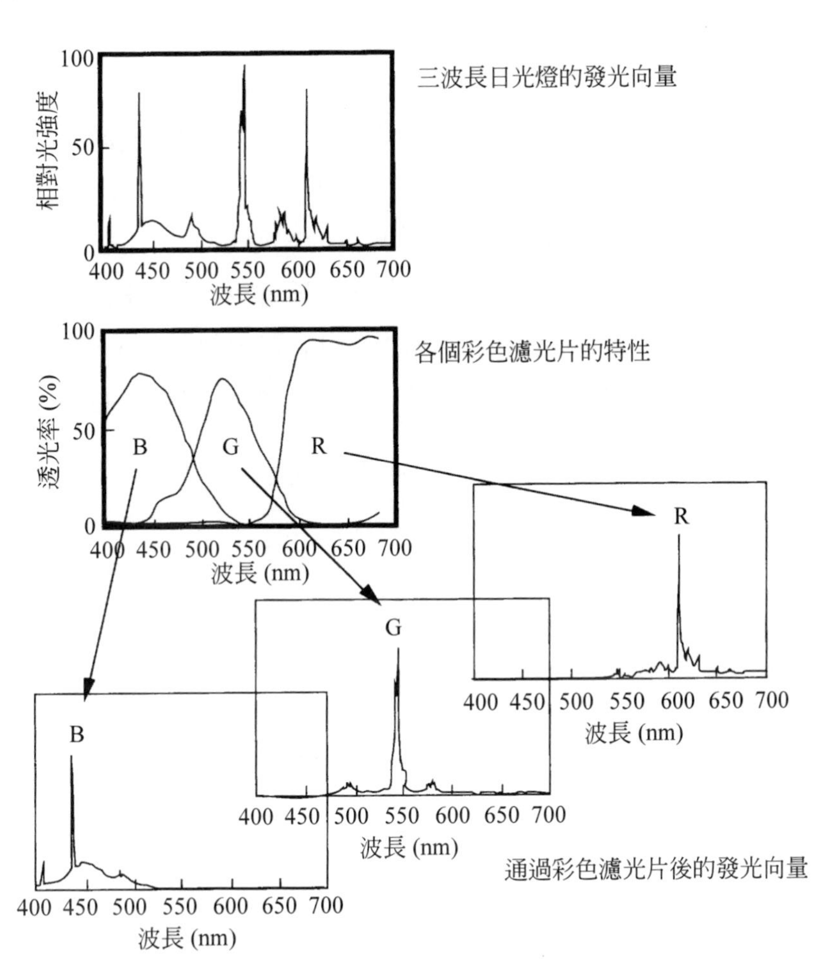

圖 2.93　三波長日光燈和彩色濾光片組合後的發光向量

實際上，背光的光穿過彩色濾光片後RGB能量乘以彩色濾光片的透光率除以各個波長後即可知道如圖 2.93 下段。從圖 2.93 可看出來從RGB 畫素來的光其實並非是單色，它其實混合了很多波長的成分，所以會比單色光的彩度要來得低，即使採度較底的顏色混在一起也無法做出彩度高的顏色。所以彩色液晶面板無法顯示出像單色光般的鮮豔顏色。這是彩色電視亦是其他的顯示器的缺點。重要的是須顯示出接近自然色則需保持背光和彩色濾光片的平衡。現狀很難只混合單色光就能顯示出明亮的顏色的技術。所以取背光和彩色濾光片的平衡讓顏色更漂亮、更鮮豔是未來的開發課題。

彩色液晶面板是使用擁有些許長波幅的三原色，使用這個方法較容易做出明亮顏色的利點。所以比其他顯示器都熱心被研發。也因此以 FPD 來看彩色 TFT 液晶面板爲群冠之首的品質，再加上 LED 背光被實用化後，比原本的三原色的三角形更廣泛，且顏色的再現範圍也變廣。

Chapter 3

COLOR LIQUID CRYSTAY DISPLAY

彩色 TFT 液晶顯示器的構造及其構成要素

3.1 彩色 TFT 液晶顯示器

從 TFT(Thin film transistor 薄膜電晶體)液晶面板的種類、顯示方式、用途分類後發現有各種不同的形態，其中以使用 a-Si(amorphous silicon)直視型 TFT 彩色液晶面板最爲普及化，實用在 2 吋的手機用顯示器到 65 吋的彩色液晶電視等各種商品，而後續會再詳細敘述 TFT 彩色液晶面板中用在 20 吋電腦螢幕以 a-Si 直視型爲主的內容。

選擇採用彩色液晶面板作爲顯示裝置固然有它的緣故。首先，彩色 TFT 液晶面板本身比其它的平板型顯示器的顯示顏色豐富，對比也較高。而且加上小型輕量、消費電力較小。

而其普及化的原因在於性能良好，良率提昇等因素，而讓良率提昇的是製程中的潔淨管理。

「潔淨管理」舉例來說，半導體製程上，如果說要在一個直徑 12 ㎝的晶片製造 100 個IC，但是在晶片上有 0.1μm左右的髒東西附著，使的 3 個 IC 無法使用，那只要將這三個不良 IC 除去後，剩下的 97 個則是沒問題的部分。這種情況就稱爲良率 97 %。但是 TFT 液晶面板的話，則是有一個髒附著物的大小不會使得迴路短路的情況，但有時就可以容許 1um左右大小。但是比顯示範圍大的髒附著物，即使是只有一個，那片基板也會成爲不良品。20 吋的話，$1100\times1300m^2$的玻璃基板面積裡不得有 1μm 以上的髒附著物。也因此和半導體的晶片比起來，TFT面板沒有髒附著物的區域較廣泛，需要嚴格的潔淨度。在這樣的情況下，因髒附著物導致斷線，亦是小孔等不良原因發生，所以，如果製程不是很簡易確實的話就很難進入實際生產，而使用TFT面板製造技術已解決這些問題。

但是，由於a-Si登場，TFT製程上降低陣列(Arrey)基板 300～350℃的處理溫度，這對工業上有著很大的意義。高溫 p-Si 的登場(poly crystalline silicon)是用 1000℃的高溫處理，所以只能使用石英玻璃。a-Si 是使用 600℃會有歪點的無鹼性玻璃(白板玻璃)。之後開發了低溫製造p-Si的技術。實現了可在450℃製造p-Si(LTPS)，也可以使用無鹼性玻璃，之後更開發了300℃～350℃的實用化的緣故更接近 a-Si 的製造溫度，TFT無法使用STN用的低成本碳酸鈉玻璃，但無鹼性玻璃和石英玻璃相較之下，玻璃基板的材料費成本可壓縮至 1/10 以下的製造成本。確保尺寸精度，減低製造成本，容易控管不純物。克服各個製作規格後，TFT液晶面板也加入量產，本章主要是針對a-SiTFT液晶面板作說明。

3.1.1 何謂彩色 TFT 液晶模組構造

首先，先用圖 3.1 說明使用彩色 TFT 液晶模組構造的 TN mode。將兩枚玻璃基板，兩片玻璃基板間注入液晶貼合起來的狀態稱爲基板(panel)、驅動用 LSI(driver)照明(back light)類的周邊材料，配置後的狀態稱爲模組(modul)。也就是說，模組就是連接系統傳至端子具備液晶顯示的裝置，只要和系統做連結後即可顯示文字亦是畫面的狀態總稱爲次系統(sub system)。圖 3.1 記載了構成模組各個部材的名稱。之後會在第四章再做詳細說明，這裡僅先簡單的說明各部材的記載名稱。

偏光膜........................：能透過特定的偏片光成份亦是吸收的膜。

視野角擴大膜...........：爲擴大視野角的膜。

玻璃基板 ....：構成液晶面板的透明基板。這種基板會使用很平坦而無鹼的玻璃。凹凸和彎曲必須是在 0.05μm 以下爲最理想。

彩色濾光片 .... ：擁有紅(R)綠(G)藍(B)三原色的染料亦是含有顏料的樹脂膜。

黑色矩陣 .... ：配置在彩色濾光膜的畫素間的遮光膜。

保護膜........................ ：保護彩色濾光片的樹脂膜。爲了促進和 ITO 膜能更有密著性，將二氧化矽等的膜積層化。

共通(common)電極 ：透明導電性薄膜(IT0)的電極。

配向膜........................ ：爲了讓液晶做配向的有機薄膜。多硫氫氨爲主流。

液晶 .... ：混合十機種的向列型液晶，調整其特性。

Spacer........................ ：控制液晶面板(cell)的液晶層厚度(cell gap)的二氧化矽，亦是樹脂粒子。

Seal............................ ：粘接 TFT-Array 基板和彩色濾光片 Array 基板周邊貼合用。

封口膠...................... ：防止注入的液晶漏出，封住液晶注入口。

顯示電極 .... ：畫素顯示用的透明導電性薄膜(ITO)電極。

TFT............................ ：驅動液晶的開關元素。

儲積容量 .... ：爲動作主動矩陣的訊號保持容量。

邊緣光........................ ：照光裝置。現以冷陰極日光燈爲主流。

反射板........................ ：讓邊緣光射向基板外的光反射回基板方向，增加光利用率的膜。

擴散版........................ ：讓邊緣光均一的照射在液晶基板上。

菱鏡片........................ ：讓反射在正面上方的輝度變好的 sheet。

導光板........................ ：邊緣光的光能全面導向液晶基板的板子。

TAB .... ：搭載驅動 LSI 彈性配線基板。

驅動 LSI .... ：介由 TFT 驅動液晶的 LSI。

異方性導電膜........... ：爲了促進 TAB 和液晶基板能夠電氣連接、具有粘著性及導電性的膜。

印刷基板 ....：將顯示的情報變換成顯示訊號、具有IC的配線基板。

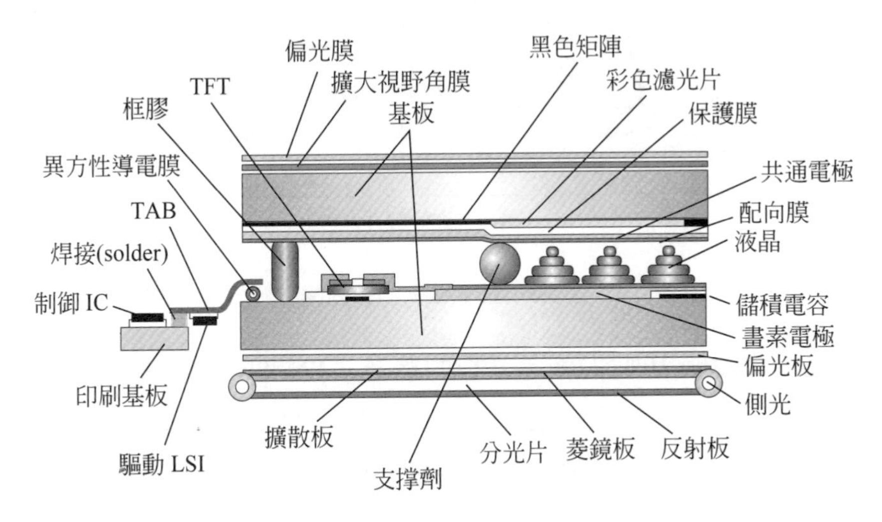

圖 3.1　TFT 彩色液晶模組的斷面圖

3.1.2　TFT 彩色液晶面板之構造

在此舉例說明使用a-Si的TN mode，TFT彩色液晶面版的構造。圖3.2顯示各部的名稱和圖3.1的模組圖相同，但TFT各部的名稱在圖3.3的TFT Array的斷面圖中已有記載。

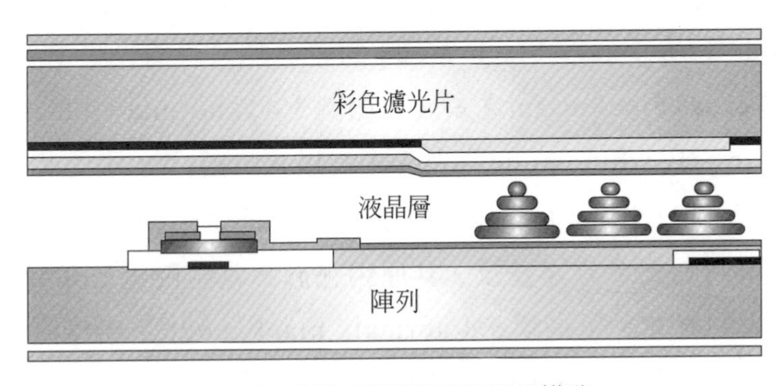

圖 3.2　彩色 TFT 液晶面板的構造

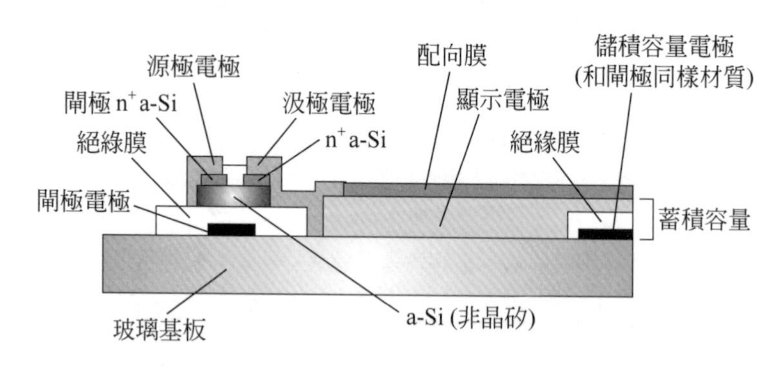

圖 3.3 TFT 陣列的斷面圖

首先，先說明20吋的液晶基板的構造。TN-TFT液晶基板是在玻璃基板上形成TFT，各電極線及形成儲積容量後的TFT基板和在玻璃基板再形成彩色濾光片的彩色濾光基板用框膠貼合，然後在基板的隙縫間注入液晶，在將注入口用封口膠封口後即完成。超過40吋的基板，因眞空注入液晶時須花費較多時間的關係。所以，框膠形成一道牆後，液晶滴下(ODF；one drop fill)，再和彩色濾光片基板貼合。影響組立後液晶面板特性的主要原因，和光學特性有關的複折射性(Δn·d)和驅動有關的誘電率異方性(Δε)，和反應速度有關的黏性(n)，三個液晶物性佔大多數比例。在第2章已有簡單描述，現在常被TN液晶採用的normaly white mode，控制其 CELL GAP(液晶的厚度)也很重要。TN 液晶的 normaly white mode 和 normaly black mode 的差異點只有偏光膜是平行 nicol prism亦是cross nicol prism之差異。如圖 3.4 爲normaly black mode，圖 3.5 爲normaly white mode的光透光率以及阻礙(Δn·d)之相對關係。

Normaly black mode 的話，複折射性亦即是阻礙Δn·d 低於 0.48μm 的情況下時對比會急遽變差。其原因在於，當阻礙低於 0.48μm 時則會產生漏光的緣故。可從圖 3.4 normaly black mode 下所產生的阻礙和透過率的變化情況。圖 3.4，光 550nm、阻礙爲 0.48μm情況下取發生的最初極小值，其值稱爲 first minium。如果設定成阻礙值則光就會急速增大。如果要取得像圖 3.4 的最大對比時，最好是有 second minium 的 1.1～1.3μm左右的阻礙值，但是，second minium附近的視野角特性會變差。所以normaly black mode的液晶面板的設計條件爲first minium。實際上也會附加其他其他條件，設定值也會設比 0.48μm 小一些。

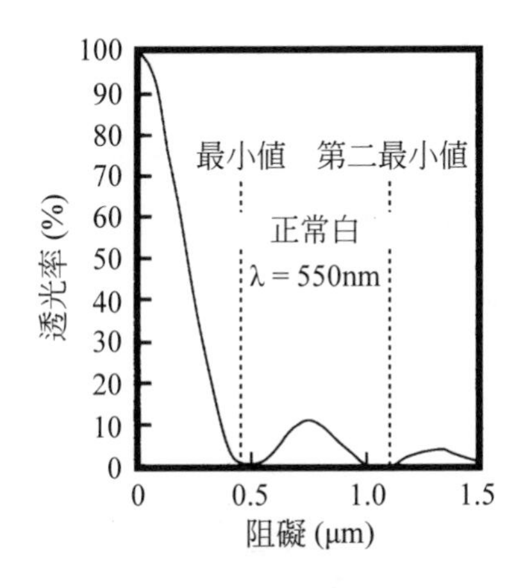

圖 3.4 正常黑模式的阻礙和透光率的相對關係

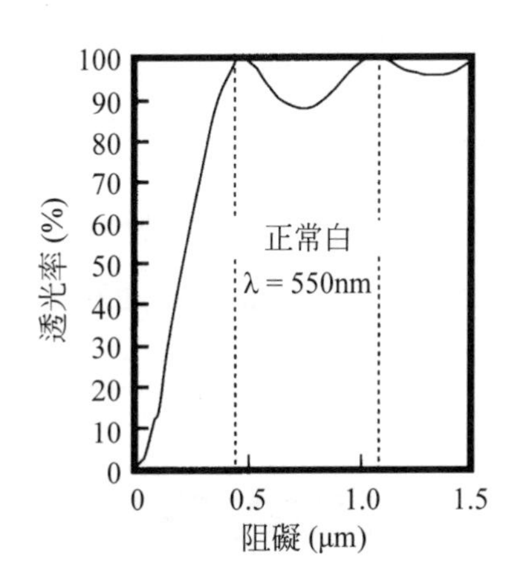

圖 3.5 正常白模式阻礙和透光率的相對關係

反之，normaly white mode的情況下，會如圖 3.5 所示般，和normaly black mode呈相反關係的透光率。阻礙Δn×d爲 0.48μm時，對比會變很大。normally white mode 的話，在顯示黑色時，液晶幾乎不會顯示出複折射性，黑色即是偏光板的黑色。不像normally black mode般，不需做微調，黑色就是黑色，有很好的對比。因此，TFT彩色液晶基板主要都是採用normaly white mode。而它的難處點就是，要顯示一般的黑色時，也需要持續印加電壓，其電力消費量較多。即使是這樣，但是從畫質面來看的話，還是採用 normally white mode。

從上述點來看normaly white mode亦是normaly white mode都是在0.4～0.5μm左右其對比，以視野角的觀點來看都是最適當的。

其次是誘電率(ε)的物性值。TFT彩色液晶面板從電氣迴路的觀點看的話，可以從TFT Array基板和彩色濾光基板貼合的電容器上之概念。上部電極爲共通電極，液晶是電容器誘導體(誘導率ε)，下部電極是連結在TFT的顯示電極。但是將等價回路重寫時，如圖3.6電容器和阻值並列連結。這個阻值較小時，介由TFT儲積在液晶的電容器裏的電荷則會快速放電。所以，會精製成液晶抵抗比爲10^{12}～10^{14}Ω·cm，其他，必須小心注意不要讓像離子等不純物混入液晶內。

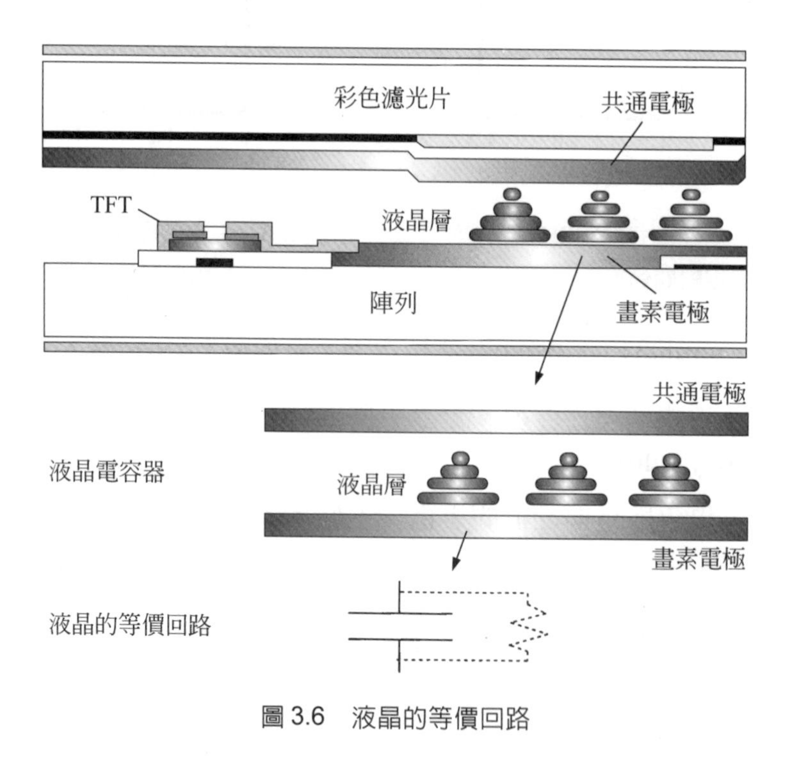

圖 3.6 液晶的等價回路

但是，液晶的反應速度和液晶的粘著性(η)有密切的關係。液晶的驅動方式就如同前述般，夾在顯示電極和共通電極的液晶電容器充放電，而促使內部的液晶變化其配向狀態。所以，液晶的反應速度即是指夾在電極間的液晶，會隨著充放電狀態而變化配列狀態，即是液晶的反應速度。而已經商品化的液晶顯示器，夾在電極間的液晶，皆已確實檢討液晶的驅動特性，用最適當的液晶組合驅動液晶。實際使用在商品的反應速度是在 10～30ms 左右。在這個範圍內從對應低速驅動液晶顯示器的遙控器亦是電子計算機等，到對應HD TV(Hi-Vision TV)，多媒體(multi media)等，需高速驅動液晶顯示器等不同級的研發。持續開發研討更高速化，其中開發了新液晶材料「氟素化液晶」。氟素化液晶的驅動速度，可以高速至 8ms。

液晶分子內極性基(親水基)的篩選需要綿密的設計分子。這個極性基會左右複折射的特性。同時，極性基從粘度亦是彈性定數，就會一起連動各種液晶特性的緣故，單純一種液晶，很難全部滿足液晶顯示器所要求的特性。需混合複數的液晶平衡這些特性。因混合這些液晶，液晶組成物全體的複折射性(Δn)、粘度(n)、誘電率($\Delta\varepsilon$)即能決定液晶的各種特性。這也是液晶材料的設計要點。

再來說明 TFT Array 的構造。TFT 有三個電極、閘極電極、源極電極、汲極電極。用詳細的等價回路做說明。如圖 3.7 所示，電流的流動方式為從源極電極到汲極電極，亦是汲極電極進到源極電極，這個閘極電極扮演著電子門的任務。即是說，閘電極加電壓後，從電場分散到α-Si中的電子會移向源極、汲極電極，因而引起訊號。這樣一來電子就可移動在源極和汲極間。像這樣用電場控制電流，稱為電場效果電晶體(FET field effect transistor)。TFT 是薄膜製品也稱為薄膜電晶體，機能上是屬FET的一種，這些TFT的設計是最能影響基板的品質的重要項目。

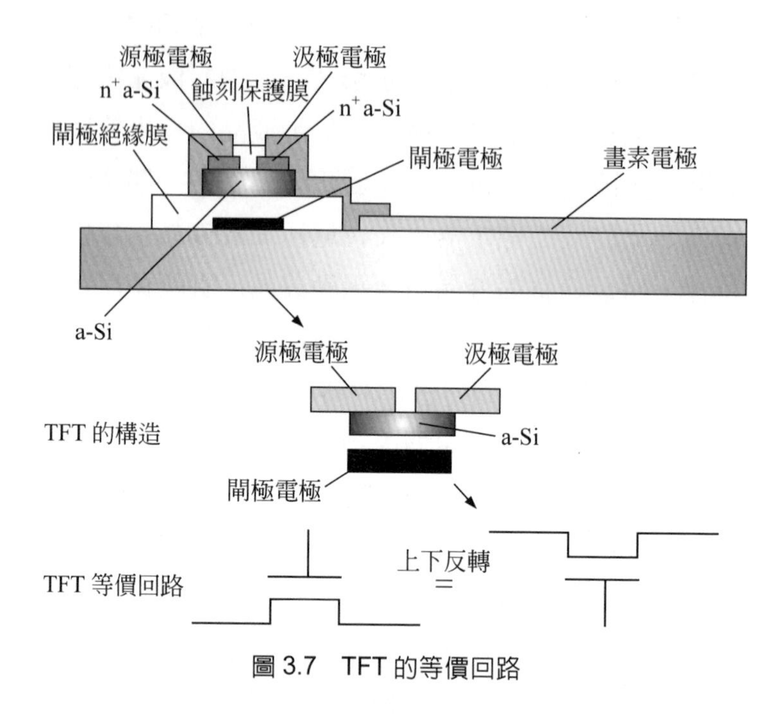

圖 3.7　TFT 的等價回路

實際上TFT還有一個另外的重要元素，即是儲積容量。如果只是將TFT附著而已的話，液晶只會在訊號來時的一小段時間作動。所以，連接儲積容量，待下一個訊號來為止，必須能保持最初訊號的電荷。儲積容量利用隔壁的閘極電極線，如圖 3.8 所示，獨立形成容量的兩種形式。在此說明後者，如欲形成像圖 3.8 的電極時，形成和閘極分開的獨立儲積容量。這個電極將電極一邊的電極，以閘極絕緣膜為誘電體，另一邊的電極則是利用部分的顯示電極，形成儲積容量電容器。這就是儲積容量的組織。

將以上 3 個構成要素(液晶、TFT、儲積容量)，都接起來後即像圖 3.9 所示，這就是每個畫素的等價回路。液晶、TFT、儲積容量需經過設計以外，彩色濾光片等各種部材的細部設計也很重要，會在第 4 章作說明。

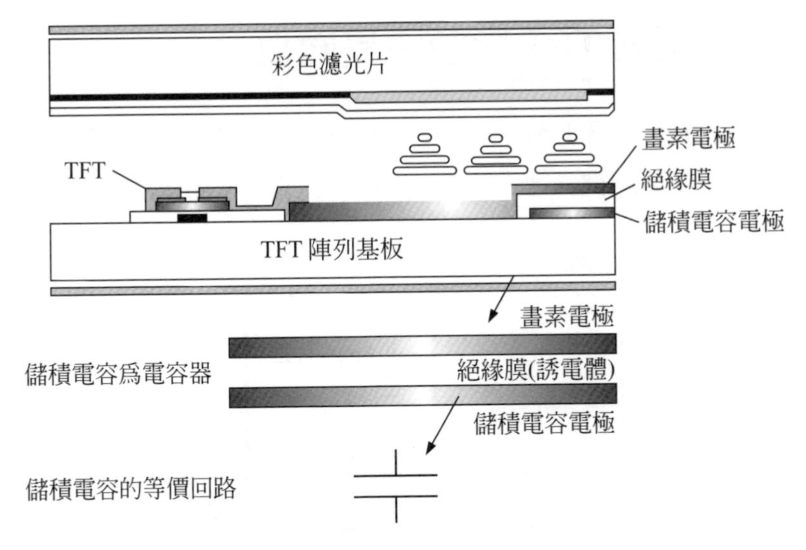

圖 3.8　儲積容量的等價回路

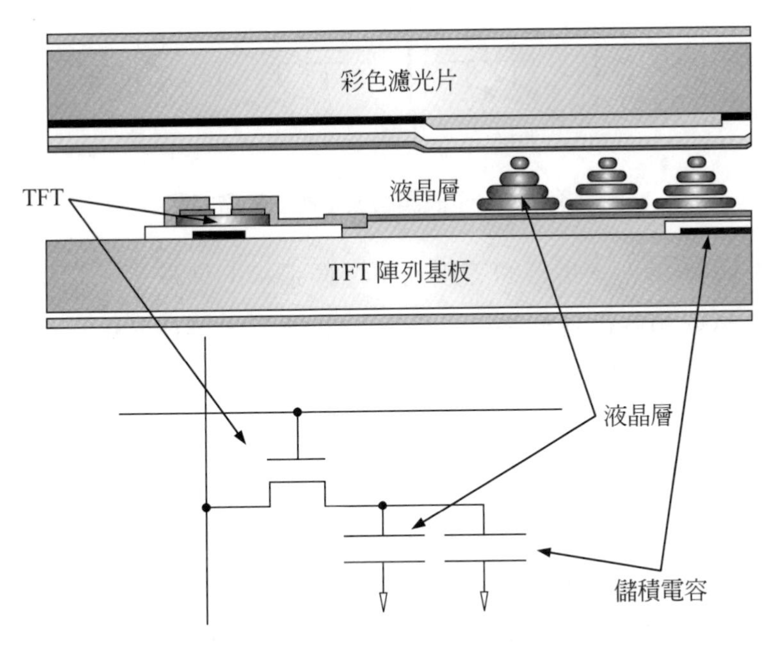

圖 3.9　1 畫素相當的 TFT 等價回路

3.2 如何驅動 TFT 彩色液晶面板

TFT液晶面板實際上有640×3×480個TFT元素。在此無法說明全部畫素的的利用等價回路，簡單舉例說明3×3畫素的情況。

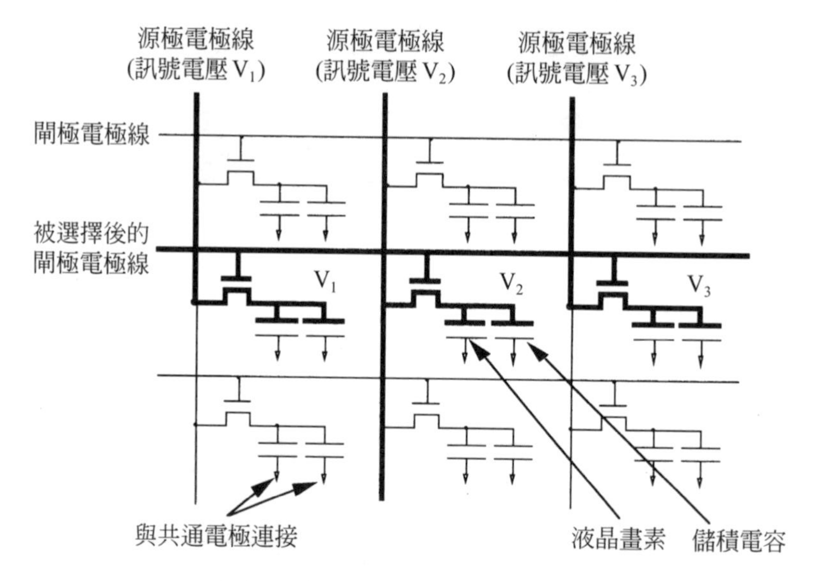

圖 3.10 TFT 液晶面板整體的等價回路

圖3.10顯示3×3畫素的等價回路。像這樣的情況下，閘極電極線亦是源極電極線和各行各列都是共有化的狀態下，選擇其中一個閘極電極線和源極電極線連接組合，這個一來組合只有一個。利用這種原理，從9個TFT畫素顯示出幾個畫素，如果是要形成文字還是圖案時，將閘極電極線設成像單純矩陣般，用時間分割掃描方式。例如說，第二條的閘極電極線在掃描時，印加正的時脈電壓，再利用這個時間點，將全部的源極電極線群印加訊號電壓。此時，第二條源極電極線會印加促使液晶作動所需的電壓，其他的源極電極只要印加不會使液晶驅動強度的電壓，剛好就會只有中央畫素的液晶會作動。當然，沒有在閘極電極線印

加電壓的電極線，其回路是OPEN的狀態，所以不會有像單純矩陣方式般的干擾問題發生。依循這個原理，逐次掃描閘極電極線，配合這個時間點，將全部的源極電極線依各個畫素的驅動狀態印加電壓的話，即可顯示顯示必要的畫素，稱為1 frame顯示，重複這個動作做動畫顯示。

3.3 TFT的種類

開發的初期階段時也有檢討過CdSe-TFT亦是Te-TFT，發現了再現性亦是off電流較大的問題，最後決定了矽類，雖然並非是原來的TFT，在Si基板上的FET(field effect transistor)，因為基板的矽不會透明的關係，可應用範圍有限，故將其技術傳導轉用在透明玻璃亦是石英基板上形成TFT的技術研發上。例如圖3.11所示，LCOS (liquid crystal on silicon 的名稱)被再度運用在投影型液晶顯示器等。TFT也有在玻璃基板上形成多晶矽(P-Si)TFT和非晶矽(a-Si)TFT。電子的移動度，比非晶矽(a-Si)TFT的移動度數百倍大的p-Si TFT，除了有高溫p-Si形以外，也已經完成低溫 p-Si 的技術。克服了大畫面的難點，期待有更好的發展。而a-Si TFT也能對應大面積化，低溫製程(300℃～400℃)成為TFT的主流，被廣泛運用。

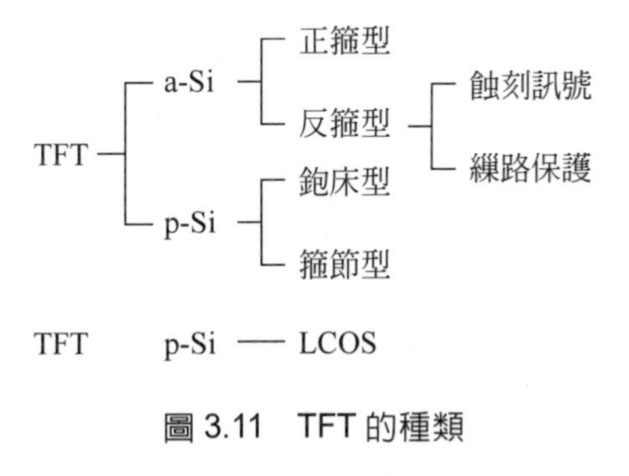

圖 3.11　TFT的種類

3.3.1 a-Si TFT

a-Si TFT的構造有正篩型構造和反篩型構造。圖 3.12 表示其構造，可從圖中看出正篩型的話是Top Gate構造，反篩型則爲底部構造。基本上就是上、下顚倒，所以必須花些許巧思方法。除此之外也有很多提案。

a-Si 被應用在太陽電池，a-Si 照到光時會由光電變換機能產生光電流。因爲會引起誤動作，如要使用a-Si時儘量將a-Si薄化，必須想辦法遮掉入射光。因此正篩型構造會刻意在 a-Si 下面形成遮光膜。

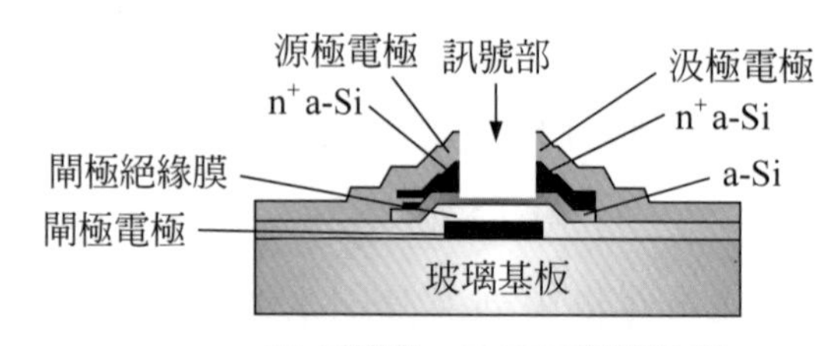

(1) 反篩型 a-Si TFT(訊號蝕刻)

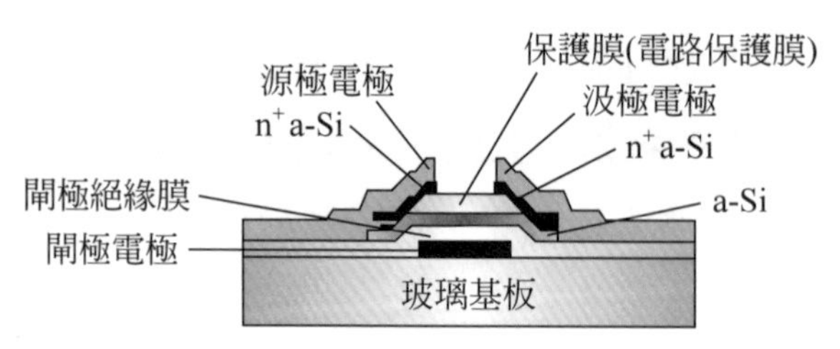

(2) 反篩型 a-Si TFT(訊號蝕刻)

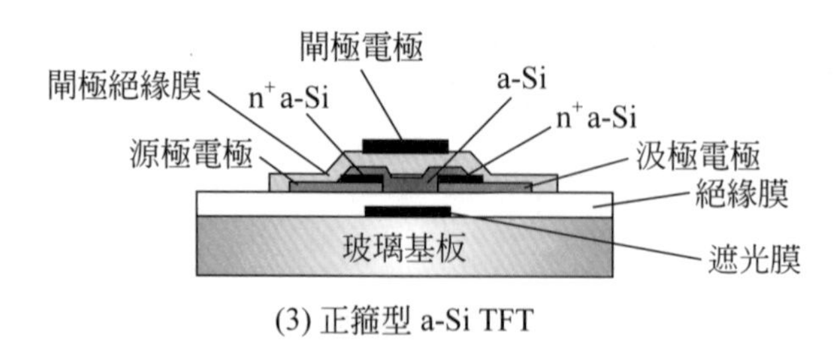

(3) 正篩型 a-Si TFT

圖 3.12 a-Si TFT 的種類和構造

反之，反篩型構造是先形成 a-Si 薄膜後，再形成汲極和源極的關係，當形成電離子區 CVD(chemical vapor deposition)亦是形成濺鍍薄膜時亦是乾式蝕刻(電理子區)時，會使 a-Si 薄膜受損。TFT 的製作方法是在a-Si薄膜上形成保護膜的方式(chanel protect)，和不形成保護膜直接做蝕刻的方式(chanel etching)。chanel etching 方式將訊號部分的歐姆層(n^+a-Si)做蝕刻的關係，a-Si 也多少會被過蝕刻。雖說有無法將 a-Si 薄化的缺點，但有安定特性的優點。

每一個構造都有長短處，因反篩型比正篩型移動度約大百分之30～40的緣故，所以20吋彩色液晶顯示器主要都是採用反篩型構造。

3.3.2　低溫 p-Si TFT

原本必須用 1000℃高溫做爲製程方式，但玻璃基板會因此而溶化，而無法在玻璃基板上型成 p-Si。但之後開發了低溫製程，以 600℃前後的溫度在大型玻璃基板上形成TFT用的矽薄膜，完成低溫多晶矽(LTPS：low temperature polycry stalline silicon)。因整個製程和單晶矽的CMOS工程接近的關係，其構造設計是以鉋機(planer)爲構造主流(圖 3.13)。

在此檢討雖然 a-Si 無法做到，但換爲 p-Si 後引發了怎麼樣的可能性。p-Si的搬送電流，其搬送移動度是a-Si的數百倍，TFT 有這麼大的電流供給能力，所以就不會有延遲驅動液晶的現象，足夠對應大型亦是高精細畫像，也可以使TFT的尺寸變小的優點。而且，p-Si TFT的搬送移動度很大，可同時形成驅動回路等優點。在玻璃基板上形成驅動回路，可促使生產成本減低、增加信賴性，朝未來的SOG(system on glass)邁進一步。

現況是利用exhimer laser光，作提練時由非晶矽轉變成結晶化的多晶矽等新技術，促使低溫多晶矽的製造溫度由原來的 600℃降低至 450℃的低溫化。進而提高生產化、省能源化。而且也開始研發 300℃的技術。

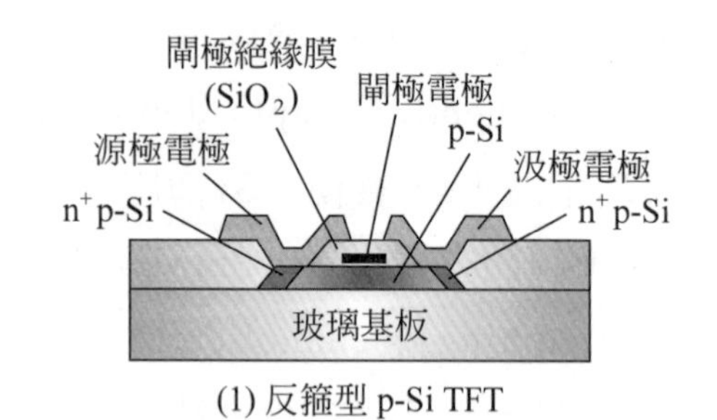

(1) 反饋型 p-Si TFT

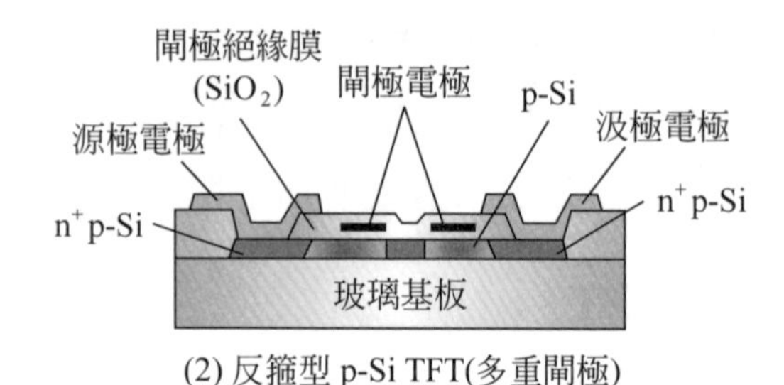

(2) 反饋型 p-Si TFT(多重閘極)

圖 3.13 p-Si TFT 的構造

3.3.3 高溫 p-Si TFT

p-Si TFT 就如上述所示般，其移動度比使用 a-Si 高出數百倍的特徵。使用這種高溫製程(1000℃)原因是因爲使用石英玻璃的關係，在成本上較難做成大尺寸，相反的和LTPS比較起來更能夠將TFT元素縮小。其製程方式和半導體的製程相似近的關係，更爲高精細化，雖然小型但能夠提昇開口率。將這個特長活用在觀景器亦是 HDTV 投影器等小型(0.7～4 吋)高精密度儀器。構造就像是圖 3.13 所示，以鉋機(planer)構造爲主流。

3.4 如何使用 TFT 構成畫素

實際上TFT有很多方式，而因用途而異，方式也就不相同。其種類和方式如3.3節所說明般。其中以a-Si的反篩型TFT爲主流。也因爲各公司皆很積極開發研究的結果，故成爲現行的量產體制。

在此詳細說明，使用在 TFT 彩色液晶基板裡的反篩型 a-Si TFT 設計。圖 3.14 爲反篩型 a-Si TFT 的構造，反篩型爲底層閘極構造。在此順序分析各層 TFT Array 構造。

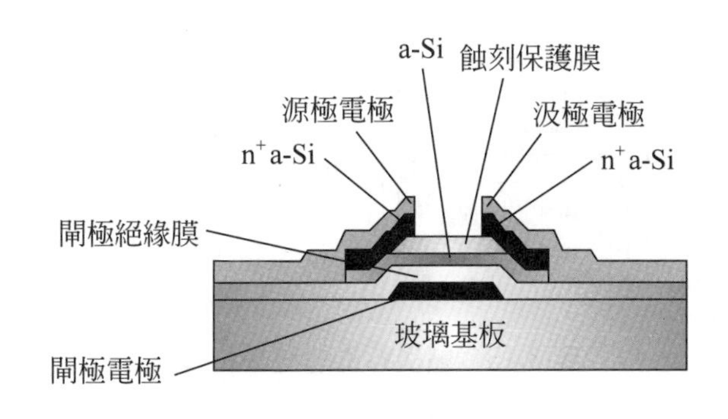

圖 3.14 TFT 陣列的斷面圖

最初是閘極電極和閘極電極線(bus line)。閘極電極及電極線的金屬是使用Cr、Mo-Ta、Ta-Ti(鈦)亦是鋁(Al)等。閘極電極線的材料和儲積容量的形成有著很深奧的關係。圖 3.15 數平面圖解儲積容量。儲積容量就如同前述所示，使用部分閘極電極線的附加容量型，以及和閘極電極線是分開獨立形成的儲積容量(狹義)型。選擇前者的優點，是以容量電極而言因爲必須使用部分的閘極電極線的緣故，所以不需做變更製程成是追加的動作。但因爲是以容量電極使用閘極電極線的關係，會引起閘極電極線的時間常數變大的問題。爲解決這個問題，採用比 Cr、Ta 的電極抵抗值小的電極，例鋁(Al)電極、銅(Cu)電極。實際上，和閘極電極線獨立分開形成的儲積容量其閘極電極的時間常數很小，可減輕不安定要素，所以改以獨立儲積容量爲主流方式。但因爲隨著基板大尺寸化，必須縮短製程的關係，採用了在閘極電極線上形成附加容量的製程。

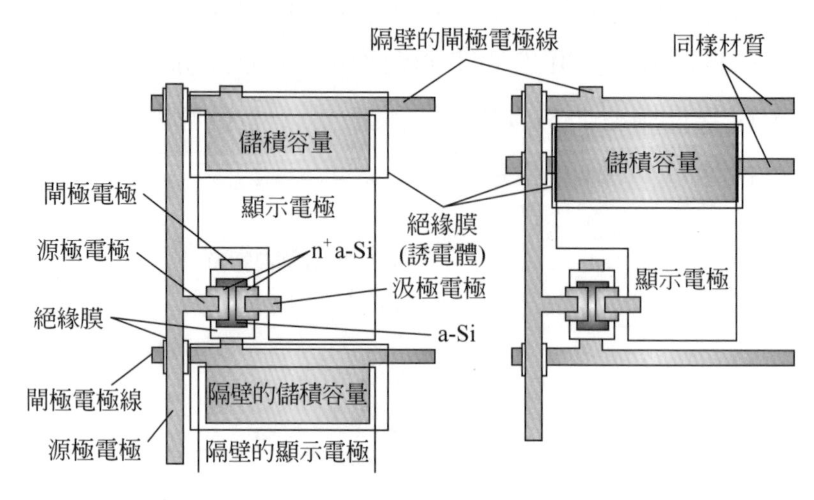

圖 3.15 儲積容量的種類和構造

鋁(Al)電極也有其他優點，即是絕緣體膜的特性。使用鋁(Al) 電極時，絕緣體膜可利用陽極酸化的氧化鋁(Al_2O_3)。氧化鋁(Al_2O_3)和在 Ta 電極下的 Ta_2O_5比較起來洩漏電流會小幾位數。這種絕緣特性在絕緣膜中有著優異的性能。而且電極間的密著性，和 Cr 亦是 Ta 的絕緣膜相同的緣故，而研發了藉由陽極酸化形成絕緣膜的鋁(Al)電極。

但其實有將閘極電極的絕緣膜積層成二層的方法。如果用成二層積層的話在製造時小孔狀等缺陷的發生率會比一層低很多。第一層用在前述的氧化鋁(Al_2O_3) 的情況下，第二層則使用 SiNx。SiNx 絕緣膜很重要，比起 a-Si 的特性，閘極絕緣膜的特性能左右 TFT 的特性。圖 3.16 顯示著閘極電壓 Vg 和汲極電流 I_d的關係。在圖 3.16 這樣的情況下，電流開始流通電壓的界限值稱爲V_{th}。用這樣形成的鋁(Al) 閘極電極和氧化鋁(Al_2O_3))/SiNx兩層絕緣膜的構成，因爲鋁(Al)電極的抵抗比較低的關係，閘極時脈的遲延較少，其絕緣性優良是非常有利的構成。圖 3.17 可看出其電壓電流的特性。ON 電流、OFF 電流都比 SiNx 單層的性能高。鋁(Al)電極的話，容易發生小山丘(hillock)突起狀的缺點。因爲這些優點而成為現在的主流。最近為驅動40吋以上的大畫面液晶，雖說是閘極電極但阻值會影響性能，所以研發採用銅(Cu)降低阻值的技術。

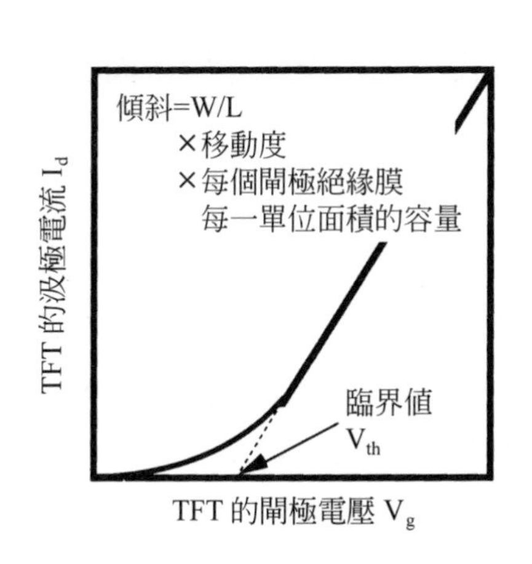

圖 3.16　TFT 的閘極電壓和汲極電流的關係

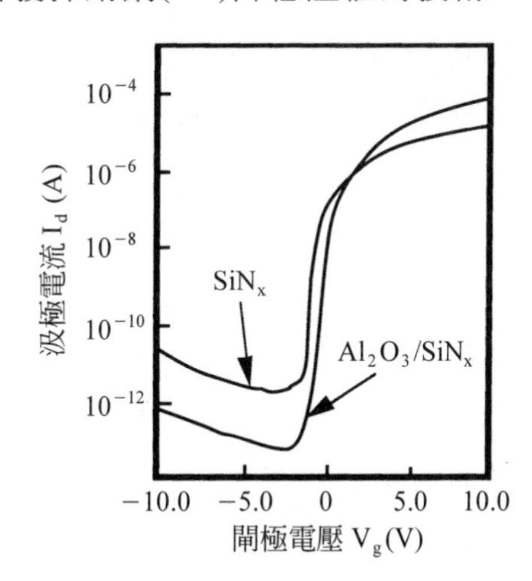

圖 3.17　絕緣膜的相異性導致的 TFT 特性

構成了閘極電極／絕緣膜後，再來是a-Si積層，因為在製程中最熱的履歷溫度為300度即可，所以製造a-Si TFT的優點。a-Si也被運用在太陽電池上，a-Si照光後會產生因光電變換機能而發生的光電流，增加OFF電流。但這會引起誤啓動的關係，所以如果使用a-Si時，a-Si要必須能夠完全遮光才行。最近的a-Si TFT，做五次顯影工程時完成5photo process會漸漸成為標準(參考圖3.26)。這是利用閘極絕緣膜(SiNx)a-Si膜，接觸層(n^+a-Si)三層連續用電漿CVD(P-CVD)形成。然後形成源極電極、汲極電極及訊號後再形成用 P-CVD 形成的保護膜(SiNx)。在 a-Si還必需要有絕緣膜(SiNx)的是源極電極、汲極電極在做濺鍍成膜形成時，亦是將這些電極作乾式蝕刻，做圖案(patterning) 時，是為了預防造成 a-Si 薄膜傷害。因這樣的緣故所以必須要形成 SiNx。

5 photo process是在a-Si上形成金屬的源極電極和汲極電極，但即使在a-Si層上面直接形成也無法很順暢的做電子收受。所以只好在金屬電極和 a-Si 間以 ohmic 層形成 n^+a-Si 層。這樣一來，金屬的源極電極和汲極電極及a-Si會因接觸而被改善，最後形成金屬的源極電極及汲極電極後即完成 a-Si TFT 的作業。

理解了積層構造後接著說明形狀設計。圖 3.14 爲反篩型構造。但實際上會因各層的層次面積及厚度而變化TFT性能。例如a-Si的厚度就是最具代表性的例子。如之前所描述般，當照到光時就會從光電變換激能發出光電流。爲解決這個問題，必須將 a-Si 層的厚度薄化成 50nm 左右是最具效果的。再來基本上以不能照光爲思考方向，利用金屬電極亦是黑色矩陣遮光。遮光範圍越廣越有效果，但開口率越小的話輝度顯示會降低，會變化液晶顯示器本身的品質。從圖 3.18 做模擬時發現儘量將TFT Array的效率設計完善，儘管是只能提昇 1 %的開口率也是必要的。實際量產 20 吋彩色液晶面板時期開口率約有 70 %左右。圖 3.19 所示般圖 3.18 顯示電極的有效面積爲 40.7 %。

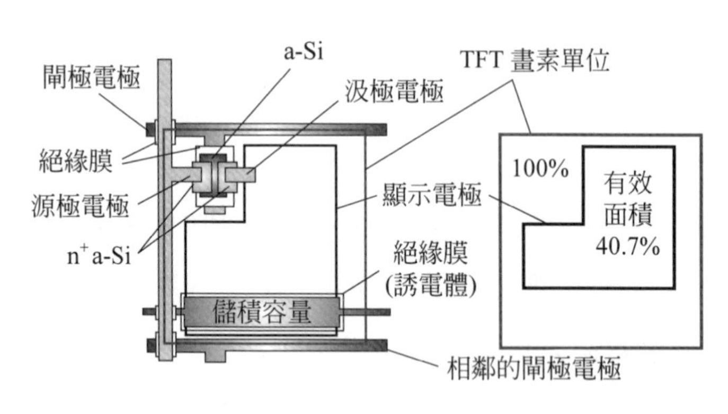

圖 3.18　畫素的設計　　　圖 3.19　畫素的開口率

除此之外，訊號的設計也很重要。訊號即是指在a-Si層內被挾住的源極電極和汲極電極的領域。圖 3.20 爲訊號的構造。S 爲訊號長度、L

必須將在製程上的 margin ΔL 算進去，所設計出來的訊號長度。ΔL 需在 patterning 工程之一的紫外線感光性的光阻劑做曝光時，必須做對位 margin。儘管曝光機的精度已提昇，但還是無法讓訊號及各種電極完全一致。這種偏移即是使 TFT 的特性不均的原因之一。

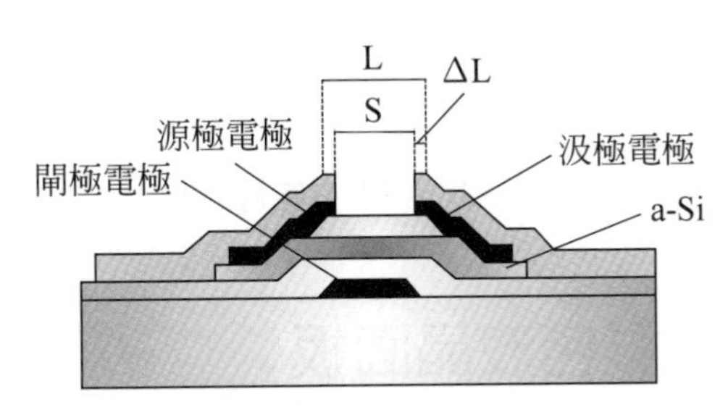

圖 3.20　線路構造

源極電極和汲極電極以及閘極電極間，因構造上的關係一定會有容量問題發生，這個容量又稱寄生容量。這個寄生容量也會因爲patterning 偏移而起變化。使用閘極電極爲 mask，從裏面曝光的方法來避免這個現象發生稱爲 self Align 亦是自我對準(Self Alignment)方式。

TFT 製程上總是會有避免不了不良問題的發生。除了在製程上提昇良率以外，解決這個問題的另一個方式是以 fail safety 的想法爲基本的冗長設計。所謂的冗長設計即是下列的方式：

(1) 爲減少絕緣不良的二層構造的絕緣膜設計。

(2) 假設 TFT 不良時，配置複數的 TFT 之設計。(圖 3.21)

(3) bus line 是由二種導電層做成的二重構造化以防止斷線之設計。

(4) 預設如要修正不良處時，能夠容易做修正之設計。

以上這些方法針對改良缺陷時的對策雖然有效，但也有開口率下降的情況，是否會採用上述的冗長設計則需和製程技術討論。

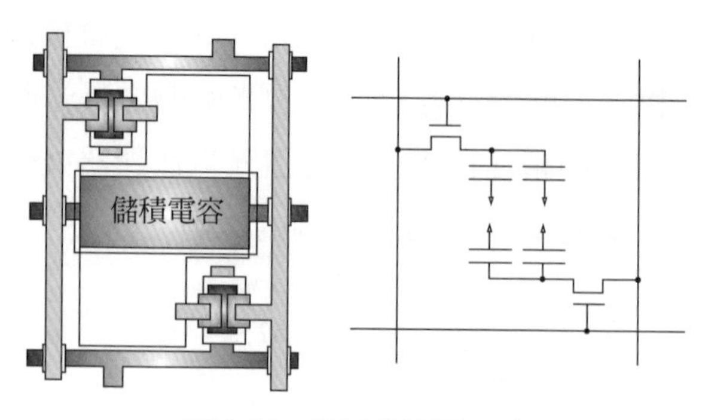

圖 3.21 TFT 的冗長設計

3.5 如何製造彩色液晶面板

在這裡主要是以a-Si TFT液晶面板的製造方法和製造設備一起做說明。

3.5.1 如何運用微影法(Photo lithography)做出 patterning

先說明每一個微影製程都有共通的圖形(patterning)方法。微影法如圖 3.22 所示。

首先準備玻璃基板。成品的基板又稱爲work，基板上如果已經形成patterning也無所謂。可用毛刷洗淨(scribe洗淨)、超音波洗淨、UV(紫外線)洗淨、純水洗淨、IPA洗淨、溶媒洗淨等，基板上殘留的有機物亦是無機物等的粉塵除去後，使基板表面乾淨。這個洗淨效果的好壞會影響後續良率的因子之一。

在洗淨後的基板上成膜。成膜方式有濺鍍法、電離子區CVD、從眞空蒸鍍法，因應用途選擇成膜方式。

濺鍍法是將加速後的負離子，故意讓表面發生衝撞，將撞出來形成薄膜的材料堆積到基板上。這個方法能使藉由氬煤氣產生電離子區，ITO、Cr、Ta等金屬亦是酸化物材料在成膜時的直流濺鍍法，和SiO_2等的絕緣體酸化物成膜的高周波(10MHz)濺鍍法。也有合金邊成膜，其酸化反應所引起的變成酸化物之反應性濺渡法。

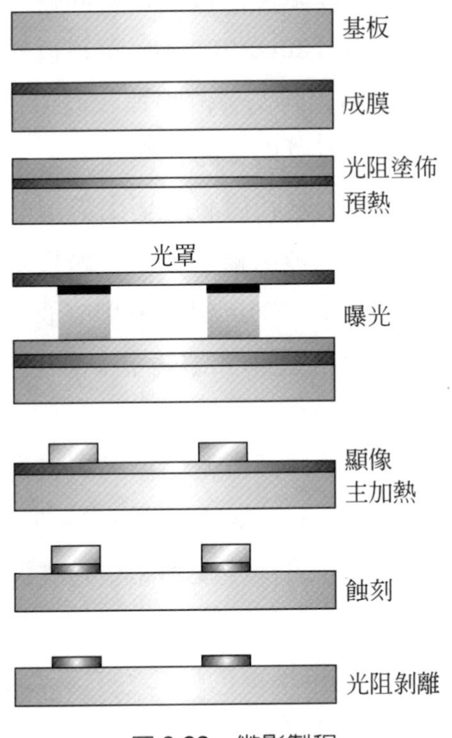

圖 3.22　微影製程

電漿CVD是使用a-Si亦是SiNx及SiO_2等絕緣膜製造，為提高氣相化學反應和氣體的反應性併用電漿的成膜方法。

眞空蒸鍍法是將空氣中的薄膜形成材料蒸發，析出到基板上。用蒸發能量抵抗加熱和電子束(EB：ELECTRON BEAM)加熱法。

當形成薄膜後，再來將附著在基板上的薄膜塗上紫外線感光性樹脂膜的光阻劑。光阻劑有壓克力類的光硬化負光阻的樹脂單量體，和酚醛類的光可溶化(分解)正光阻的樹脂。實際使用時光阻劑的粘度是決定光阻劑膜均一性的重要因子。選擇溶媒是很重要的，溶媒使用有 ECA、

MIBE亦是γ等。塗佈方式爲轉動加工法和滾輪塗佈加工法。

轉動加工法是利用稱爲 dispencer 的液體塗佈供給設備，將光阻劑溶液塗佈在基板上，將塗上光阻劑溶液的基板回轉，利用離心力使其膜厚均一。光阻劑的使用量爲 180cc/900mm^{2}角基板的程度。但因爲是用離心力的緣故，90％以上的光阻劑會流失掉。但這也是讓表面的光阻劑膜厚均衡在3％以內，使其膜厚均一的代價。

滾輪塗佈(Roll coat)法，是利用將有切出溝道的滾輪浸泡塗佈液，塗上光阻劑會形成光阻膜。這種滾輪塗佈法，因爲是接觸塗佈法較難保持其均一性，(光阻膜厚10％以內)，但光阻劑溶液的使用量是轉動加工法的1/3左右。正開發轉動加工塗佈和滾輪塗佈的是洗淨、塗佈、曝光、顯像、蝕刻的一貫線製造設備。

塗完光阻劑之後經過預熱做預備乾燥，再來就是曝光製程。曝光是使用UV(紫外線)主要是使用i line(365nm)的光。此時是使用稱爲mask的罩幕層照片膜作用的基板。實際是使用鉻(Cr)薄膜做圖案後的石英基板亦是無鹼性基板。

曝光設備會和mask做對準校位後曝光，所以總稱爲Aligner。這個方法是利用鏡子 UV 光線即爲平行光線，通過 mask 照射光阻膜的 one shot方式，以及使用鏡片在基板上形成影像的鏡片投影方式。使用鏡子在基板上形成影像的鏡子投影方式。

One shot方式是mask和基板接觸的接觸式，和隔開細縫狹義的近接方式二種。接觸方式的話因爲怕塵粒附著時會使 mask 受損的緣故，量產時則是採用圖3.23的接近方式。其實雖然說是平行光，多少會有干涉旋迴的問題發生而會有模糊現象。所以只限於使用在彩色濾光片等pattern比較不受局限的情形使用。但如果不是接觸方式的話，有模糊不清的話，mask(master mask)製做複數的working mask，而施行接觸曝光。這種近接式曝光方式的曝光時間約1～5秒左右就可以將大畫面一併處理、一併曝光。one shot比後述stepper的曝光時間少很多。1100×1300mm^{2}級也已經實用化了。

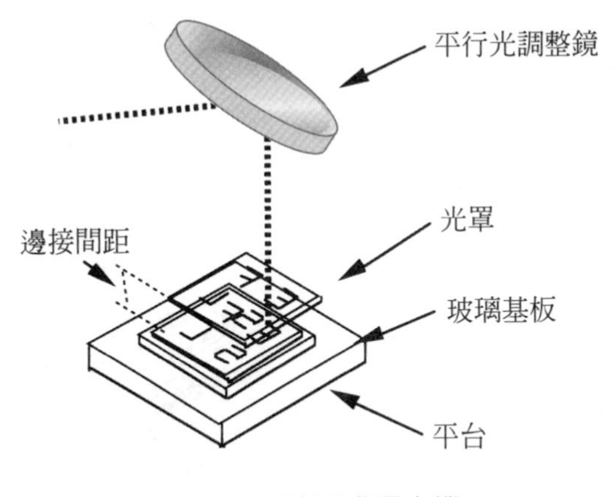

圖 3.23 接近式曝光機

鏡片投影方式是將基板移動至 stepwides 進行 pattem 曝光，又稱為 stepper、stepper是將數枚小型mask逐漸利用鏡片曝光。所以，將固定好的基板的 stage 移動，在每一個 step 都做曝光的特徵，在基板上用同樣的分畫板做重複曝光，這樣最能夠發揮其效果威力。例如：300×400 mm^{2}的基板，3 吋 TFT 取 20 切。相反的如果是 20 吋的 TFT 液晶基板用 stepper做曝光時，一個畫面須分割成幾個分畫板，mask pattern的偏移(1μm 左右)必須在 TFT Array 的設計上列為考量點。圖 3.24，鏡頭投影式是利用使用四個分畫板為一個，不是 one shot，而是用 4shot 作一個畫面曝光的情況例案。鏡子投影方式就如同圖 3.25 的設備，1100×1300mm^{2}的基板用 6 分割可曝光的 stepper 機構。曝光方式是用上弦月型狀光線做掃瞄，一個光罩可以處理 20 吋的曝光機。

如上述般，光阻劑是為了 patterning 而曝光，要使曝光機發揮其性能，必須嚴格管理保持無塵室的潔淨度、溫度、溼度。例如：1100×1300

mm^2的基板遇到 1 度的溫差就會伸縮大約 5μm。所以基台的維修和環境管理很重要。

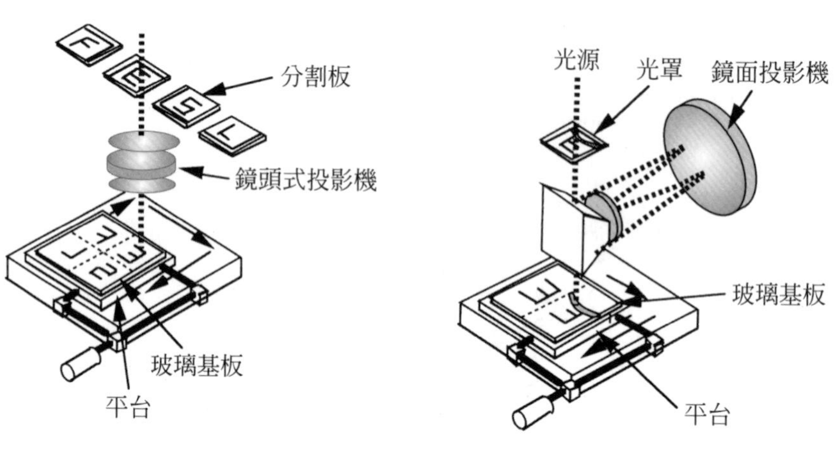

圖 3.24　鏡頭投影式曝光機　　圖 3.25　鏡面投影機曝光機

曝光完成後再來是顯影。顯影即是 TFT Array 基板和 CF 基板施行鹼性顯影。鹼性顯影大部分是使用碳酸鈉、有機鹼(THAM)。實際上，被空氣中的二氧化碳調整成緩衝液的成分。這種顯像液體可以將負光阻的未曝光部分用正光阻將它溶解。光阻劑的好壞在於顯影溫度、顯影時間、曝光時間、預熱時間等因子的平衡。目標是以 60 秒以內能將基板全部都會均一的搜尋條件。之後以純水將鹼值洗淨。因顯影液很便宜，利用沖洗式顯影方式提高產量。TFT Array 因為不喜歡鹼金屬離子，改用不含鹼金屬離子的有機顯影液。TFT Array 的話是使用轉動設備和塗佈光阻劑是以相同的方式顯影。

再來是蝕刻，蝕刻工程是從光阻劑形成預定pattern的薄膜上形成保護膜，再將沒有形成保護膜的部分清除。標準是以能夠在 90 秒以內將全基板 p75 做蝕刻的條件。

化學乾式蝕刻，是利用電離子區使它發生煤氣游離其再做薄膜蝕刻。這時沒有附著光阻劑的薄膜會被清除掉。

另外，溼式蝕刻是用藥劑做薄膜蝕刻。例如 ITO，電極蝕刻的話是 ETCHANT，它是以鹽酸為主體混合硝酸，第二鹽化鐵等混合酸。這個蝕刻液會溶解沒有光阻劑部分的薄膜。蝕刻的好壞取決於蝕刻溫度、蝕刻時間、酸濃度等因子的平衡。標準是以 90 秒內將全基板做完均一蝕刻，之後再用純水將多餘的鹼洗掉。

最後，殘留在薄膜 pattern 上的光阻劑會剝落。剝落方法有電離子(dry)ashin 和鹼濕式剝落。

電離子ashing是利用電離子做剝落。相反的酸剝落則大部分是用強酸剝離液。這個剝離液可完全清除殘留的光阻劑。通常須在60秒以內將全基板做均一剝離，之後再以純水將酸清除乾淨。

以上為 patterning 的基本操作，每個方式都很重視工程、品質、提升產能。而且降低生產成本的生產方式也是極重要的。

3.5.2 TFT Array 製程

圖 3.26 為彩色 TFT 液晶面板用的 a-Si TFT Array 的製造流程。各個工程及如前節所說明般是使用微影法，現在是以 5photo process為主流。

玻璃基板通常是使用無鹼玻璃。玻璃基板上是以閘極電極的 Cr、Al、Ti 等金屬膜做濺鍍而形成。厚度約為 200nm 左右。在這個薄膜上塗上光阻劑，用微影法(mask 1)形成電極 pattern。C1 類乾式蝕刻會將沒有被保護到光阻的金屬膜剝落，再做電極 parrerning 蝕刻。

再來即會形成閘極絕緣膜。絕緣膜是由 Ta_2O_5濺鍍法形成，亦是由 SiO_2、SiN_x等電離子 CVD 法等形成。這個絕緣膜的特性對 TFT 的影響很大，一直不斷在研發中。例如：為了增加絕緣性所以將絕緣層用成雙層構造時，鋁(Al)電極會陽極酸化而行程第一層(Al_2O_3)，再形成由濺鍍亦是電離子CVD生成的Ta_2O_5T、SiO_2、SiN_x等第二層的絕緣膜。經研發後利用以單層SiN_x爲絕緣膜的方法爲主流。這個絕緣膜的形成溫度是TFT製程裡的最高溫度。

繼續形成絕緣膜後，從電離子CVD連續將a-Si和n^+a-Si層的ohmic層積層，在使用SF_6類的乾蝕刻做成島狀圖形(mask2)然後再在圖形上形成Cr、Al、Ti等源極電極(S電極)及汲極電極(D電極)的金屬薄膜。用C1系乾蝕刻由S電極、D電極形成圖形(mask3)，再來以SD電極作爲光阻從SF_4類乾蝕刻將n^+a-Si層及a-Si層的一部份做圖形。

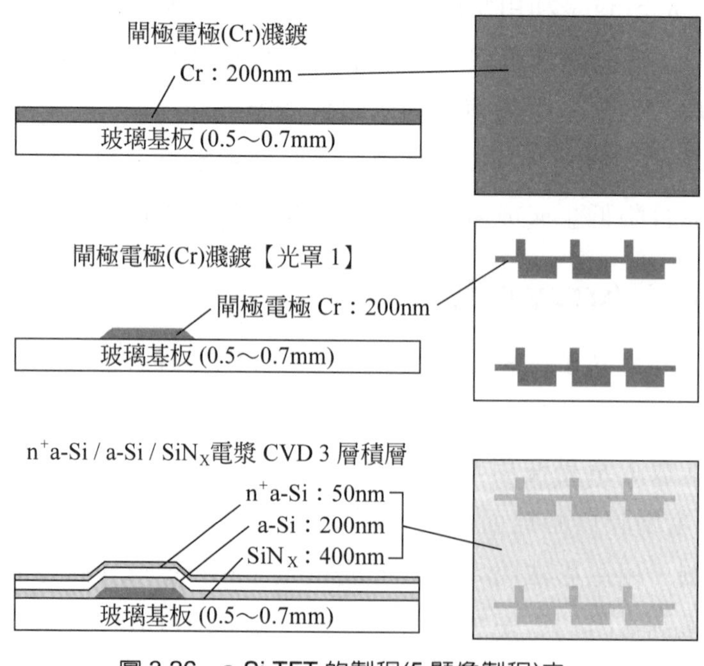

圖 3.26 a-Si TFT 的製程(5 顯像製程)之一

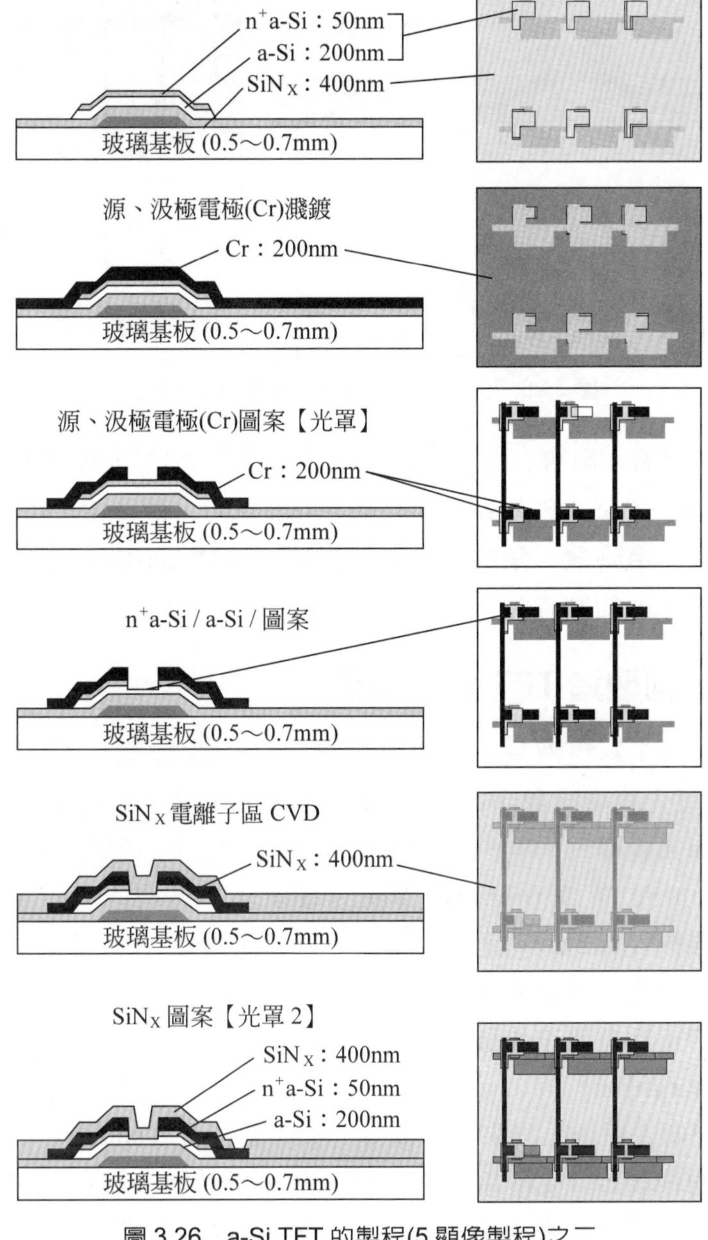

圖 3.26　a-Si TFT 的製程(5 顯像製程)之二

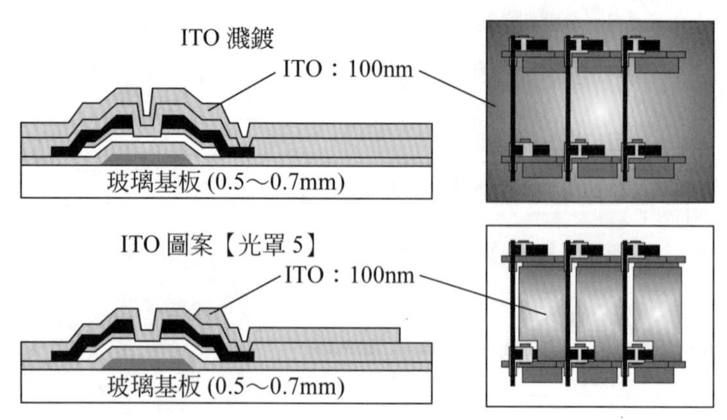

圖 3.26 a-Si TFT 的製程(5 顯像製程)之三

之後爲保護a-Si會在上面形成SiN_x絕緣膜。爲形成汲極和透明電極接觸用的 hole，從 SF_6類乾蝕刻做圖形(mask4)，最後由 ITO 顯示電極做濺鍍形成，用鹽酸、鈉酸等蝕刻液作顯示電極 pattern 做完蝕刻後即完成 TFT Array 的製程。

3.5.3 如何製造 TFT 彩色面板

假設，TFT 彩色液晶面板的製程是 TN mode 如圖 3.27(液晶基板工程)所示。首先將清洗乾淨的 TFT Array 基板是用多硫氫氨配向膜用印刷法做塗佈。膜厚爲 500～1000Å(0.1μm)左右，用 180℃燒成。再用布捲成的 rubbing 布做 rubbing(擦拭)，使其做一方向的多硫氫氨分子配向。這種機械性 rubbing 發生的摩擦，雖然不會使 TFT 受損，但動作途中所發生的靜電會破壞TFT的緣故，將周圍的閘極電極和源極電極用成短路，以防止靜電帶來的破壞。彩色濾光片基板也是用同樣方式形成配向膜後再作 rubbing。

做完配向處理後，再來則是框膠。框膠到裡含有spacer。這個spacer是用後述的控制 cell gap 用的，類似球壯亦是針狀。而彩色濾光片，基板側的共通電極連結配線至 TFT Array 側，在做膠框時連同 TFT Array 基板側的導電性 paste 一起塗佈。

20 吋液晶玻璃面板，如圖 3.7(液晶面板工程 2)TFT Array 基板的 seal，導電性paste作預備硬化。而且能夠適量控制cell gap的spacer散佈至彩色濾光片中。其散佈量每一畫素約 2～3 個左右。也有將 spacer 散佈至TFT Array基板側，seal塗佈在彩色濾光片基板側的情況。總而言之，seal的預備硬化，spacer散佈後，TFT Array基板彩色濾光片基板貼合，seal完全硬化。這樣的狀態稱爲「空cell」。完成貼合後注入，最後再用封口膠(end seal)將液晶封住。即完成40吋的大基板，則如圖 3.28，其組裝工程完全不同。它不會再彩色濾光片基板散佈spacer，它是利用光組劑在黑色矩陣上作柱狀突起。這個即有spacer的效果，而且也沒有爲了在黑色矩陣上形成時的光學問題。再來是在 TFT Array 用 dispencer形成seal。預熱後用ODF方法(one drop fill)使TFT Array液晶滴下。之後再和彩色濾光片做基板貼合，UV硬化完後即完成。

將以上的液晶面板貼上偏光膜和視野角擴大膜，再送到下一節TAB和安裝背光，這樣就完成液晶模組。後續再加上電源、controler、如果有影像訊號後液晶面板即能動作。

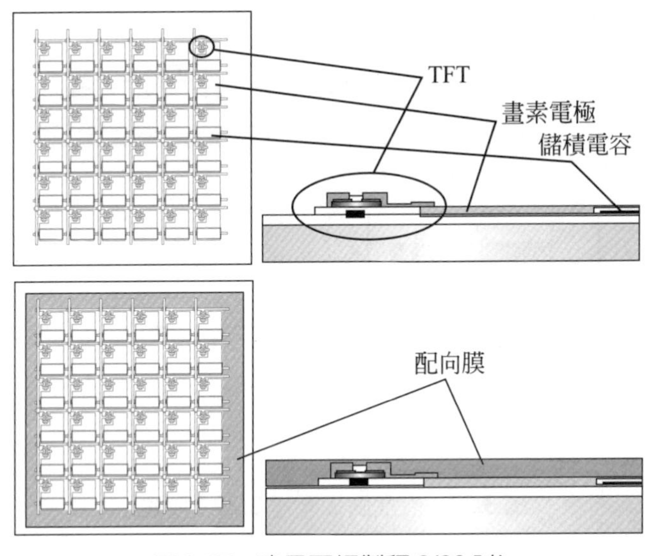

圖 3.27 液晶面板製程 2(20 吋)

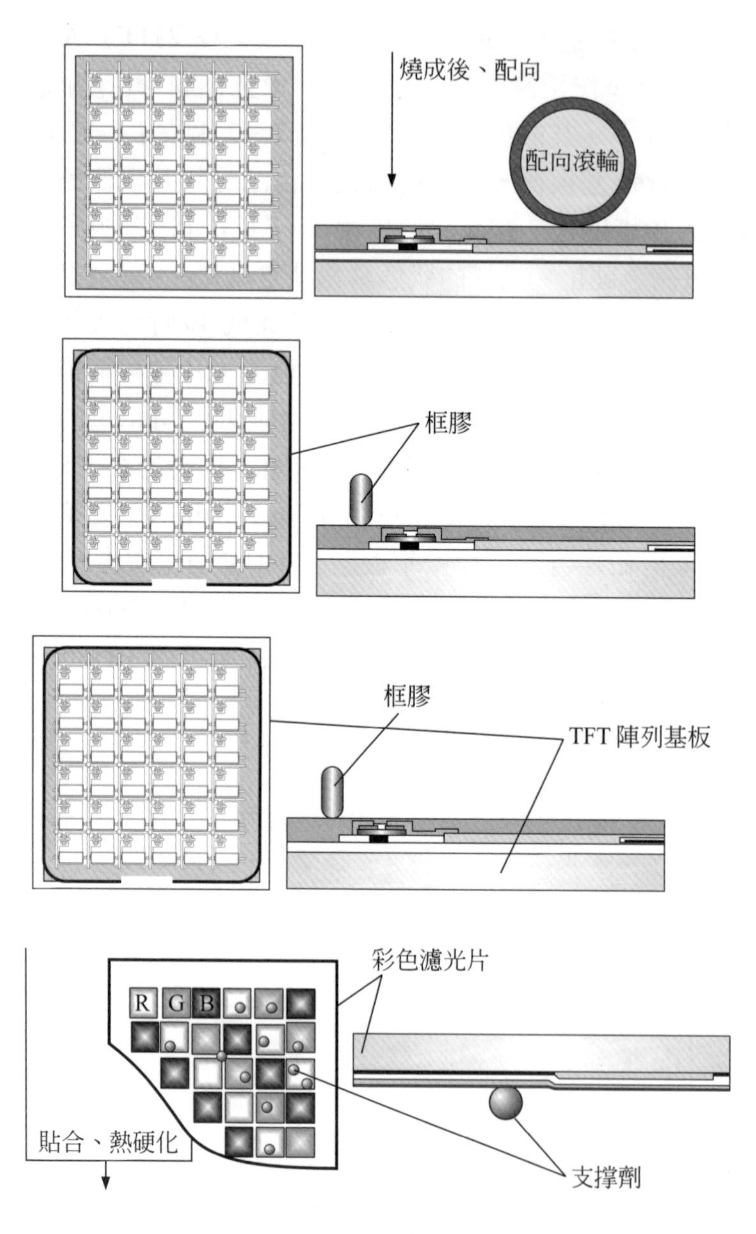

圖 3.27 液晶面板製程 2(20 吋)(續)

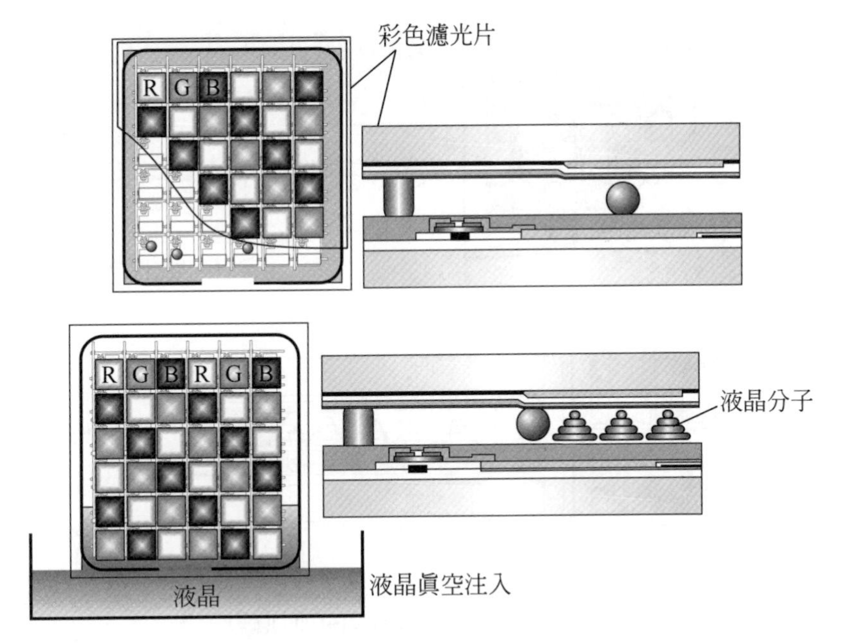

圖 3.27　液晶面板製程 2(20 吋)(續)

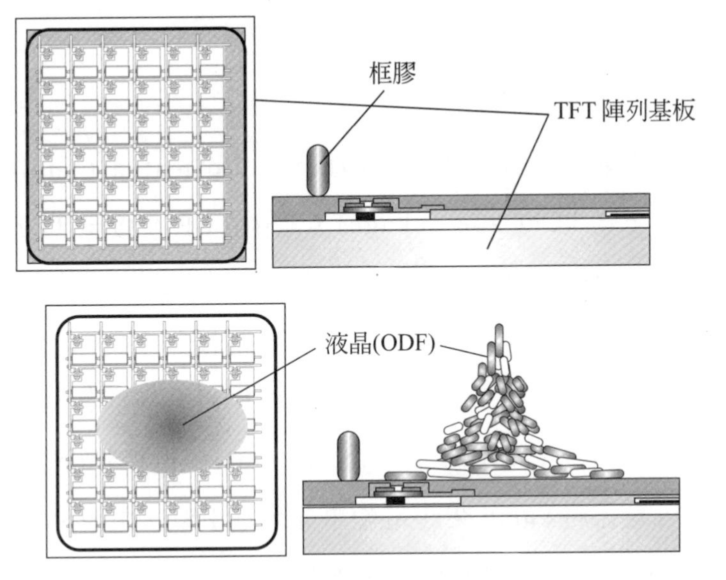

圖 3.28　液晶面板製程 2(40 吋)

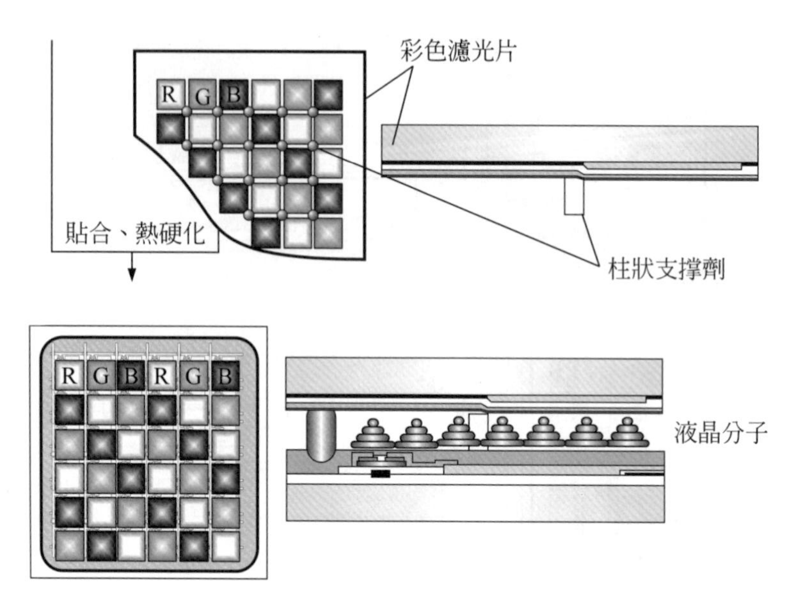

圖 3.28 液晶面板製程 2(40 吋)(續)

3.6 Driver LSI

3.6.1 何謂 TAB 方式

要驅動 TFT 則需要有 LSI。TAB(tape auto mated bonding)方式爲驅動器 LSI 會配置 TCP(tape ackage)，藉由 TCP 連接至 TFT Array 基板。由TAB方式製作出來的TCP構造(圖 3.29 所示)。從被稱爲bear chip 的LSI裝上取出電極開始。取出電極在TFT基板側亦是印刷基板側稱爲 iuter 導線，LSI 側則稱爲 inner 導線。基板是用多硫亞氨膜上附加格子狀的銅箔電極膜FPC(Flexible printed circuit)。再將inner導線及bear chip 連接。可是需將 vamp 突起電極事先形成 LSI。再將 vamp 和 inner 導電連接至LSI。最後用樹脂形成保護膜，即完成TCP元件。這種TCP

製造法稱爲 TAB 方式。圖 3.30 顯示了實際用 TCP 的液晶基板的電極狀況。要連接TFT Array基板側的連結時須用異方性導電膜(ACF)做連結。圖 3-31 爲絕緣性矽膠等熱可塑性樹脂膜中的分散導電性粒子，因壓著所以只有導線部分會做電器連結。實際配線的間距可連接 100μm，每個間距格子的電極。反之何印刷基板連接時則是使用電焊。現況連接間距爲 400nm 左右。

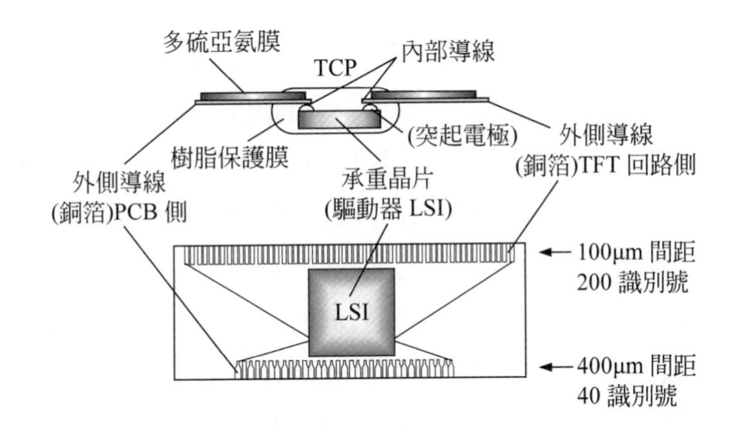

圖 3.29 利用 TAB 方式的 TCP 構造

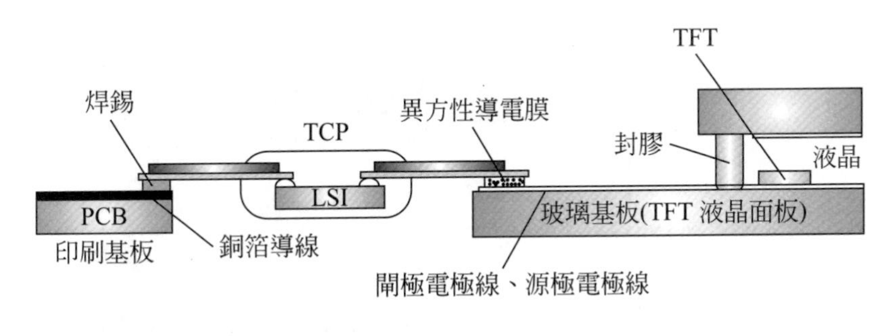

圖 3.30 TAB 的實際裝備

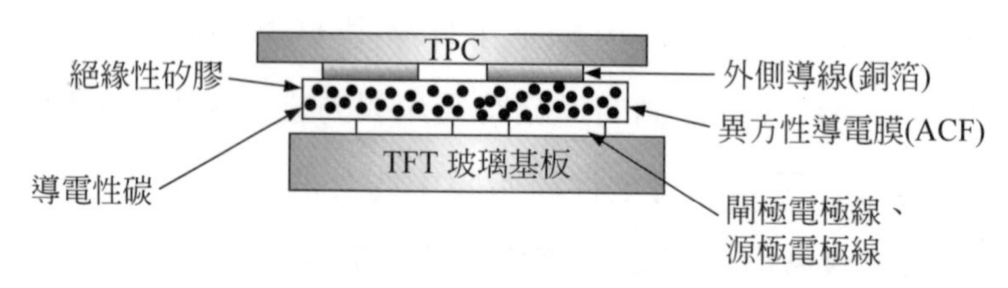

圖 3.31 利用異方性導電膜連接 TPC 和 TFT Array 基板(陣列)

3.6.2 何謂 COG 方式

a-TFT-LCD可將驅動液晶的迴路設在液晶基板的周邊部位。(COG；chip on glass)。達成攜帶型顯示器的高精細化、薄型輕量化、低消耗電力化、高信賴性等。COG 方式是指圖 3.32 在LCD的玻璃基板的周邊搭載LSI。實現了和原來的TAB方式比較起來大幅薄型、輕量化。在玻璃基板上搭載LSI控制驅動器後使用上也較爲方便。但實際上的安裝形態是依生產效率、成本、用途等需要的條件而成立。例如：爲滿足小型輕量化之需求連使用在手機等的 LSI chip 都爲了縮小而採用 COG 方式。隨著所需而分組安裝形態。簡易顯示的話會以成本爲優先考量而選擇 TAB 方式，手機的顯示器則是 COG 方式。如果是有人機介面輸入的話則是 COB(chip on board)，因用途而選定。

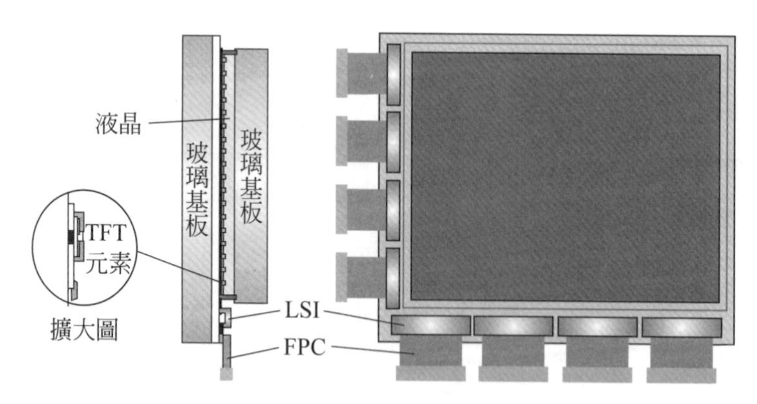

圖 3.32 COG 方式所採用的 LCD 面板構造

3.7　何謂 LTPS

LTPS(low temperature polycrystalline sillcon)方式爲用 600℃以下的低溫製程條件在玻璃基板上形成多晶矽(p-Si)TFT。電子移動度和 a-Si比較有數百倍，所以它的特徵是能高速做切換。所以可以在玻璃基板上形成迴路。a-Si 的主動矩陣驅動迴路爲 LSI 並將它裝在基板的周邊。p-Si是指因爲在驅動迴路形成P-Si TFT而在玻璃基板上的技術。玻璃基板是 730×920mm²的尺寸適用於 LTPS。

現在採用 LTPS 例子爲在 P-Si 形成驅動迴路，內藏後可以使驅動 TFT-LCD 的 LSI 成爲 1 chip，將周邊的安裝簡化，如手機用的 LCD。圖 3.33 爲基板和迴路的連接點數大幅簡化後實際安裝狀況，而且將基板的邊緣縮小實現了既高性能又廉價的 TFT-LCD。用原本的 TCP(tape carrier package)驅動周邊 LSI chip 直接安裝在基板上的 COG 方式比起來裝備也較爲簡化的關係，被實用在攜帶式機器等中小型LCD。大部分的 LTPS 是用來統合驅動液晶的驅動器，因此可以窄邊化，也越來越高精細化。

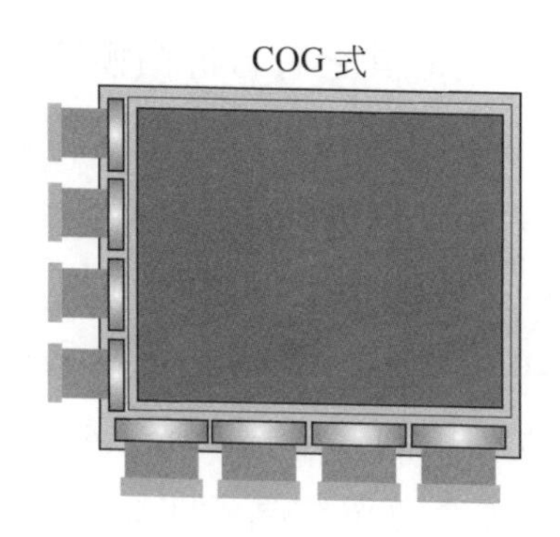

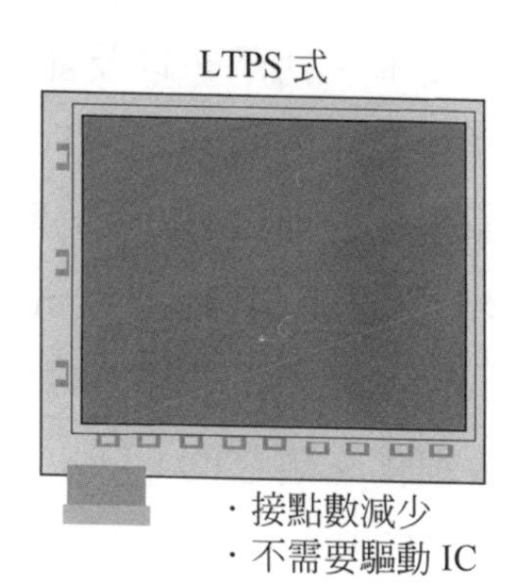

圖 3.33　COG 方式和 LTPS 方式之構造比較

LTPS 技術在液晶顯示器的玻璃基板上模組了液晶控制迴路和電源迴路，入出力連接裝置(interface)等LSI，所以成爲新世代SOG(system on gless)的主要技術。開關切換速度和a-Si相較起來可快數百倍，而且和原本已裝在液晶玻璃上的LSI可成爲一體化的關係因而可達成商品的小型、輕量、低耗電化。

a-Si TFT-LCD 需要裝外部的驅動器 LSI，但如果小型化 LCD 其裝載高精細化的驅動間就會成問題。LTPS是因爲可以將驅動器迴路，H開關、V驅動器、RGB開關等裝在基板上所以可以讓邊緣窄小化、高精細化。但也不是說裝得上就全裝的上去。

實際上，攜帶式機器用顯示器搭載的 LTPS 其同邊迴路的統合並沒有進一步的發展。只有搭載V驅動器，RGB開關等在基板上。這是因爲爲控制攜帶式機器的消耗電力量爲優先考量的緣故。總而言之就是攜帶式機器是用搭載迴路的driving fort爲低耗電化。的確在LTPS上可行程各種迴路，LSI 是以 3.3～5V 左右動作，但現狀的 LTPS 上的迴路則需要 8～12V。這樣一來，和統合化的trand呈逆行，將周邊迴路排出至外部會比較省電。

最後是將在 LTS 上形成迴路的方式，以及外裝 LSI 的情況下做比較，比較其成本、耗電、以及性能面。至於其它有合併價值的電路就只有是需要有必要面積的裝置。Touch Screen光感應器、指紋認證器、溫度感應器等如果有埋藏LTPS的話就會有它的利益存在。

Si 的特性是 a-Si 爲 0.5cm^2/Vs 左右的移動度實現況的 LTPS 爲 100～200cm^2/Vs左右，將來會成爲400～500cm^2/Vs和單結晶Si。現況尚未追上微細化。現在的LTPS已確立製程的精度爲3μm，單結晶Si爲0.1μm以下。LTPS也漸漸微細化，再來會以單結晶爲開發方向。

未來的研發領域會以系統化爲指標。正計畫從CPU利用無線網路都將會在液晶面板上做統合的sheetComputer之計畫。其發展的第一步是開發 20～30MHz左右的週波數作動迴路之LTPS。開發研究電子移動度爲 400cm²/Vs，設計要求爲 1μm 以下，另外 DAC(Digital Analog converter)記憶、時間點、控制器等都是其目標之中。

另外，LTPS 還有一個重要的使命。就是 LSI 不單是和 LTPS 作比較，它其實可以變更液晶基板的結構。在TFT迴路旁配置記憶迴路，它可自己記憶畫素不均勻的迴路。亦是黑色顯示插入驅動，不是以訊號爲驅動，而是以記憶方式。在做完時間顯示後，將TFT用黑色顯示的記憶開方式實現的話，refresh 的速度會比眼睛看到的反應速度快，LTPS 即是有這種如夢般的潛力在。

3.8 如何驅動 TFT 液晶面板

3.8.1 TFT 如何驅動液晶

TFT液晶基板的每一畫素的等價迴路爲圖 3.34 所示。閘極、汲極間的寄生電容C_{gd}，源極、汲極間以及源極電極線，顯示電極間的寄生電容C_{ds}都各用虛線表示。這個等價迴路是從 TFT 液晶基板體裡的一個畫素分取出來的。在此每一個畫素在TFT基板側時每一個畫素的顯示電極和彩色濾光片基板 CCF 的共通電極間的液晶曾是如何驅動的。

液晶層和儲積容量連結在一起是爲了TFT的負荷，在閘極電極透過閘極電極線加上正的時脈波(pulse)如圖 3.35 所示。TFT爲ON時在源極電極線加的訊號電壓會由源極電極通過汲極電極傳送至負荷TFT的液晶層及儲積容量。在這種情況時，電壓(表示電極電壓)會和閘極時脈波一起站起，維持閘極電壓爲 0 時候的值，再加入液晶。比較嚴密的顯示(如圖 3.35 及圖 3.36)在閘極和汲極間的寄生電容C_{gd}的影響ΔV水平移動後，會隨液晶流動電流及 TFT 的 OFF 電流而變化。在這期間這個畫素是如同圖 3.35 所示。再加入下一個閘極時脈波到被供給訊號電壓為止，此訊號電壓的寫入時間(OA用顯示器為 20～30μs)多 3 位數常 15～20ms去驅動液晶，像這樣保持電壓即是儲積電容的主要功能。

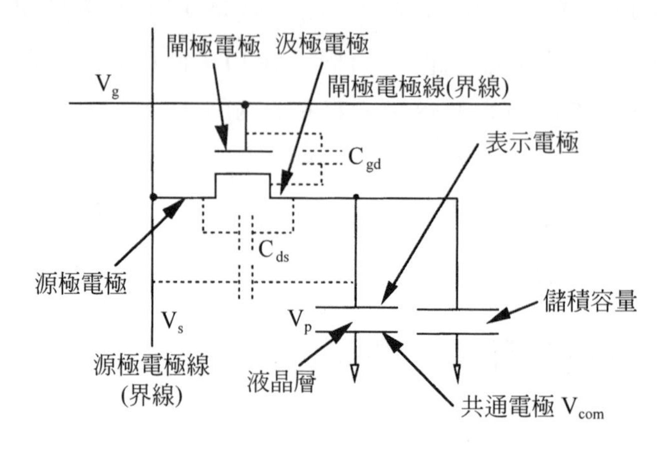

圖 3.34 畫素的等價迴路

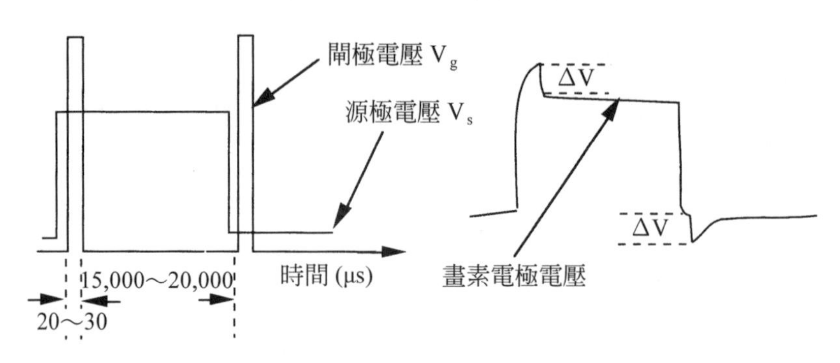

圖 3.35 TFT 的驅動方法

液晶在做交流時需驅動才行，基本上都是採用 TFT 液晶面板如圖 3.36 所示 frame 反轉驅動方式。所謂的 frame，即是指全部的閘極電極線由上而下順序的掃描一個畫面到顯示為止時的時間。通常是 1/60s。同樣大小的電壓繼續加壓在液晶上，第一結構 frame 和第二結構 frame 源極電壓和圖 3.36 所示，不同的顯示電極電壓也會隨frame而異，但是加在液晶層的電壓是顯示電極電壓和共通電極電壓間的差。所以，電流在第一結構 frame 是從顯示流到共通電極，第二結構 frame 則是相反，液晶層就是用這樣交流做驅動的，另外，液晶會回應電壓的有效值，其透過率也會跟著變動，但會將在第一結構 frame 和第二結構 frame 加在液晶層的電壓的有效值在共通電極電壓設定成相等。這二個結構 frame 間如果這個電壓相異的話會有例如 30Hz 的 flicker(畫象閃爍)的現象發生。實際上在防止畫像閃爍亦是良好相同性顯示上儲積容量也有很大的效用。

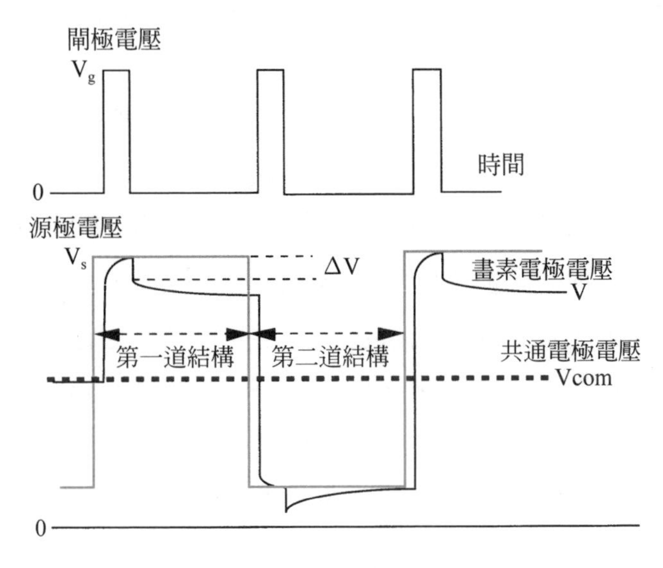

圖 3.36　結構反轉驅動

以上為基本結構 frame 反驅動的說明。為了防止畫像閃爍及有更好的相同性，有在每個閘極電極線加上源極電極線的訊號電壓的水準(level)和結構 frame 反轉一樣變換的 H Line 反轉驅動亦是在源極電極線加訊號電壓，再每一條交互變換水準 level 的 V Line 反轉驅動等方式。甚者是為了將使用電壓降低，在 H Line 反轉時會一同將共通電極電壓移動 shift

的方式亦是也有移動shift電源電壓的方式，也可以使用一個點都反轉的點反轉驅動方式取得安定的畫質。

3.8.2 如何顯示明亮度(gradation)

如同照片般，如果要顯示有中階調的畫像顯示或是從RGB三原色變換彩色顯示都必須要有色階顯示。從最明亮的白色到黑色之間設有很多亮度階段做灰階顯示。灰階有8、16、64、128、256的階調、連續階調等，灰階顯示的基本方法有電壓振幅度變調灰階法(電壓灰階法)，以及結構比率(速率)frame rate 等二個方法，本節即針對這二個做說明。

(1) 電壓灰階法

這個方法被廣泛的使用在 TFT 液晶面板的灰階顯示上。圖 3.37 所示，液晶會印加電壓而連續變換其透光率。(但如圖 3.37 中的跳動水準level顯示會在之後的8灰階做說明。)圖3.36在源極電極線加的訊號電壓的振幅會隨畫素變換，加在液晶的電壓也會變換，所以也就實現了很多的明亮標準。因此LSI驅動器有訊號電壓振幅在一定的範圍內可連續更換輸出(output)類比式和電壓振幅跳動(如上述的8、16、64、128、256等)的數位式。

類比主要是使用在240×320畫素的小型 TV 等畫素較少的用途。畫素數較多大型的高精細液晶顯示器在做顯示時會將必要的周波數帶域擴廣，爲了對應必須能高速將訊號電壓的振幅變調後再輸出，要能夠做到所定的大小也很艱難。現在也已開發大型高精細用。驅動器3位元 bit (8灰階圖3.37)、4位元 bit out(16灰階)、6位元bit(64灰階)、8位元bit (256灰階)等的出力標準數，一般是以數位元方式。必須將各個必要的電壓標準先設定好，選擇所定標準出力。

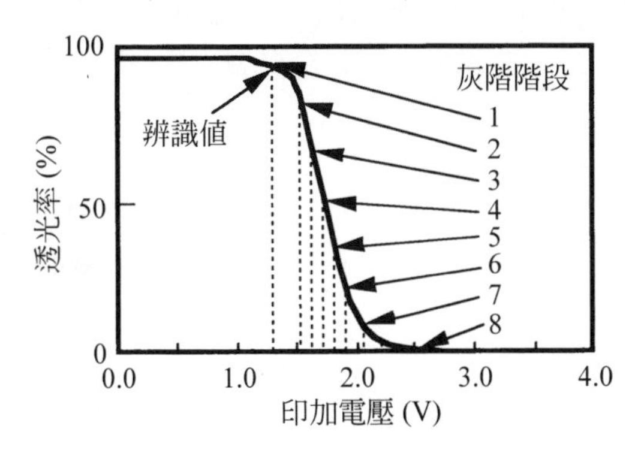

圖 3.37　彩色-TFT 液晶面板的電壓灰階法

⑵　結構比率(速率)frame rate 灰階法

在⑴所述爲確保數位元方式的驅動器LSI能有多數的灰階數，周波數較高(例：100 萬畫素的彩色顯示爲 30MHz)亦是 LSI 晶片會比較大等難題。所以使用在一定少位元數的數位驅動器，利用結構比率(速率)frame rate 控制法，可增加 1 位元(1bit)以上的灰階數的方法。

如同圖 3.38 般可簡單明瞭的看出，用二值顯示(白或黑)用的 1 位元(1bit)驅動器可顯示二個增加灰階標準的例子。這種情況是一個畫面由三個結構(frame)所組成。各結構是由訊號電壓V_1所發出黑和V_0發出來的三個白色亮度。最暗的組合爲三個結構都是黑色，再來是第二個暗的兩個結構爲黑色的組合，再來是其中一個結構是黑色。最明亮的組合爲三個結構 frame 都是白色。人的眼睛會將三個結構的合成畫像看成四個灰階。這種情況下 1 結構的理想週期爲一般的 1/3(1/180s)，爲了抑止發生閃爍。因應周邊的顯示狀態，達成注入各結構的白與黑的順序最佳化，減少畫面的閃爍。

實際上是使用3位元bit、8灰階用的驅動器，由二個結構構成一個畫面，也有相當於16灰階的畫。

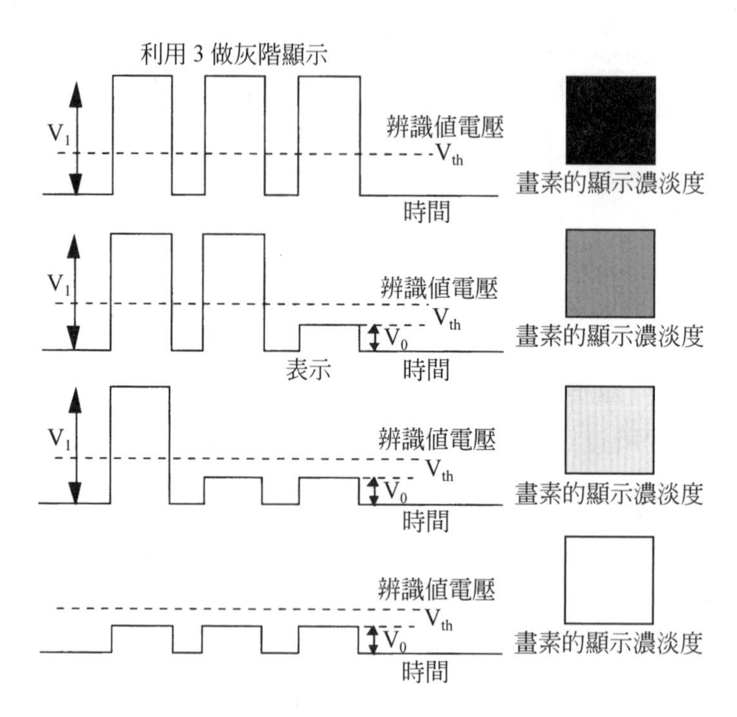

圖 3.38 利用結構比率控制法做灰階顯示

3.8.3 如何改善動畫顯示

液晶在材料上已有開發進步。已有 OCB、VA 等方法。但還是不及CRT的電器光學特性，反應的速度較慢，所以成爲快速動畫顯像的顯示問題的原因之一。

動畫的顯示問題還有另一個原因。線順序(line at a time)方式的掃描，每一枚畫像的輸入時間爲 1/60s，畫像數據爲 60Hz 的重複更新週期。此時 TFT-LCD 各畫素的液晶會隨各個訊號的儲積容量儲存電壓約需花費1/60s。也就是說1/60s之間是由儲存容量來的 frame memory 會繼續被驅動的原理。這是因爲 TFT-LCD 當掃描線數增加時也能有高對比顯像的要因之一。但是即使是動作很快的動畫 1/60s 間的畫像爲停止 hold型驅動的話，畫像會不斷的被顯示就會變成是輪部不明的畫像。這也是問題的原因之一。以下說明爲改善驅動方法的改善方式。

(1) 過度(over drive)驅動法

液晶的驅動就像是圖 3.39 所示，保持一定電壓的持續型驅動。在畫面上由黑變化至白甚至是更白，反之如果是由白到黑的話就必須更強調黑色而加強電壓的方式稱爲over drive驅動。

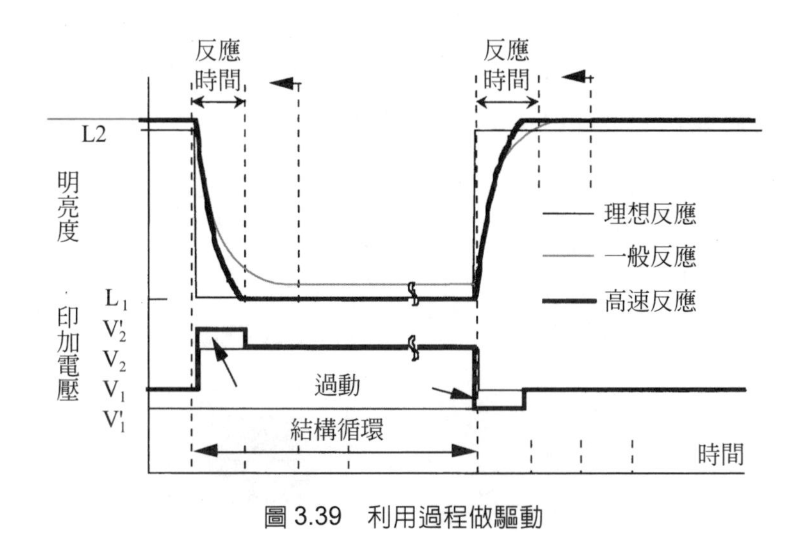

圖 3.39　利用過程做驅動

一般而言，從印加液晶電壓的瞬間開始到液晶開始轉向爲止的速度會比較慢，爲加快其轉向速度會在開始加壓時，將畫像訊號的對應電壓加高 10～20 %的電壓進去。因液晶的反應時間和加壓的平方成反比的緣故，液晶分子會迅速轉向，快速將畫像訊號的設定電壓傳至傾角。使用這個方法改善 TN mode 等中間調領域回答較慢的能有效的改善。

具體來說 over diver 驅動會做下列的畫像處理。當某個結構 frame 的畫像被顯示後，下一結構 frame 的任意掃描線上的訊號裡，將這個區間會動的畫素強調訊號變化的差再做電壓的增減補正。

(2) 黑色插入法

液晶電視面板在運動觀賽時，球的移動或是風景畫面顯示時，再畫面上的輪廓會有模糊不鮮明的難題在。原因是在於如圖 3.40 所示，液晶基板會保持一定電壓的 hold 型驅動所發生的殘像現象(double edge)。爲解決這樣的情況則需用 hold 型驅動改爲脈波(pulse)型驅動。像 CRT 般必須要有用電子光束 beam 讓螢光體能夠脈波(pulse)發光的驅動。

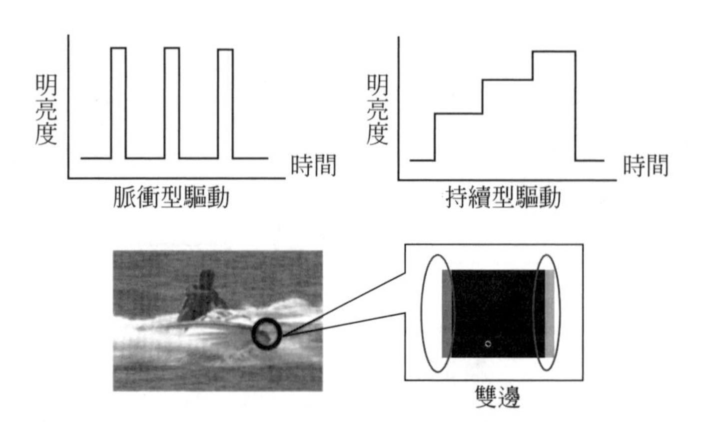

圖 3.40 利用持續型驅動雙迴

TFT-LCD 用脈波(pulse)驅動的方法之一爲黑色插入法。這是在一個結構 frame 做完畫像顯示後插入全部是黑色的顯示，hold 的時間縮短疑似像結構 frame 驅動其動畫降能清晰的顯像(圖 3.41)，這種情形下每一個液晶畫素的顯示時間會變短，在這時間內液晶能夠快速反應，在選擇液晶材料和選擇液晶 mode 時都極爲重要，而且必須以二倍快的速度輸入數據。Hold時間也會被縮短，無法避免其亮度，必須做其他對應。

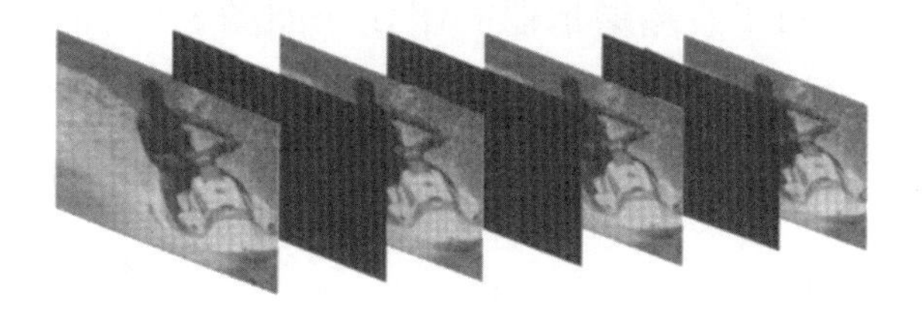

圖 3.41　利用黑色插入法驅動

⑶　被光閃爍法

這是 TFT-LCD 使用脈衝(impulse)驅動的另一個方法。和上述的黑色插入法併用，亦是單獨使用。代替插入黑色的液晶已經都是既定的標準(水準)安定後再被光關掉。配合掃描的時間點關燈，但儘量預防避免輝度下降。這必須將消燈時間縮短亦是將很多細長的日光燈管以下方式排列等巧思。反應性和亮度間有trade off。就是利用這種將背光點滅來控制黑色部份的顯示，如圖 3.42 般可清晰的顯示。

另外，背光的閃光燈點燈可有效改善的液晶的反應速度遲緩問題。

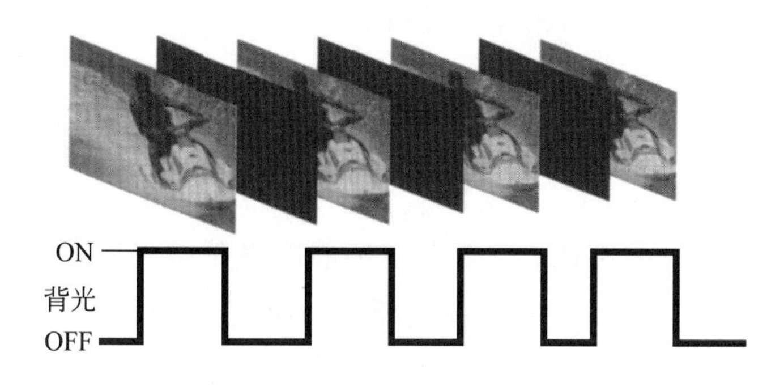

圖 3.42　利用背光點滅法驅動

3.9　如何應用彩色 TFT 液晶顯示器

下列說明彩色TFT液晶顯示器的用途。如圖 3.43 所示，其顯示方式有著多樣的分歧進度。

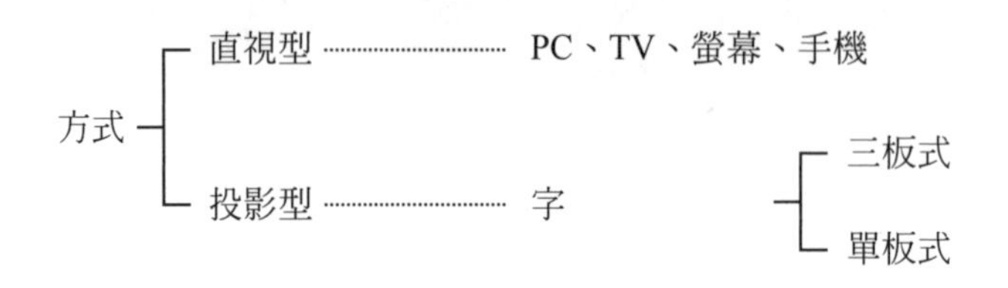

圖 3.43　彩色液晶顯示的用途

3.9.1　直視型

⑴　電腦用螢幕

液晶畫面比較具代表性的是筆記型電腦的螢幕和桌上型的螢幕。大部分都是直接看面板的直視型方式。不佔空間、省電的特點爲大眾所接受。每個顯示特性是它的平均性。

桌上型個人用的螢幕的重點是在適期顏色的再現性。如果有色差、濃淡都會很快的看出來。人的眼睛非常敏感，接近畫素間的色差(ΔEab)3 的相違。可判別 1～2 %不同的亮度。所以顯示器的規格也很嚴格。圖 3.44 尺寸大約在 8～17 吋的 NB 14～30 吋的桌上型螢幕。桌上型螢幕則是主要直下型冷陰極管的背光。

⑵　液晶電視

隨著液晶電視的大型化，所謂的電漿電視領域，現已試作到 80 吋大小的尺寸。在液晶面板的後面以冷陰極管爲主流。一般而言很少正視著電視螢幕。大部分都是重視在以一定的斜度看畫面時的視野角特性。除了 TN mode 時會發生的正負反轉的特殊狀態以外，從斜角度觀看時，包含對比和顏色再現性都必須具備良好的視野角特性。液晶電視的動畫的畫像特性必須比螢幕用好，利用插入黑色顯示亦是over drive的驅動方式防止畫像模糊。液晶mode是以VA mode、IPS mode爲主流OCB mode也是被注目的焦點模式。

TFT-LCD和PDP等相較起來，TFT-LCD的畫素構成較小，所以可以有高解像度高精細的畫像、液晶電視和HDTV是相合適的。

圖 3.44 直視型 TFT 液晶面板的用途
(摘錄自各社目錄)

(3) 攜帶式機器

攜帶式機器最一開始是先開發使用STN mode黑白顯示器。畫面尺寸是2吋以下的顯示面積STN就可足夠對應的規格。構造則是以反射型方式開始進行。但是彩色電視、彩色數位元相機的功能兼具的市場需求，日本用的則是以TFT-LCD爲主流。爲滿足市場需求的規格，故誕生了從反射型轉移成半透過型，暗處則使用 LED 背光，室外則是使用反射型顯示器。其解像度也從 QVGA(320×240)精細化。

反射型的例子，VA 模式的構造。如圖 3.45 般反射型的話是以當入射光入射時和反射時一枚的偏光板通過二次的平行 nicol 的方式。反射前後所以光會通過二次液晶層所以液晶面板的厚度就會是 1/2 厚左右。它的特徵再反射時的偏光波長的依存性較少最適合做圓偏光，在貼附位相差膜做調整。另外，爲了擴散反射光再裝上於板狀的鏡子(擴散反射電極)。同時連接至TFT的汲極電極。

電壓OFF時，從上部經過偏光膜射入直線偏光時從位相差膜(λ/4 板)成爲左圓偏光。在這種情況下用反射板反射即成爲左圓偏光，再次用位相差膜(λ/4 板)通過時和原來的直線偏光直交後成爲直線偏光，所以它無法通過偏光膜。如果在這個情況下印加 ON 電壓，VA 液晶分子會倒下，其複折射會將左圓偏光膜變換成橢圓偏光(位相差λ/8～λ/4 左右)。反射後再通過液晶層，位相膜(λ/4)位相差的(360°)偏移會回到原來的直線偏光，再通過偏光板。

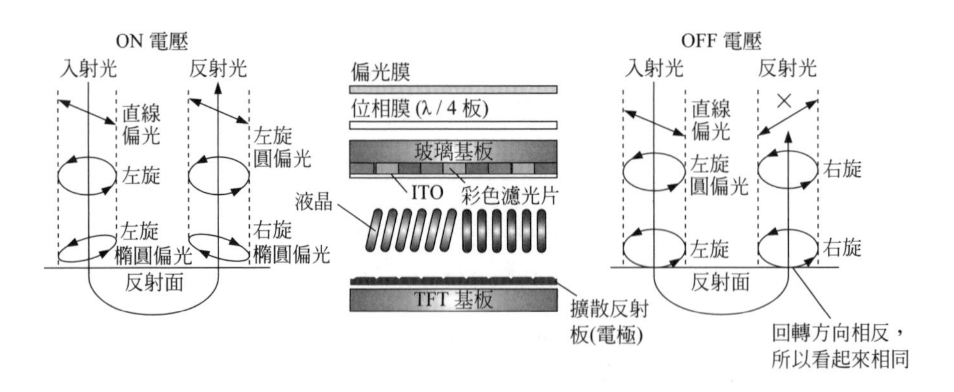

圖 3.45　反射型 VA 液晶面板構造

通過型和反射型兼備的半透過型構造例子如圖 3.46。反射型構造的畫素一部份會做通過背光的窗格，這個部份是通過型。必須注意的是反射型液晶面板是透過型液晶面板厚度的一半，必須想辦法克服。將擴散反射電極亦是彩色濾光片的膜壓做調整，還是用光阻做調整，開發使用了λ/4 板等的位相差膜一半的液晶面板的厚度即可。用透過型的光學特性補償的方法。

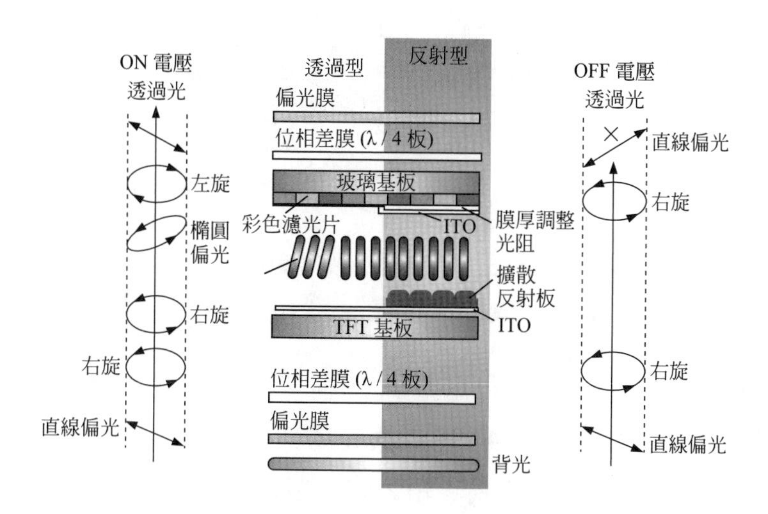

圖 3.46　半透過型 VA 液晶面板構造

因反射部分和上述相同，只做透明部分的描述。OFF電壓時背光經過下部的偏光膜，直線偏光入射後，從位相差膜(λ/4 板)成爲右圖偏光，因爲液晶層不做任何動作的緣故，直接以右圖偏光通過上部的位相差膜(λ/4 板)，但因爲和上部的偏光膜呈直交狀直線偏光，而無法通過偏光膜。所以如果印加ON電壓的話，VA液晶則會倒下，利用複折射讓右圓偏光變換成橢圓偏光(位相差λ/4～λ/2 左右)。通過上部的位相差膜(λ/4 板)後，和上部的偏光膜呈平行直線偏光，即可通過偏光板。

3.9.2 投影型顯示器

現在市面上有的投影型顯示器(projector)是用螢幕投影型顯示器前投式(front projector)和從背面式投影至螢幕的後投式(rear projector)。

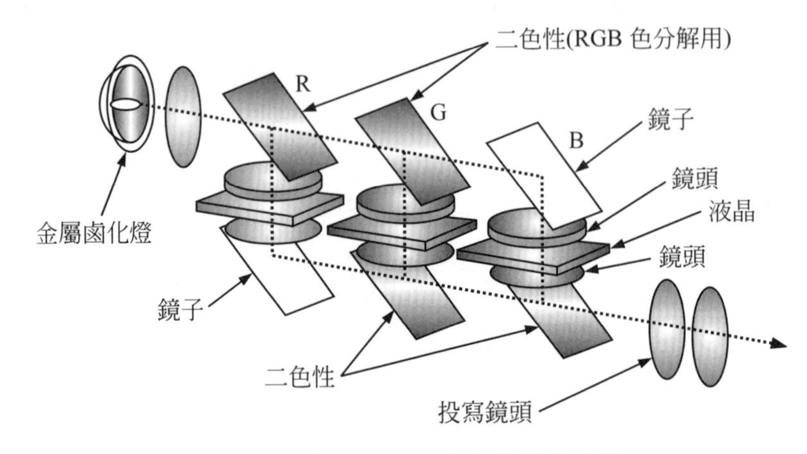

圖 3.47 三板式 TFT 液晶投影機的構造

彩色的話則有三片式和單片式二種。前投式投影型顯示器(front projector)的話是如同圖 3.47 三片式光學系模式圖。如果是使用三枚液晶面板貼合的話就稱爲三片式。預先將光源從合光菱鏡 (dichroic mirror) 分解R.G.B透過對應各色的液晶面板，最後再做合成即可將彩色畫像投影至螢幕的方式。合光菱鏡即如圖 3.48 般是用無機薄膜的多層積層膜構成，從圖 3.49 光的特性可看出其光的分解能力很好。這種分光特性從顏料來說的話能做到比彩色濾光片不能達到的分光能力。但缺點是很耗費成本。

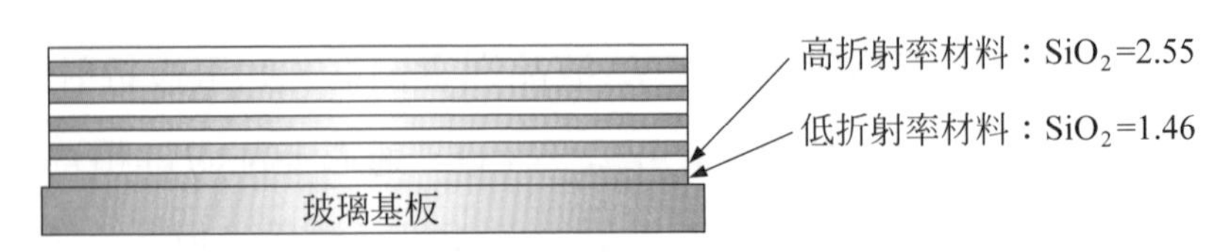

圖 3.48 二色性的積層構造

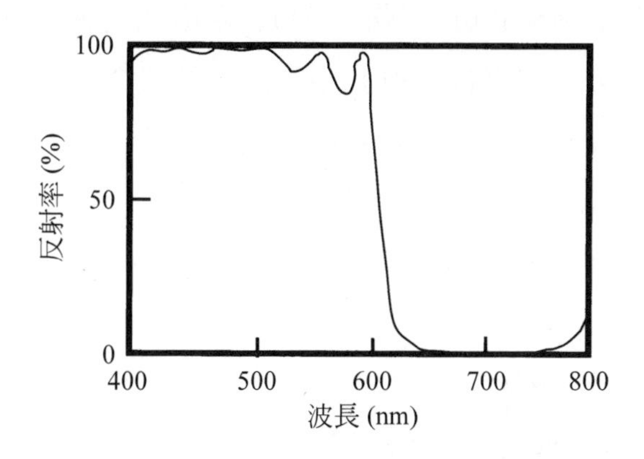

圖 3.49　二色性的反射特性

但畫素是有開口率指標。開口率即是構成一個畫素的全體面積和實際光可通過的畫素的有效表示面積的比率。液晶面板越小，每一個畫素的面積和TFT地佔有比例則越大。三片式的話，從開口率來說一個畫素用合光菱鏡分解R.G.B控制各色的透過率後在合成的關係，每一個畫素和下記的單片玻璃版方式(彩色濾光片方式)相較起來可有三倍大的面積。可參考圖 3.50。反過來說，使用同樣的液晶面板和單板式的比起來的話可以三倍的密度顯示。

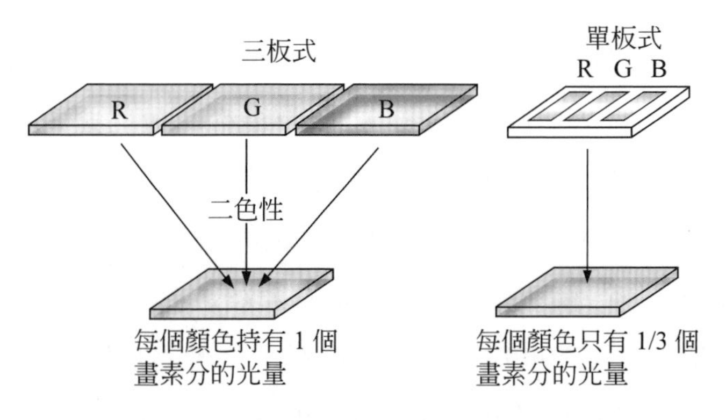

圖 3.50　單板式和三板式及開口率比較

單板式的光學類模式圖(如圖 3.51)。單板式是使用在彩色濾光片驅動各R.G.B的方法。和直視型方式相同的方式投影至螢幕。這種方式的特徵是可用一片液晶基板即可顯示的緣故，可省下光學類成本。約三片式的 1/3。但使用同樣的液晶面板時，三片式是在一個畫素裏三色重疊的方式，單片式則是只能以一個顏色的畫素麗用畫質就會比較不好。

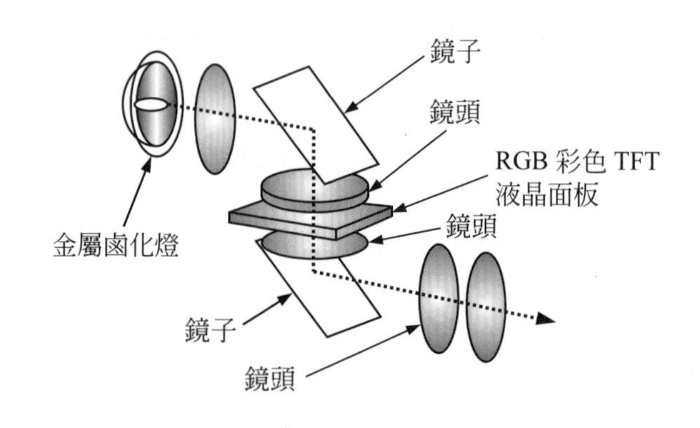

圖 3.51 單板式 TFT 液晶投影機之構造

所以，就上述來看三片式和單片式各有好壞，從畫質明亮度來看的話，三片式的較爲優良，但合光菱鏡亦是其他的光學系較爲複雜較花費成本。

前投式投影型顯示器是如圖 3.52 般，使用 3～5 吋的液晶面板，金屬鹵素燈(metal halide lamp)的強力光源(面板部分的照射度爲200 萬 1 χ左右)投影 40～200 型的螢幕。金屬鹵素燈的發光向量如圖 3.53 所示般，色溫 7000℃～10000℃時會增加白色的濃度。三波長螢光管只有 RGB 三倍波長，金屬鹵素的特徵則是有連續波長。使用這樣強力的光源，其投影螢光幕爲2000 lm 左右和電視，一般的房屋中觀看。主要的用途是用在會議室教室等 PC 投影機，也有部份是用在講堂等電視螢幕顯示用。

圖 3.52　前投式

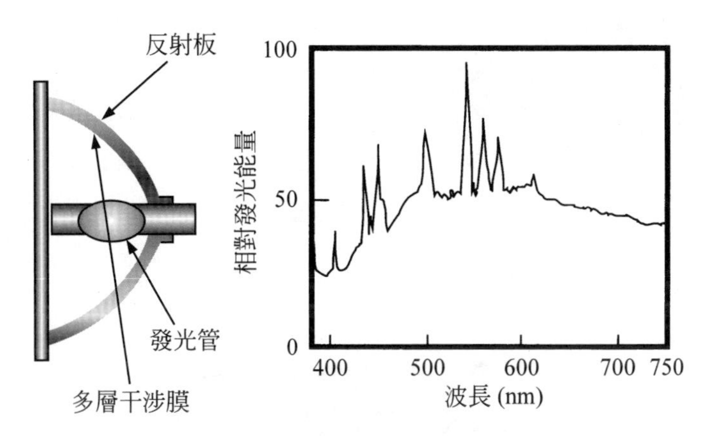

圖 3.53　金屬鹵化燈構造和發光向量

後投式顯示器即如圖 3.54 般使用 3～5 吋的液晶基板，從 40～60 吋的螢幕被面用鏡子投影的方式，不間斷的改善螢幕，再來是搭載高性能反射型LCOS(liquid crystal on silicon)，能做出大型的液晶電視。背面(rear)投影機使用在 HDTV 的用途上是拜 LCOS 技術所賜。LCOS 是使用反射型的液晶元素。LCOS的優點是小的面板尺寸即可做高解像度化，如圖 3.55 窗格不是很明顯，映象卻很順暢。LCOS爲三板式所以色調亦是灰階的再現性很高，而且不會有像透過型液晶般的黑浮的特徵。LCOS

元素的構造即如圖 3.56 大小，小型 0.7 吋的反射型液晶面板。圖 3.57 LCOS 是在 Si wafer(crystal silicon)上形成，從合光菱鏡分解三原色再現 RGB。另外開發了超過 100 吋的後投式投影機是採用 LOCS 將 RGB 各別分子三個使用方式亦是確保明亮的(MULTI SCREEN)方式之製品。

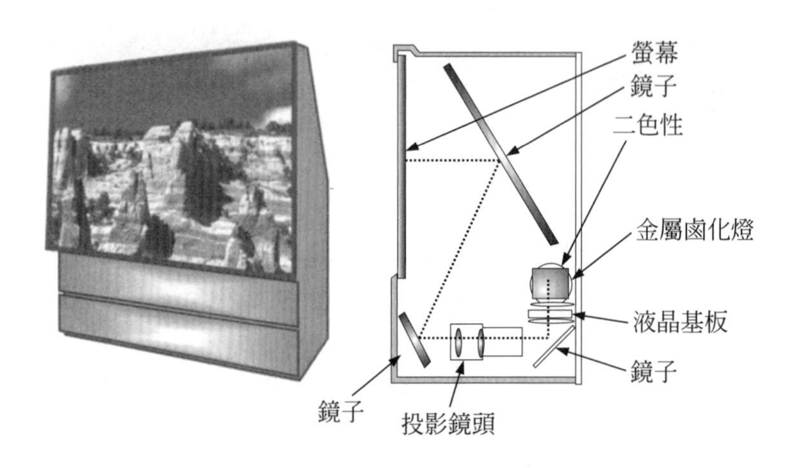

圖 3.54 後映式投影機的構造

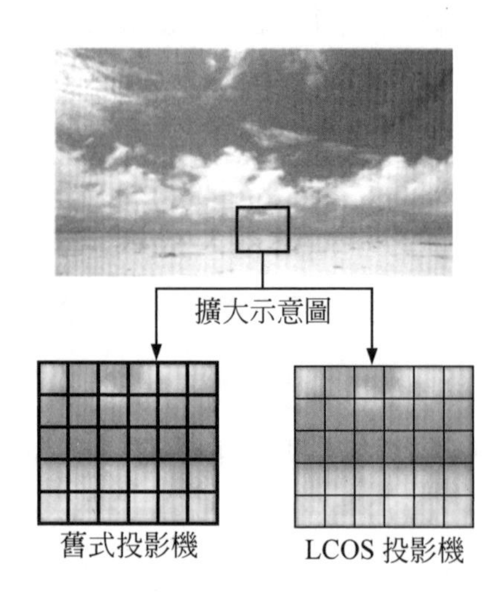

圖 3.55 LCOS 的畫素

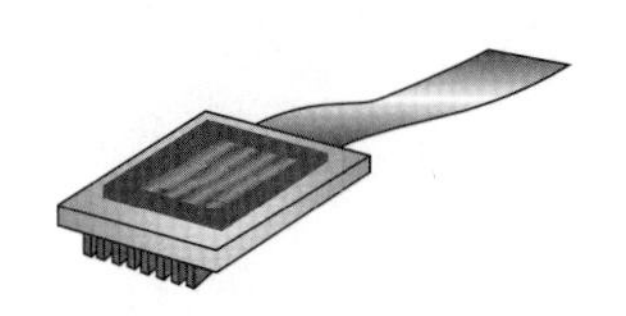

圖 3.56　LCOS 的元素

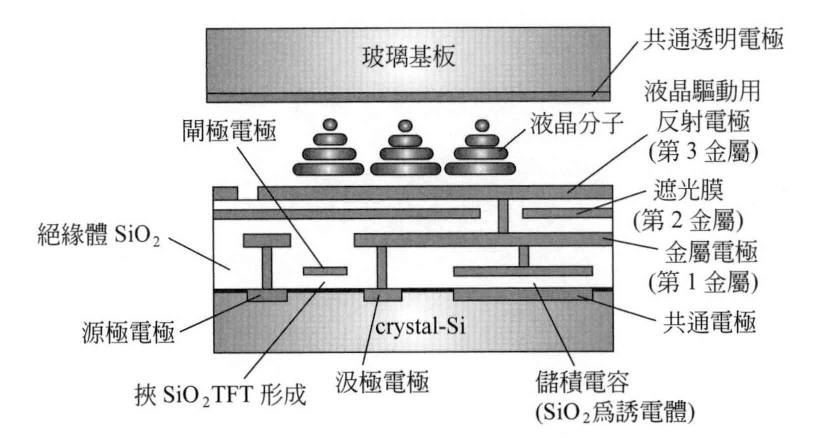

圖 3.57　LCOS 的剖面圖

Chapter 4

COLOR LIQUID CRYSTAY DISPLAY

彩色液晶顯示器之構成材料

4.1 玻璃基板

4.2 ITO 膜

4.3 液晶材料

4.4 配向膜

4.5 間隔物

4.6 密封材料及密封膠

4.7 彩色濾光片(Color Filter)

4.8 各種光學 Film

4.9 背光

4.1 玻璃基板

4.1.1 為何用玻璃作為基板

玻璃常用於液晶顯示器的基板，現在讓我們瞭解一下使用玻璃的原因。製成基板的材料必須可在製作過程中達到2000mm以上的長度及寬度。基板是平面且透明的，厚度爲0.7mm，不但可承受高達350℃的高溫，在酸鹼環境中也可保持耐久。最重要的是，製程基板的材料必須符合大量生產的需求，而玻璃便是目前可符合上述所有需求的材料。在平坦度及透明度的考量下，雖可使用塑膠，但其耐熱性不及玻璃。即使如此，被動式矩陣液晶面板及TFT在考量塑膠材質的可撓性優點下，已經開始使用塑膠材料製造塑膠基板。無鹼玻璃仍是主要應用於大型液晶顯示器、以及 TFT 高畫質液晶顯示器的基板材料。

4.1.2 什麼是 LCD 玻璃基板

玻璃基板是彩色TFT液晶顯示器的主要元件。與建築材料所使用的玻璃片相比，LCD玻璃具有較少的表面捲曲和刮痕、良好的溫度穩定性及極少的鹼金屬成分，具有這些特性的玻璃便是基板的重要材料(如同半導體產業使用矽質基板一樣)。然而，不同製程對基板產生的高溫和變化，以及不同於矽質基板的其他因素，皆明顯可見正確使用玻璃的必要性。彩色TFT液晶顯示器是由玻璃基板組成，基板上方還有TFT矩陣及彩色濾光片。由於LCD需裝上驅動LSI、背光模組等元件才可謂完成，因此玻璃基板的品質對於後續的彩色TFT製程來說，便具有相當重要的影響。如圖 4.1 所示，基板的玻璃平坦度會影響製程效率及基板上各種薄膜的品質。對TFT陣列製程而言，玻璃的平坦度及刮痕會大幅影響生產效能。

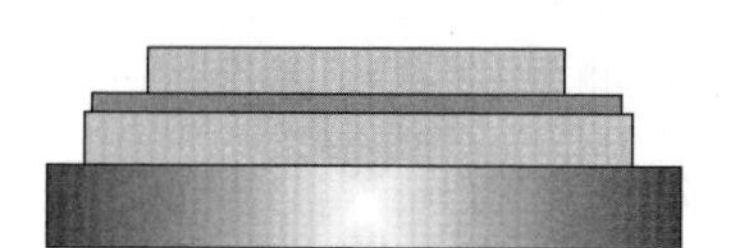
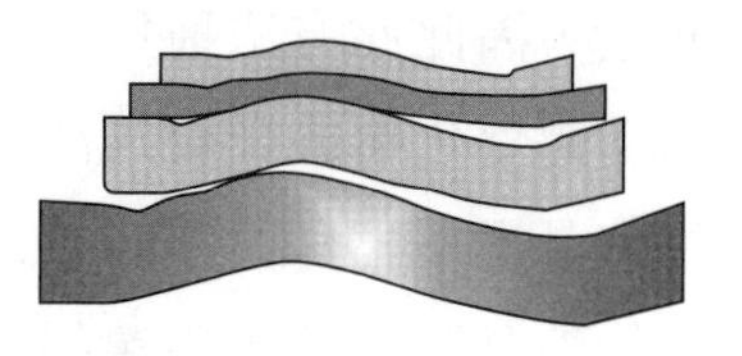

圖 4.1　基板平坦度及薄膜的形成

4.1.3 如何製造玻璃基板

要製造平板玻璃，首先須使用矽土及硼複合物等原料，以精確的比例調製成目標玻璃的成分，再送進熔爐內。 在清除玻璃內的氣泡和汙染物質後，便可利用玻璃拉製機製造平板玻璃。 通常會拉出稍微大於目標玻璃基板尺寸的平板玻璃，接著進行相關的平板玻璃處理，如磨邊，定位倒角及切角等(必要時，進行基板表面拋光)，結束後仔細清洗玻璃板並進行各種檢查，如此便完成液晶顯示器的玻璃基板，準備交貨。

製造平板玻璃的方法包括浮式成型法與熔融法。 浮式成型法可用來大量生產建築材料的玻璃板 (藍玻璃)，而熔融法則可用來大量生產液晶顯示器用的無鹼玻璃 (白玻璃)。藍玻璃的成分與窗戶用的玻璃成分相同，而由於這種玻璃的橫切面呈現藍色，因此稱爲「藍玻璃」。此外，這種玻璃具有少量的碳酸鈉，因此亦稱爲「蘇打玻璃」(或「蘇打石灰玻璃」)。 另一方面，由於鹼金族離子成分對於 TFT 及液晶面板的性能會造成負面影響，因此務必儘可能去除TFT LCD白玻璃內含的鈉離子(Na)。

顯示器所用的玻璃基板厚度主要爲 0.5 到 0.7mm。浮式成型法及熔融法都屬於大量生產的拉製法，可連續拉製符合此厚度的玻璃。以下將詳細說明此兩種方法：

浮式成型法與建築用玻璃片 (稱爲窗戶玻璃)) 的拉製方法相同。如圖 4.2 所示，融化的玻璃在具有還原氣體的環境下流經耐火機體內的液態錫，透過平坦的液態錫表面拉製出大量的平板玻璃。由於玻璃浮在液態錫表面上，因此此方法稱為「浮式成型法」。一般認為，拉製的玻璃表面會因為錫熔化造成細紋及汙染，因此通常會進行表面拋光以除去瑕疵。如果液晶顯示器(如被動式)對金屬離子的汙染並不敏感，則使用平板藍玻璃的液晶顯示器，常會採用浮式成型法來降低生產成本。

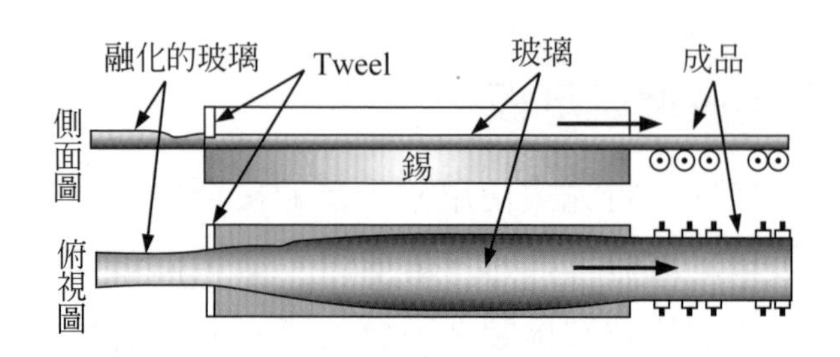

圖 4.2　浮式成型法概念圖

熔融法是向下拉製的方法。如圖 4.3 所示，融化的玻璃流入漏斗形的耐火機體後，玻璃從兩側壁頂溢出，形成向下流動的兩片平板玻璃，並在機體底端融合成單一片玻璃。此方法與浮式成型法會與玻璃表面接觸不同，不會傷害玻璃表面，因此可確保玻璃表面的品質。市面上多數的無鹼玻璃板皆是以熔融法製成。

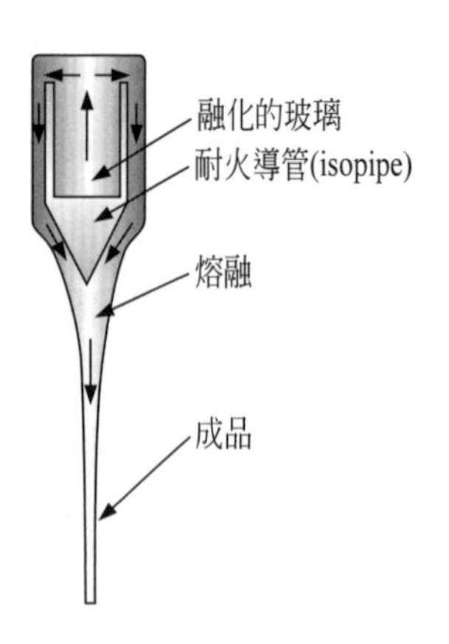

圖 4.3　熔融法的概念圖

4.1.4　TFT LCD 使用無鹼玻璃的原因

如第二章所述，LCD 包含兩種類型，一種是以 STN 爲代表的被動式矩陣型，另一種是以TFT爲代表的主動式矩陣型。 在以往的製程中，爲避免鹼基所帶來的負面影響，皆使用無鹼玻璃製造此兩種類型LCD。而目前的大量生產技術可在玻璃上形成矽薄膜防止鹼基侵入，因此可使用蘇打石灰玻璃製成被動式矩陣型 LCD 而降低成本。

在主動式矩陣LCD中，通常會使用具有化學耐久性及抗高溫特性的無鹼玻璃，減少玻璃中少量鈉離子對TFT效能所造成的影響，並降低在TFTLCD 製程中酸鹼物質對玻璃所造成的表面劣化。 彩色 TFT LCD 包括使用非晶矽(a-Si)及低溫多晶矽(LTPS)的類型，由於非晶矽需要300℃的抗高溫特性，低溫多晶矽需要 450℃以上的抗高溫特性，因此使用無鹼玻璃。

4.1.5　玻璃基板的形狀為何

圖 4.4 爲典型的玻璃基板形狀。玻璃基板乍看之下可能像普通的玻璃板，但基板上已形成TFT陣列且具有彩色濾光片。由於在組裝TFT陣列基板及彩色濾光片基板後，組裝製程才算完成，因此玻璃板的品質將會對 TFT LCD 的生產和產量產生極大的影響。以下將簡略說明玻璃基板的形狀及標準。以 45 度切除玻璃基板的邊角，此切除的邊角稱爲切角。若玻璃基板的正面和背面不同，將在基板上不同於切角形狀的另一個角落切出定位平面。 此外，玻璃基板的緣面經磨邊後形成弧面，以避免在製程中產生玻璃碎片或微粒。

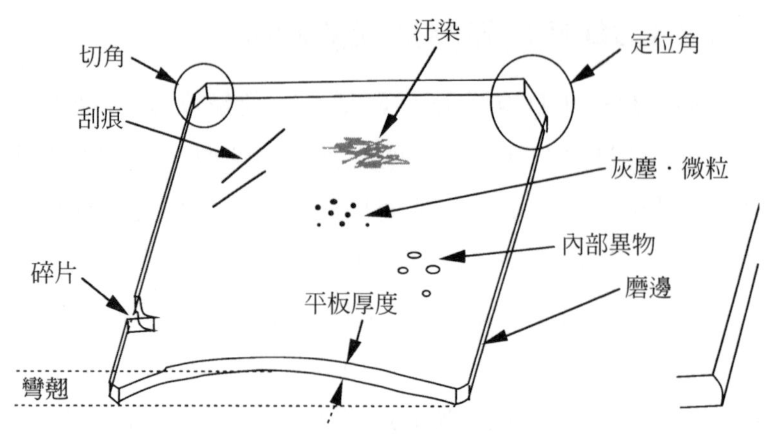

圖 4.4 玻璃基板的形狀

如表 4.1 所示，玻璃基板的尺寸隨著基板的發展而逐漸增加，以改善生產效率。目前基板尺寸是以世代分類，而基板的研發已由第一代(G1：300*350 至 320*400mm^2)、第二代(G2：360*465 至 410*520mm^2)，進步到第五代(G5：1000*1200 至 1200*1300mm^2)，同樣的，生產效率也隨之增加。基板尺寸的經濟效益差別，可由第六代及第七代舉例說明；通常以基板製成的面板數決定基板尺寸的經濟效益。 表 4.2 列出各種基板尺寸及可製成的約略面板數。第六代基板 (1300*1500mm^2) 可切割出 6 塊 32 吋 (16:9)的面板，而第七代基板(1950*2250mm^2)則可切割出 12 塊 32 吋的面板。因此從 32 吋面板的生產成本來看，切割 1950*2250mm^2 基板所獲得的面板數，幾乎是切割 1300*1500mm^{2}基板的雙倍。基板尺寸在未來將繼續增加，而目前已建立第八代(G8)基板的生產線，且第九代基板也正研發中。爲了提高經濟效益，必須瞭解哪種尺寸的液晶顯示器會在市場上獲利，以及在成本效益的考量下，每種基板尺寸最適合用來製造哪種尺寸的液晶顯示器。

表 4.1 基板尺寸

基板世代	基板尺寸
第一代	300 × 350mm^2 ～ 320 × 400mm^2
第二代	360 × 465mm^2 ～ 410 × 520mm^2
第三代	550 × 650mm^2 ～ 650 × 750mm^2
第四代	680 × 880mm^2 ～ 730 × 920mm^2
第五代	1000 × 1200mm^2 ～ 1200 × 1300mm^2
第六代	1300 × 1500mm^2 ～ 1500 × 1850mm^2
第七代	1870 × 2200mm^2 ～ 1950 × 2250mm^2
第八代	2160 × 2400mm^2 ～ 2160 × 2460mm^2
第九代	2300 × 2600mm^2 ～ 2400 × 2800mm^2

增加基板尺寸並非提高經濟效益的唯一方法。由於目前 17 吋及 19 吋 LCD(4:3)在市場熱銷，因此從面板產量的觀點來看，一般皆認爲第五代基板最適合用來製造這兩種面板。

表 4.2 基板尺寸及切割量

基板世代	基板尺寸	6 塊面板	8 塊面板	12 塊面板	15 塊面板
第五代	1200 × 1300mm^2	28 吋			
第六代	1300 × 1500mm^2	32 吋			
	1500 × 1850mm^2	37 吋	32 吋		
第七代	1870 × 2200mm^2	47 吋	40 吋		
	1950 × 2250mm^2	47 吋	42 吋	32 吋	
第八代	2160 × 2400mm^2	52 吋	46 吋	35 吋	32 吋
第九代	2400 × 2800mm^2	60 吋	52 吋	40 吋	37 吋

此外，玻璃基板厚度亦逐漸降低。早期研發彩色 TFT LCD 時，厚度爲 1.1mm，接著玻璃基板厚度降至 0.7mm，已可製造 LCD 監視器和筆記型電腦螢幕，之後亦出現 0.63 及 0.6mm 的規格，而目前市面上更推出使用 0.5mm 玻璃厚度的筆記型電腦。爲滿足市場需求，基板產業務必仔細研究每一世代的玻璃基板。以 0.5mm 厚度而言，第八代玻璃基板甚難控制，因此玻璃基板世代需大致進行分類。舉例來說，目前第五代基板主要用來製造 15 到 20 吋的LCD螢幕，而第六代基板則用來製造 32 到 52 吋的液晶電視。

4.1.6 玻璃基板的需求為何

玻璃基板的品質需求取決於玻璃成分的特性(光學、溫度、機械、化學特性等)、玻璃基板的形狀(尺寸、平板厚度、直角度、筆直度、彎翹度等)、表面品質(汙染及刮痕、表面不均勻、灰塵及微粒等)及內部品質(氣泡、內部異物等)。表 4.3 列出玻璃的特性，其一般特性說明如下：

表 4.3 玻璃基板特性對照表

玻璃基板類型		藍玻璃	白玻璃		石英玻璃
等級		蘇打石灰	硼矽砂	無鹼	石英
成分(%)	SiO_2	72.5	72.0	49.0	99.9
	Al_2O_3	2.0	5.0	11.0	—
	B_2O_3	—	9.0	15.0	—
	金屬(Fe等)	12.0	7.0	25.0	—
	鹼性金屬	13.5	7.0	—	—
熱膨脹係數(/℃)		8×10^{-6}	5×10^{-6}	5×10^{-6}	0.5×10^{-6}
應變點(℃)		510	540	590	1070

(1) 對可視光具有高透光率

可視光範圍內的高透光率，可確保背光模組所發出的光線不會喪失。

⑵ 低熱膨脹係數

無論從TFT製程中基板尺寸穩定度的改善，或基於彩色LCD面板可靠度的考量，玻璃都應具備低熱膨脹係數的特性。

⑶ 低熱收縮

在高溫 TFT 製程中，玻璃基板會出現熱收縮現象(ppm)。此收縮現象會影響TFT的特性，對低溫多晶矽的影響更鉅，因此需採用降低玻璃板熱收縮的製程與材料。

⑷ 低密度

密度低的玻璃基板可在TFT製程中減少基板的下垂幅度，也可減輕彩色 TFT LCD 面板的重量。

⑸ 高化學耐久性

在多種化學物質及蝕刻氣體環境中，玻璃基板需具備不會發生洗提或外觀變化的特性。

此外，玻璃基板的形狀、表面品質及玻璃主體品質會影響TFT 製程的產量，因此必須符合下列等性。

⑹ 低平板厚度差異

不一致的玻璃基板厚度（厚度差異）會影響TFT微影製程的曝光程度，尤其更會衝擊低溫多晶矽。由於厚度差異會在曝光時影響對焦深度，因此玻璃基板上的厚度差異越低越好。

⑺ 玻璃表面無汙染及刮傷

玻璃表面上若有汙染物或刮傷，將導致TFT或電極無法連續或短路，因此務必嚴格控管生產製程以控制規格。

⑻ 表面均匀度

拉製過程中可能造成玻璃有細微的不均匀現象。此不均匀現象可能會改變液晶胞間隙 （Cell Gap） 並導致亮度的一致性降低，因此必須藉由拋光或改善拉製方法降低不均匀現象。

(9) 玻璃內無氣泡或內部異物

玻璃基板中有時會存有玻璃製程所產生的氣泡或異物。不符合規格的大型氣泡或異物可能導致光線散射，而減少背光光線。務必控制玻璃製程，預防過多的氣泡或異物，且務必進行目視檢驗，控制玻璃基板的品質。

4.2 ITO 膜

4.2.1 何謂 ITO 膜

ITO(indium tin oxide)即是，塗佈了 1～5 重量%的氧化銦、氧化錫的化合物，用來做透明導電膜。透明導電膜還有加入 1～2 %重量亞鉛，使蝕刻性及增加導電性的ITO膜。基本上導電率、透明度、蝕刻膜的成型加工性較好的 ITO 膜最常被使用在液晶顯示器上。

ITO 的特徵是有透明度，亦是透光率的指標。一般的 ITO 規格其指標透光率，大約是可視光領域 80～90 %。玻璃的透光率則是 90～92 %，即可知道有其透明度。ITO膜在玻璃基板上成膜(還沒做圖形(patterning))的狀態稱爲 ITO 第二層(beta)膜。這種狀態的基板乍看之下好像沒有附著任何膜一樣的透明，習慣後目視即可看出反射率和因爲顏色而產生的阻值和膜厚。

物質的導電性可分爲導體、絕緣體及半導體三種。一般而言抵抗的大小和長度成等比，和斷面積則成反比。長度 1cm 斷面積 $1cm^2$，的規格所特有的阻值稱爲抵抗率(Ω·cm)，這種值則以物質固有的阻值做評價。大致上是金屬等導體爲10^{-6}～10^{-3}Ω·cm 左右，絕緣體爲10^{6}～10^{18} Ω·cm，半導體則在這中間。ITO 大約爲10^{-4}Ω·cm 左右。那爲什麼 ITO 膜具有導電性呢？

ITO要顯示有導電性需如圖4.5，必須具備二個要因。首先必須要具有傳送電氣的媒體(carrier)，再來是這種傳電媒體必須是容易作動(高移動度)。ITO 有銦和氧的化學量論組成比所引發的偏差則有缺氧物體(donor)的存在。離子化後因添加雜質元素(錫)而形成物體順位。由氧不足施主和雜質元素添加，而形成的物體順位而發現移動度高的電子，結果取得了高導電性。(n 型半導體)。所以 ITO 膜在做濺鍍時的氧壓力必須調整好。微量添加元素的錫稱爲摻雜(dopant)。銦的原子價爲＋3價，錫是＋4價。現在想氧化銦的結晶，氧的原子價是－2價，In_2O_3的化學公式。將一個銦和錫對調，則是$InSNO_3$銦和錫的價數和爲＋7價，和氧的價數和－6不成平衡。即是說，缺氧狀態下從缺氧物體增加電子。但是並非是錫的濃度越高，媒體濃度就高，須有適當的範圍，研究的結果是1～5重量%爲最適當。如上述般，氧、錫等微妙的控制組合可左右膜的導電率。

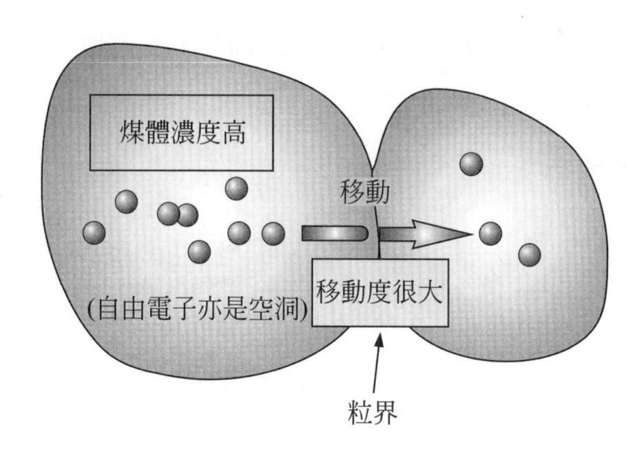

圖 4.5 ITO 導電機制

另一個支配導電性的要因是媒體(carrier)必須是能方便活動的。一般而言，爲提昇移動度必須提高 ITO 顆粒內的移動速度和有效的減低ITO顆粒間的粒界抵抗。因此必須促進ITO的結晶化和減低粒界電子移動抵抗。促進結晶化是將基板的溫度昇高，，但如果溫度昇太高則容易有氧氣分壓不當而導致著色問題發生。所以氧大約是 3 %，面抵抗為 10Ω/□水平的抵抗 ITO 在 250℃熱Ω/□的高抵抗 ITO 則是在室溫 180℃形成。為減低粒界抵抗將一個個ITO結晶粒子(gruin)變大，使粒界面積變小是有效的方式。但結晶粒大過大時表面會變粗糙，則會有光反射、散亂等問題。需有效調整濺鍍速度適當控制結晶粒子的大小。

如上述般，為安定製造具有導電性的膜，其媒體傳送濃度須有10^{20}～10^{21}個/cc，必須微妙的控制錫的添加量，為提高電子移動度，控制膜的結晶化和氧化狀態都是很重要的。

4.2.2 製造 ITO 膜的方式

一開始被開發的透明電極是氧化錫(SnO_2)。稱為NESA膜，特徵是可在大氣中成膜，但很難蝕刻，現在大都已不使用。大都改用ITO膜使用在液晶顯示器的透明電極。也就是說成膜方法大致分成眞空成膜和其他方法。圖 4.6 具代表性的成膜方式，最具代表性的則是眞空成膜法，眞空蒸鍍法和濺鍍法。

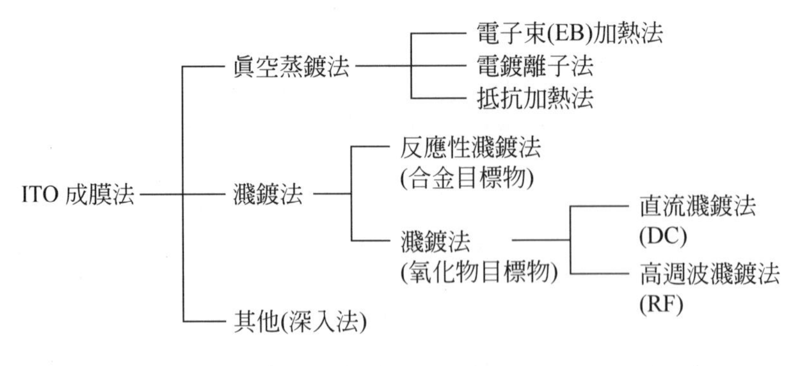

圖 4.6　ITO 的成膜法分類

⑴ 眞空蒸鍍法

眞空蒸鍍法是以ITO燒結體爲原料。這個原料在眞空中加熱蒸發 ITO 由玻璃基板析出。雖說是眞空蒸鍍法但會導入若干的氧，控制ITO膜的結晶化和氧化狀態。而且蒸渡時玻璃基板的溫度多少會影響ITO膜質，所以必須控制溫度。其結果可以控制組値亦是生成在基板上的ITO結晶的粒子徑。

眞空蒸鍍法是使ITO蒸發的方法如圖4.7使用抵抗加熱和EB (electron beam)之加熱方式。EB 眞空蒸鍍法的情況是，成膜後的ITO膜表面會比較光滑，抵抗加熱時就會比較粗糙。實際的結晶粒徑是520～1500Å左右。眞空蒸鍍因爲是點狀蒸發源的緣故，和濺鍍法比起來大面積時的膜後較難保持均等。

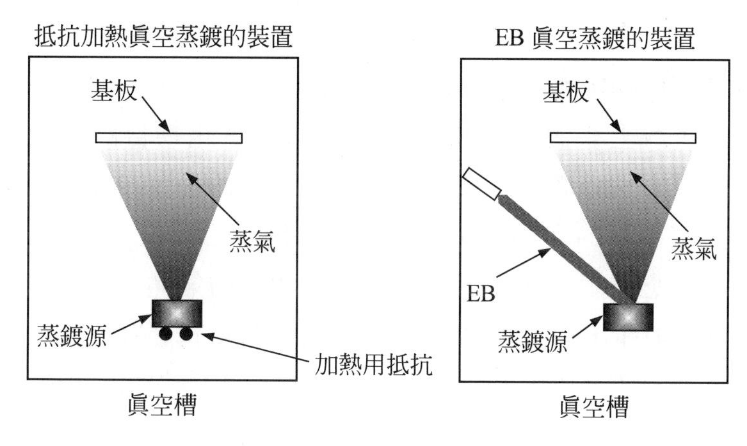

圖 4.7 真空蒸著裝置概念

但是，不管是那一個成膜方法，基板的加熱溫度昇到 500℃時，室溫和基板溫度相較下，ITO的導電率爲上昇2.5～3倍。所以如果要降低阻値控制基板溫度很重要，其效果是階段性滑動。具體說來，有室溫～180℃、180℃～250℃、250℃～300℃、300℃以上的4階段。玻璃基板超過300℃則會發生殘留熱歪，所以必須做鍛鍊(annealing)(緩和因熱處理所產生的歪斜)。彩色濾光片的構成材料爲有機物的關係，必須控制在 250℃。上述的理由以ITO的面抵抗須有 10Ω/□以下 STN 用彩用濾光片的ITO電極製造必須加熱至250℃，ITO 抵抗爲 100Ω/□即可的 TFT 用彩色濾光片製造 IT0 電極 180℃即足夠，自己和彩色濾光片的耐熱性規格兩者相異。一般而言，基板的加熱溫度爲 300℃時ITO的膜厚約 100Å比抵抗率爲 $1.7\sim3.0\times10^{-4}\Omega\cdot cm$ 面抵抗是 17～30Ω/□左右。

阻值的單位除了膜的抵抗率$\rho(\Omega\cdot cm)$以外有一定厚度正方形的面抵抗 R(Ω/□)，這些值膜厚 d(Å)之間的公式爲 4.1。業界大多以面抵抗爲單位。

$$\rho = R\cdot d\times10^{-8} \qquad (4.1)$$

(2) 濺鍍法(spntter)

大致上來說未有反應性濺鍍法和氧化物目的所使用的濺鍍法。濺鍍法一般是以使用被稱爲標的物的面狀燒結體爲原料的緣故，其膜厚的均一性比眞空蒸鍍法優良。

反應性濺鍍法是混合有氬(Ar)和氧的氣體中從銦、錫合金的(標的物)作出使玻璃基板呈半透明膜的氧化膜在大氣中亦是惰性氣體中做熱處理(200℃左右)使其透明化的製法。成膜速度的比阻值變動較大，現在都是採氧化物爲標的物(target)的濺鍍法。

使用氧化物爲target的濺鍍法，如圖 4.8 氬(Ar)和少量的氧混合氣體所形成的電離子區，這些能量可以由 target 成爲 ITO，在玻璃基板成膜。最近會在混合氣體中加入水素或水，更嚴格控制其反應條件，已可能控制阻質。阻值爲 200～300Å的膜厚 $2.0\sim2.5\times10^{-4}\Omega\cdot cm$，1000Å則是 $1.7\sim2.0\times10^{-4}\Omega\cdot cm$左右。這種濺鍍法的特徵是成膜時間極短，成膜後的ITO膜抵抗率變動很小，而且膜的蝕刻度(蝕刻速度)很大，是 TFT 液晶顯示器用的主流。

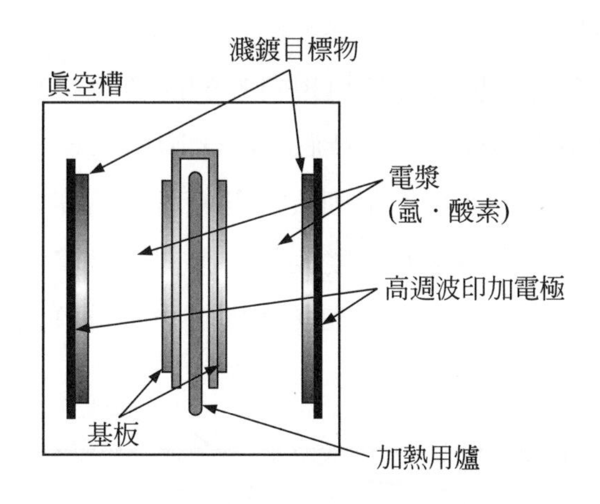

圖 4.8　RF 濺鍍裝置概念

4.2.3 ITO 膜所需的特性

必須考慮其品質特性是面抵抗、透光率、耐熱性、耐鹼性、蝕刻性、電氣化學上的安定性，膜表面形狀、密著強度、膜硬度、膜厚、外觀品質(傷痕、污染、異物小孔(pin hall)等)。特別是面抵抗、透光率、蝕刻特性、耐熱性等都很重要。以下說明其特性。

(1) 面抵抗

面抵抗是依液晶顯式方法不同(STN 或 TFT 等)，而使用部位不同(上下板不同)，其要求特性也會不同。代表STN的單純矩陣的畫素和電極線只用 ITO 作成，所以必須要有抵抗率低的 ITO 膜，面抵抗值用 7～15Ω/□左右。TFT的畫面阻值是 10～30Ω/□左右。當然絕對值很重要，但面裡面有無均勻也很重要。不均勻則會有顯示不均勻(MURA)現象。TFT液晶面板的彩色濾光片基板側的共通電極面抵抗值是 100Ω/□左右，共通反轉驅動法的話必須是 10Ω/□以下。ITO膜厚TFT的顯示電極用爲 500～1000Å，彩色濾光片是用 1000～1500Å左右的膜厚。

⑵ 透光率特性

透光率特性是爲接近再現自然的顏色，在可視光範圍的透光率必須是平坦的(flat)。特別是 ITO 膜的透過率會因後製程的熱處理而起變化，其特性須列入設計範圍做考量。一般ITO膜較薄時抵抗較高。理由是擴散變大氧的膜裡，膜整體氧不足現象會消失。在表面塗上多硫氬氨加熱後即可再現同樣的狀態。

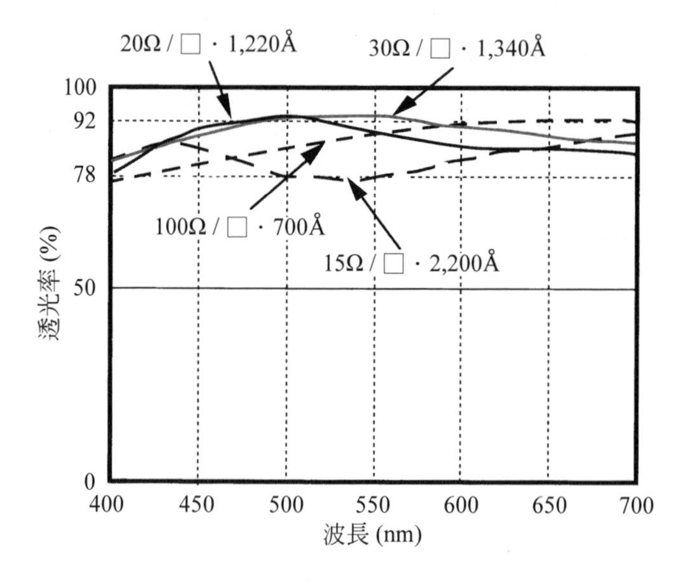

圖 4.9 ITO 透光率和膜厚、抵抗值的關係

另外，在設定彩色濾光片時，也必須考量這個ITO的透光率的設計。不同的折射率的玻璃基板和ITO間，會因應膜厚、波長定數倍值的膜厚，而發生如圖 4.9 般干涉。考慮整個因素加以利用。爲防止綠色側的透光率損失，將ITO膜厚設定爲 490nm×1/2(＝245nm)，亦是 490nm×1/4(＝122.5nm)。此時，ITO 的阻值和膜厚呈反比，如前述般成膜時的加熱溫度，其他的條件所發生的阻值的控制須設定好最適合的透光率的膜厚。一般規格是必須

需要有78％以上的透光率，玻璃的透過率爲90～92％，這樣一來即可符合量產品的數值。

⑶ 化學性安定

耐濕性，意即60℃、濕度90％放置24小時，其目標範圍初始值的±10％爲範圍值。耐鹼性是因爲用鹼類的清淨劑洗淨時亦是作圖形(patterning)時，膜特性必須在10％以上不會發生變化。

⑷ 膜表面形狀

膜表面形狀，如果膜厚度變厚的話結晶粒子會變大、變粗。顆粒變大時蝕刻性變好，則有可能會影響配向處理。因此多是採用酸化物target的濺鍍法製造ITO。

⑸ 蝕刻性

TFT Array基板的ITO，是蝕刻將各畫素電極均用成點狀圖形，濕式蝕刻通常是使用第二鐵。鹽酸類蝕刻液、蝕刻液是由組成溫度、時間等條件做控制，例如，40℃的蝕刻液的蝕刻速度，反應性濺鍍膜是200Å/min，用氧化物爲標的物(耙材)(target)的濺鍍膜則是600～700Å/min左右。一般，鹽化第二鐵，鹽酸類蝕刻液的鹽酸是以70～80vol％時爲最大值。

⑹ 耐熱性

彩色濾光片用的ITO膜，大多是採用特別低溫製程的濺鍍膜。理由是因爲彩色濾光片的色材本身不太能耐熱，所以必須用低溫成膜。所以彩色濾光片的耐熱性可決定ITO的最大加熱溫度。通常有使用顏料的彩色濾光片可保證180℃的耐熱性。所以180℃形成配向膜，在這個過程裡基本上不會使ITO特性起變化。TFT Array基板的最大加熱溫度是閘極絕緣模形成(300～400℃)工程。ITO則是在這個工程之後才會形成，SiNx的保護膜(約250℃)亦是配向膜形成溫度(180℃)爲ITO的通過時是高溫工程，在這個溫度內 ITO 的特性變化必須很小。另外 STN 用 ITO 必須能耐在形成配向膜時 250～300℃的耐熱性。

4.3 液晶材料

向列型液晶的代表性構造如圖 4.10 所示般。像是烷基鏈般，有柔軟的部分和苯環一樣硬的部分。爲顯示其液晶性在第二章已作說明。在液晶相的各液晶分子間凡得瓦爾力(van der waals forces)亦是微作用力起作用，因方向和強度而顯示向列液晶相亦是層列型液晶相。發現這個相以後進一步知道除了溫度以外分子的構造也有很大的影響。而且這些相和液晶分子會相互關連，液晶分子的引向一樣，發現各物性的異方性。液晶的模式(mode)和液晶的物性有密切關係。主要必須是液晶分子的誘導電率異方性($\Delta\varepsilon$)、複折射性(Δn)、黏度(η)三種適合的物性設計考量。爲控制其物性，將幾萬種的液晶分子做化學合成，一直到現在都還在進行最適合的分子設計。再來則針對液晶的物性和分子構造做說明。

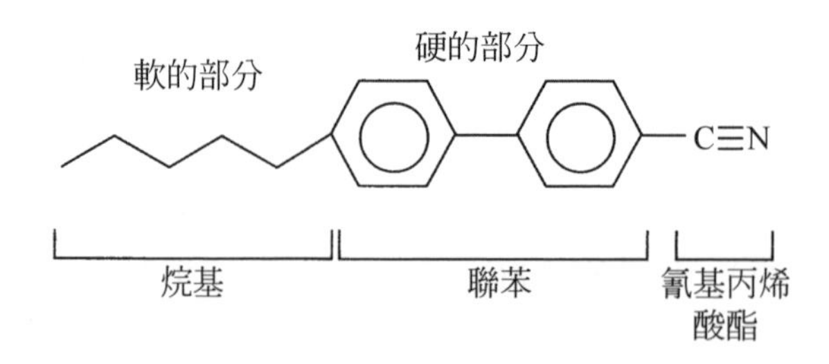

圖 4.10 液晶分子構造例

液晶可透過電界做在配列長鏈(Freedericksz)移轉的支配因數，因液晶分子有誘電率異方性，視分子構造而決定。從液晶分子的長軸方向的誘電率減掉長軸和直角方向的誘電率即稱爲誘電率異方性。($\Delta\varepsilon$)。此誘電率異方性施加電壓時即成爲液晶分子作動的原動力。在向列型液晶裡，誘電率異方性是正的情況時稱爲 p 型向列型液晶，誘電率異方性爲負的情況下，則是稱爲n形向列型液晶。TN、STN、IPS、OCB液晶面板，是使用p形向列液晶，VA液晶面板則是使用n形向列型液晶。簡單的說 P 形向列型液晶，如果施加電場時分子即會起動站立，n 形向列型液晶則是分子呈躺平狀起動。

其次是必須控制物性值複折射性(Δn)。長軸的折射率$n_{/\!/}$和短軸的曲折率$n_{\perp}$的差即是折射率異方性。又稱爲複折射性(Δn)。誘電率異方性(Δε)會因爲電子偏移的苯基亦是氰基的配置而影響。會因爲誘電率異方性(Δε)而直線偏光變爲橢圓偏光，亦是橢圓偏光回到直線偏光。向列型液晶大部分都是顯示正的複折射性。向扭動性液晶般其分子構造爲圓盤狀，持有負的複折射性是擴大視野角不可缺的材料。

另外，從回答速度面來說黏度(η)是很重要的。黏度它是決定液晶分子作動的參數，越小越能高速掃瞄。這是因凡得爾瓦力和微作用力的直接作用，取決於氰基和鹵素基等極性基的性質亦是烷基、苯基、乙烯基等分子間相互作用而成的結合基的平衡而定。

但如果只是以一種液晶而希望有三個參數值的話是不可行的。雖說是因分子設計合成液晶分子，但各個參數是無法單獨設計的。混合十種以上的液晶而調整全體液晶的物性。像這樣混合幾種液晶即稱爲液晶組成物(混合液晶亦是混合物)。當然對於液晶組成物的要求物性則須視使用的液晶顯示器而定。

現實來說液晶組成物的物性是很重要的。從主要原因的液晶分子構造設計開發的歷史性來看，液晶開發初期向列型液晶的分子構造如圖4.11 所示。這種情況下氰基的苯環是結合二個聯苯基一炭素 4～6 萬烷基的三部構成。氰基具有發現正的誘電率異方性的功能，苯環則是扮演向發現向列相和供給氰基的π電子。而且苯基可以給層列相安定和發現其溫度領域。實際上液晶分子將這三個的部品互換、裝飾、設計分子合成了各種新的液晶。如果還是不足夠的物性則會因液晶混合設計而解決。圖 4.12 說明顯示將各個 parts 更換後追溯其液晶的特徵和性能的歷史變化。如果將聯苯改成苯環已烷，交換後會產生π電子不足，而出現折射率和黏度降低現象。如果加長烷鏈的話向列相(炭素數 4～6)的出現領域則會移至高溫側，層列相(炭素數 7～9)也較容易出現。爲增加化學安定性，曾試著在聯苯基間將乙烯、乙炔連結結合分子在苯環和苯環間插入。相反的也曾檢討試過苯環的數量增加使其透明度升高。爲確保 STN用液晶必須具有扭轉角的安定性，導入了烷基後其彈性定數比上昇。

因爲是低黏度化的關係，使用氟素代替氰基既而實現了液晶的低黏度化。甚者因開發導入複數的氟素等等實現了低黏度化後也有高折射率異方性所兼備的耐環境性優點的液晶。綜合使用於 TN-TFT 液晶上。STN、IPS、OCB 用的液晶也是使用這種低黏度高速型的 TN 用液晶爲基礎。

甚者因VA mode上市後，開發了持有負的誘電率異方性液晶。簡單說就是設計成原本氰基延伸至分子長軸方向改成在短袖方向結合氟素，開發了實用耐用的液晶。VA 模式是由ECB 模式發展而來，是因開發氟素類液晶而實現。

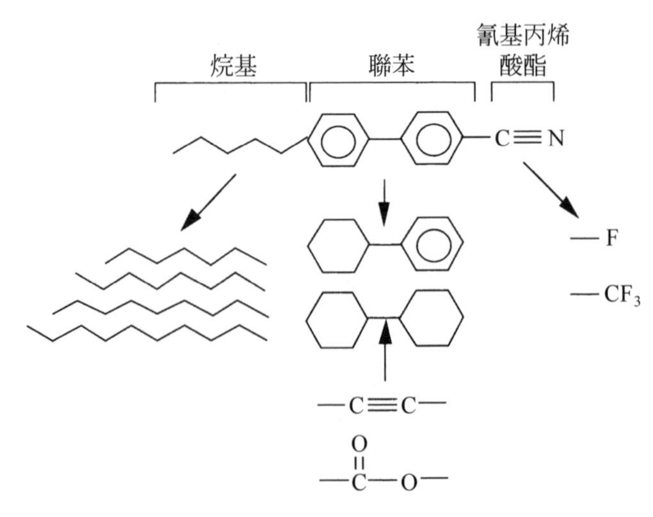

圖 4.11　液晶分子的構造設計

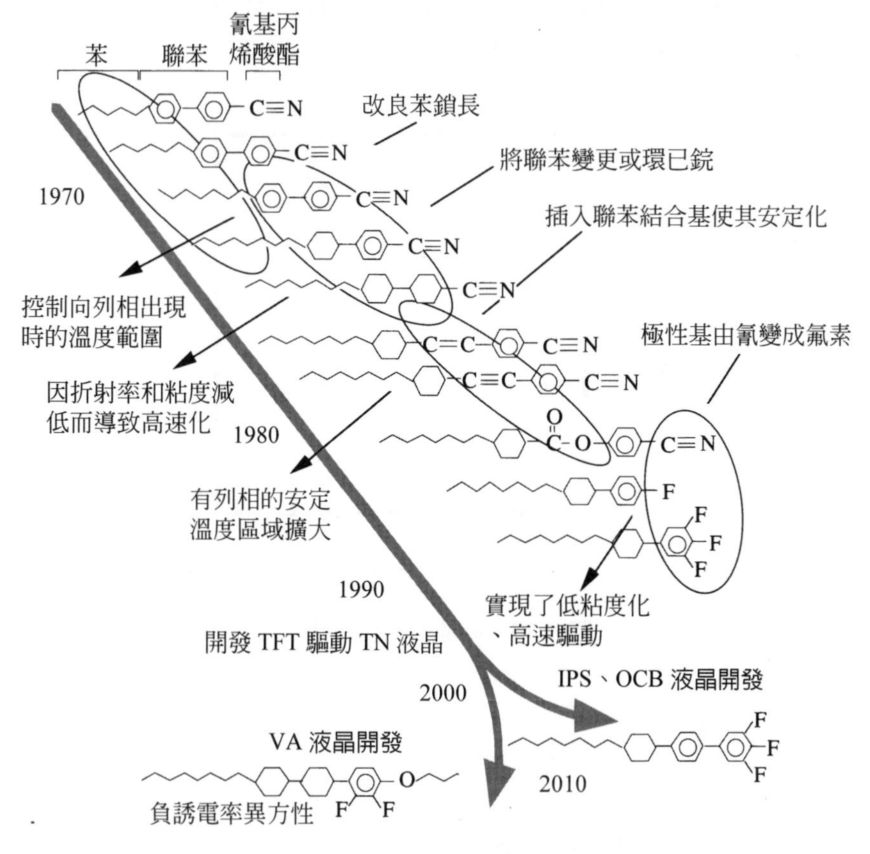

圖 4.12 液晶分子的開發經過

液晶必須滿足 TFT 顯示器所要求的動作溫度範圍等特性，如(相的安定性)，驅動電壓(誘電率異方性、彈性定數)、顯示速度(黏度、彈性定數)對比、色調(位相差、複折射性)、灰階、視野角等。又因爲只是一種液晶分子，所以是無法滿足所有，所以必須綜合才能解決這個問題，綜合的優點如圖 4.13 般，各個單一液晶化合物的向列相超過發現溫度的領域，在廣域裡向列相會有安定的效果。綜合後亦可以從單一液晶化合物改良各種液晶的特性。每個特性的界限(margin)會變廣爲十種左右的液晶化合物再做綜合。這也並不是全部的特性都能變好，所以其綜合比例的配方很難決定。

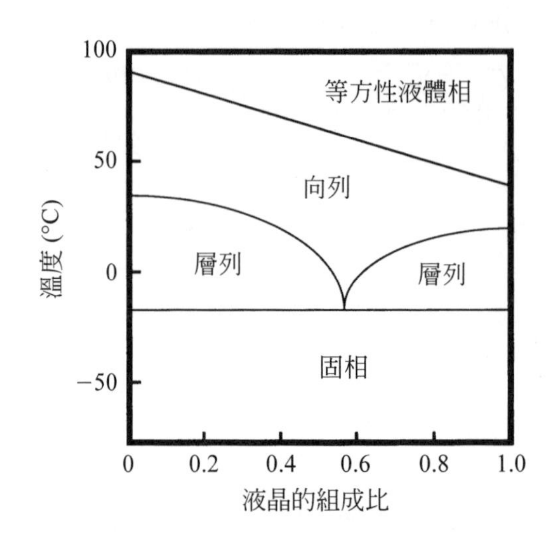

圖 4.13 2 成分液晶的相圖

4.4 配向膜

4.4.1 為什麼需要配向膜

對液晶顯示器而言，配向膜是不可缺乏的膜。液晶顯示器是利用液晶分子的誘電率異方性從電壓做液晶分子的配向變化而做顯示。液晶分子會視液晶的動作 mode 做合適的配向，控制傾斜(預傾角)，是由配向膜負責。再來說明有關配向膜。

使用 TN mode 的 TFT 彩色液晶顯示器，如同在第 2 章 所描述般，液晶分子的呈向是TFT 陣列基板進行到彩色濾光片基板時會漸漸轉 90°。原本如果液晶分子都沒有加工的狀態下時，全體會不規則排列，爲了要轉 90°則需做整列手段。

該如何讓小液晶分子排列呢？圖 4.14 未經處理的玻璃基板液晶分子會不規則的排列。圖 4.15 在玻璃基板表面上塗有機分子膜，往單方向做配向處理的配向膜上做液晶配向。液晶會朝配向方向排列。這就是配向膜的功用。

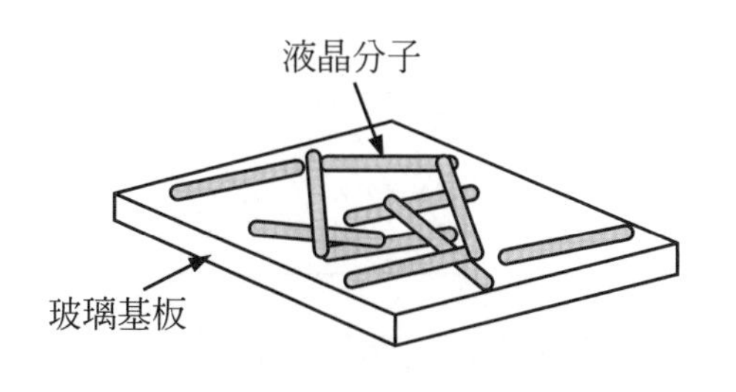

圖 4.14 玻璃基板上的液晶

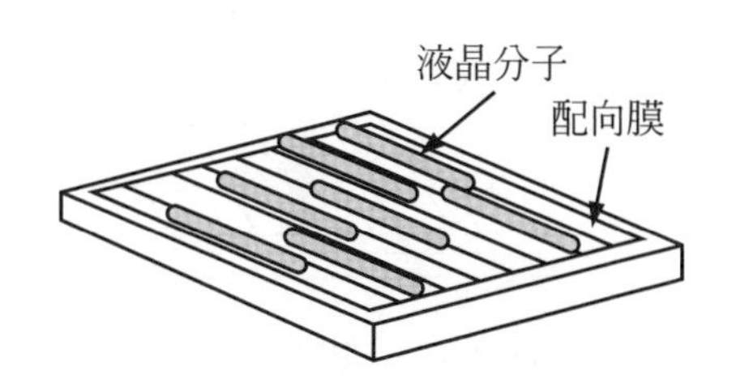

圖 4.15 配向膜上的液晶

4.4.2 如何控制扭曲液晶

液晶基板組合時，上下基板的配向膜的配向方向呈平行時，如圖 4.16，液晶分子在整層裡會平行往橫的方向排列。圖 4.17 所示的是相當於圖 4.16 上下配向膜的配向方向轉成直角時的情況。液晶在下面的配向膜時是直的方向，上面的配向膜則是往橫向轉動排列。也就是說，從下面的配向膜順轉至 90°排列。事實上 TFT 陣列基板和彩色濾光片基板的配向方向是轉 90°組合液晶基板。其次是液晶的轉向(右旋或左旋)也必須同時做控制。TN mode液晶基板，是液晶層由上面開始順序切薄。看層裡的液晶分子的配列方向時發現它會漸漸回轉，基板間呈 90°扭轉。但配向的方向是呈直角 90°，而且在下項所要敘述的液晶分子長軸和基板呈傾斜(預傾)角零度時，液晶分子也有存在呈反轉 180°的。所以液晶分子的回轉有分為右旋和左旋二種(twist 角為＋ 90°和－ 90°)。在這種狀態下時反扭轉液晶分子的回轉方向是反向領域。也就是說透光特性的角度依存性會混合在逆向的領域裡，轉傾在界線邊緣處發生線條狀。(圖

4.18)也就是說並非是單結晶而是多結晶，轉傾線亮白光，使得對比下降等而影響顯示。爲解決反扭轉帶來的轉傾，藉由配向整列和添加對掌劑。

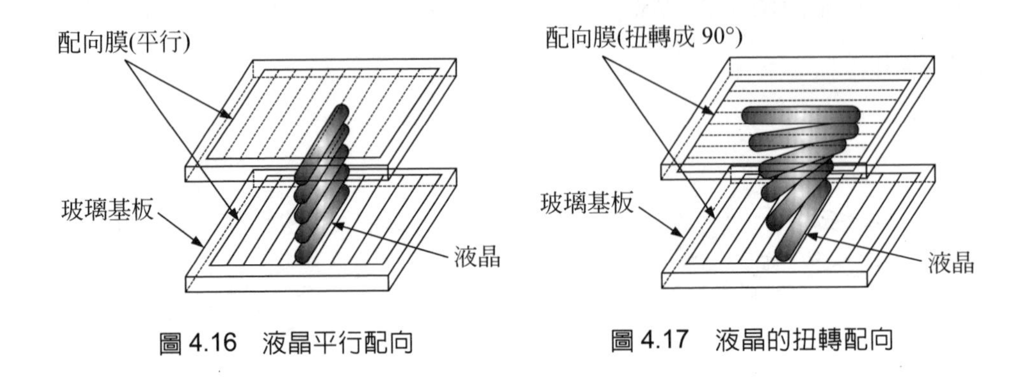

圖 4.16 液晶平行配向　　圖 4.17 液晶的扭轉配向

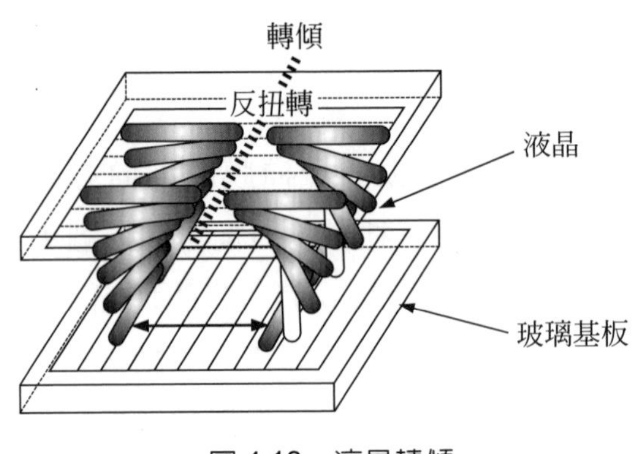

圖 4.18 液晶轉傾

首先，先說明配向(rubbing)處理。液晶分子會藉由配向膜的配向處理而長軸方向會和配向方向呈平行，而且在配向膜上做水平配向。這種情況下的細長液晶分子即如圖 4.19 所示，將在配向膜上配向方向的角撐起來，只有角度α傾斜。這種角度α爲預傾角，一般配向處理時是 2°～7°。

如果α爲零度時，向列型液晶印加電壓時液晶分子長軸會往電場的方向(基板呈垂直)排列，站立方式如圖 4.19 般，由左至右二種方式。在這種情況下，加電壓後，傾斜方面會互相存在逆向領域裡。在這種情況下其邊緣處發生轉傾線，而成爲對比降低，畫像殘存等影響顯示的原因。在配向膜使用多硫氫氨做配向時，會很巧合的發生數次預傾角，一般都可以解決問題。但隨著TFT液晶面板的高精細度，必須將預傾角變大。亦即是說，變爲高精細，每一個畫素變小時畫素的顯示電極邊緣附近會有和電極線間和傾斜的方向相反的橫向電場所引發的轉傾線問題。這個轉傾線會在顯示電極的周邊將彩色濾光片的黑矩陣擴廣覆蓋住，這樣可以防止對比降低，但會有開口率降低而顯示輝度也降低的問題。變更配向膜的種類，配向及熱處理的條件，預傾斜角α昇高 5°即可抑止反傾角發生。

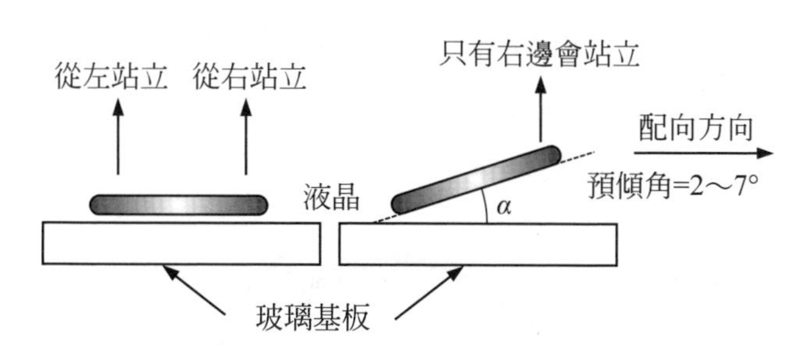

圖 4.19 液晶分子予傾角

除此之外，爲防止反扭轉現象，另一個方法是將液晶分子分成右還是左其中一個方向旋轉，一開始就在液晶裡添加液晶分子本身所持有轉向分子的對掌劑。現狀是向列型液晶本身可在對掌構造裡添加對掌式向列型液晶而得以控制住。別忘了這些都是在配向時決定預傾角的傾向，藉由對掌劑使其轉向一致。因添加對掌劑而抑止發生反傾角。

4.4.3 何謂配向(Rubbing)製程

如果光只是塗配向膜，液晶分子無法做同一方向排列。爲了要形成爲有配向異方性膜的話則必須做處理，也就是配向處理，以下說明配向製程。

配向即是配向膜用布往一定方向作摩擦的意思，爲什麼摩擦後液晶分子即會排列已漸漸了解其機構組織，液晶分子會延著由配向形成的細溝做排列，利用凡得爾瓦力等等的分子間力使液晶分子做排列，亦是用配向的剪斷應力使配向膜延伸，配向膜的分子和液晶分子的長軸方向呈一致，使能量能夠安定的配向等等說法，一般而言，最後的說法其效果較佳。

實際的配向製程是採用毛氈布、綿等的配向用的布卷在滾輪上。將滾輪旋轉放在平台(table)上的玻璃基板用滾輪回轉方向呈正向及逆向的移動機構。圖 4.20 顯示了其概念。配向條件的設定項目是布的毛材質、毛的壓入量(實際是指毛的彎曲情況) 滾輪的回轉速度、基板的移動速度配向次數、配向壓力等。這種控制是靠經驗而決定條件，可說是在液晶顯示器的工程中非常需要技巧的工程。

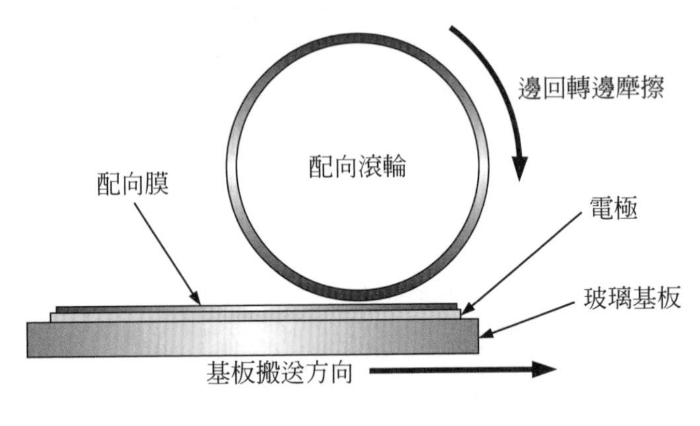

圖 4.20　配向概念圖

配向因爲是物理性摩擦的工程，玻璃基板面發生靜電，亦是配向布甚者是發生多硫氫氨等問題。另外，滾輪的軸和平台的平行度必須控制在 0.01 ㎜以內，大面積也必須均衡配向的機械設計是很難的。那除了配向以外就無法讓液晶分子排列了嗎？

之前也有研討過代替配向的方法。也有研發過二氧化矽(SiO_2)膜用斜向蒸鍍，沿著這個溝排列液晶分子做斜向蒸鍍表面處理的方法，但因爲其製程能力有問題，現在則不被使用。別的配向法是用雷射重合的配向膜形成法，LB(Irving Langmuir)法，也有檢討過用紫外線照射多硫亞氨膜，但它的配向規制力比配向小，所以也就未實用化。最近則是興盛在研究新的光配向方法。低分子 azo dye($-N=N-$)色素誘導體等的配向膜用紫外線從斜向照射，使其產生膜內分子的再配列。因配向膜加熱的關係再配列的分子會呈安定狀，液晶分子會往所定的方向配向。另外以 DLC 膜爲配向膜離子柱從斜向照設方法，其液晶分子的配向性很好，已實用在部分的製品上。

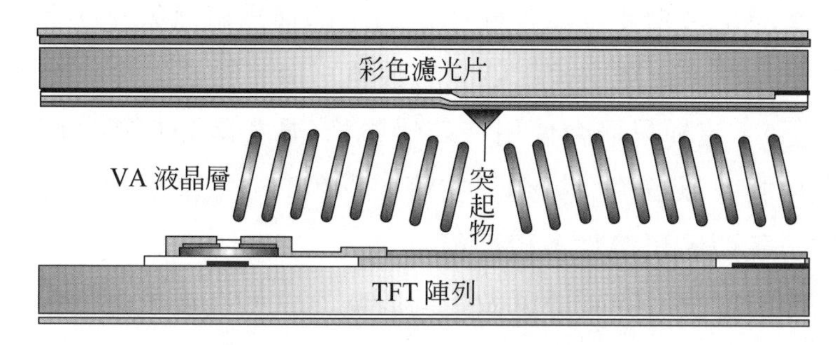

圖 4.21　VA 液晶時的複數領域

針對改善液晶顯示器視野角的方法是在畫素內將液晶的配向方向分成複數的方法，此法現在已經實用化了。通常在這種情況下會使用多硫氫氨的配向膜，也有不施行配向處理的情況。像VA mode般，使用垂直配向的液晶材料彩色濾光片陣列上的突起狀(rib)亦是使用TFT 陣列上的成梳子狀的畫素電極，即如圖 4.21 可在畫素內取得多數的配向狀態。爲發現在不同方向配向後的複數領域(domain)這種狀態稱爲複合領域(Multi domain)。這種方法是因爲液晶分子已經以區域單位做各向配向的關係，改善了視野角。另外，除了不像是阻隔壁(rib)般的構造物而是由邊緣電場形成複合領域的方法以外，還有 VA，IPS mode，目前已經是實化用階段了。

4.4.4 何謂多硫氳氨(Polyimide)配向膜

多硫氳氨是由多氨基化合物酸(多硫亞酸)由化學熱聚合而取得(250°以上)。配向膜的塗佈液，是以溶媒具有可溶性的硫氳氨成份將N-(甲基CH3)-2 pyrrolidone(NMP)等氨基化合物類極性溶媒和使用能夠增加塗佈性的cellosolve acetate等和溶媒相混合。這種溶媒是由多氨基酸化合物溶解而成。多硫亞氨類的配向膜的塗佈液在高溫下比較容易含有水分，必須保存在暗室冷藏。

多氨基酸化合物要成爲多硫亞氨的話即稱爲硫氳氨化。此時的溫度稱爲硫氳氨溫度。而藉由硫氳氨率的數值知道硫氳氨化的多硫亞氨(可溶性多硫亞氨)，這種只適合使用在乾燥塗佈(溫度是 180℃ 以下)。所以市面上的配向膜多以多硫亞氨類爲主流。彩色TFT液晶面板多半是使用硫亞氨化的多硫亞氨可溶性多硫亞氨)。

那爲什麼會使用多硫亞氨做配向膜呢？當初在要求配向膜的特性是以『怎樣才能做好更好的配向』以塗佈性亦是密度爲開發的主目標。之後，因觀察出傾角的控制性和液晶材料對配向膜的影響，可解決這些問題的只有多硫亞氨的配向膜。以下列出了幾項理由。

⑴　可耐 300℃ 的高溫。

⑵　具透明、有高玻璃轉移點(T_g)。

⑶　和液晶有親和性容易配向，而且不會有化學反應在液晶上。

⑷　和基板、各種電極膜的密著性良好，可簡易配向處理。

玻璃轉移點T_g具有高分子物性特徵的物質定數，T_g高，也就是分子間凝聚能量即是說分子間的相互作用較大，而且分子內的相互作用其大分子鏈雖然比較剛直，是顯示的物理強度指標。如此在全部的特質裡具備配向膜基本要素的材料膜只有多硫亞氨。能夠耐 300℃的高分子也只有少數，而且具有配向性質的透明膜，就只能限定是多硫氫氨了。

4.4.5 配向膜須具備之條件

針對 TFT 彩色液晶面板的製成面和品質面所需的特性做考量。

⑴ 需能夠均等塗佈。

⑵ 能對應配向工程的膜強度，下面的材質(ITO 膜、TFT 元素、配線、彩色濾光片及框膠等)都必須有良好的密著性。

⑶ 在洗淨製程裡使用的各種藥劑能安定不起變化。

⑷ 液晶框膠封裝製程的熱處理時亦能安定配向。

首先，針對塗佈的部份，近年來設備的製造技術進步，開發了可均等塗佈膜的滾輪加工(roller coater)。

而密著性的部份，原本多硫亞氨本身的黏著性不佳，所以必須有幫助黏著導入劑silanecoupling等來增加黏性。最近市面上則有導入siloxane bond具有自己黏結性的多硫亞氨。基板在用UV洗淨後大多解決了其密著性的問題。

對於耐藥劑的觀點爲如果是多硫亞氨的話就沒有問題。針對配向安定性則是TFT Array基板和彩色濾光片基板要框膠時，必須使配向不會亂掉。另外，從彩色濾光片的耐熱性限制來看因配向膜也必須是低溫才能形成(180℃以下)，開始就以硫亞氨化的多硫亞氨(可溶性多硫亞氨)配向膜爲開發點。

再來是針對顯示品質的方向，下列二種特性極爲重要。

⑴ 關於液晶分子的配向特性。

⑵ 配向膜的物理特性。

關於前者的液晶分子的配向特性中重要的是配向膜原來的目的，亦即液晶分子配列規制力亦是控制預傾角等。

預傾角，原來TFT彩色液晶顯示器爲1～2°左右，但隨著高精細畫其高度已調整至2～7°之高角度。原因是因爲面板的高精細化其TFT的配線密度增加，畫素電極和訊號及縮短掃描線的結果下在這期間發生的水平方向的電界影響變大，所以，低預傾角容易像圖 4.22 發生反傾角領域的配向瑕疵(只有這個部分角會呈反轉狀)。這種瑕疵會發生轉傾，印加驅動電壓前後時會發生歇斯底里，促使對比降低亦是畫像殘留等不良影響發生。爲控制反傾角發生，所以必須要有高預傾角。具體來說是，如果變更多硫氫氨膜材質的話，在控制燒成溫度的條件即可控制預傾角。

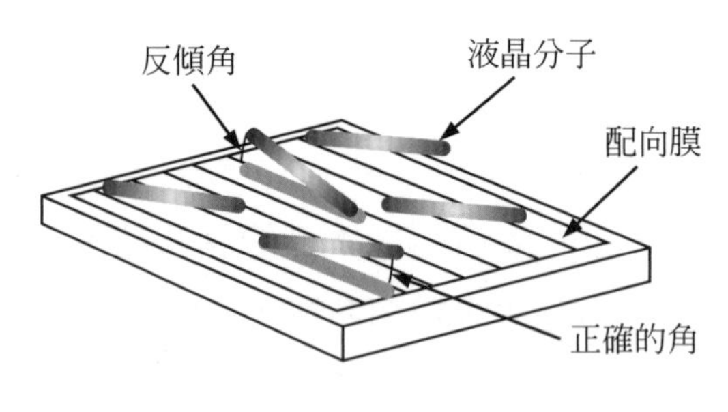

圖 4.22　發生反傾角

最近開發了爲取得廣視野角的製程，高預傾角和低預傾角的二層配向膜，亦是使用光阻劑的光罩配向摩擦法做的提案是從一個畫素內預傾角的方向做成二個相反的領域的例子。

配向膜的物理性特性，是光學性特性和電氣性特性。光學性方面的話，以顯示器的透過率亦是必須是不影響色度的。多硫氫氨膜大多數是過500nm其透光率會急速低下之性質，著色成咖啡色。但是，實際塗佈的膜厚爲500Å左右，不會有吸光度降低亦是著色的問題發生。

在電氣方面有幾項必須考慮的事項，首先舉在高溫時電壓保持率降低的例子。附有背光的液晶顯示器爲50～60℃，裝在車子用的溫度則會上昇至80℃，所以在高溫時也必須維持高電壓保持率。畫像殘存的現象則是因印加在液晶的交流成份和直流成份重疊而發生，配向膜則被要求須具有不發生殘留直流電壓的特性。另外，如果配向膜中有異物亦是負離子性殘留物質時有時則會有污染液晶而使得電壓保持率下降的情況。所以和精緻液晶一樣，配向膜的精緻也很重要。

4.5 間隔物

4.5.1 為何需要間隔物

彩色TFT液晶顯示器利用TFT改變光線的照射量，進而控制液晶分子的排列，達到顯示影像目的。因此控制LCD的液晶層厚度便成爲關鍵因素，因爲液晶布滿於LCD內，而且控制好壞會對影像顯示品質造成影響。 液晶內部的間隙（從液晶層厚度的觀點來看）稱爲「液晶間隙」。若液晶間隙厚度不同，如圖 4.23 所示，液晶層的厚度將產生差異，而導致顯示亮度不一致。 在此情況下，液晶間隙便成了決定相位延遲的重要因素。相位延遲是液晶的基本光學參數，會影響顯示光學特性，例如透光率、對比度及反應時間。因此，控制液晶間隙便成爲重要的課題。

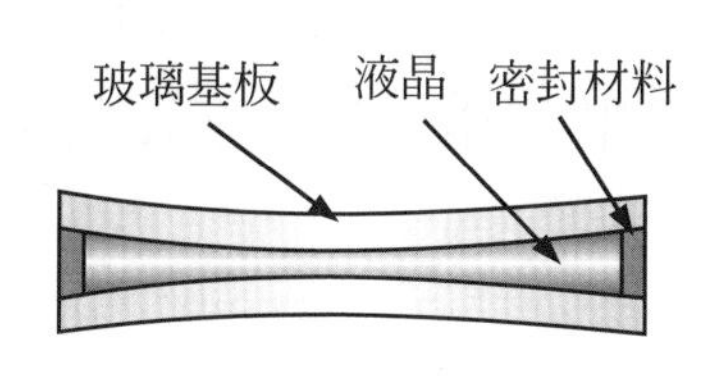

圖 4.23 無間隔物的面板

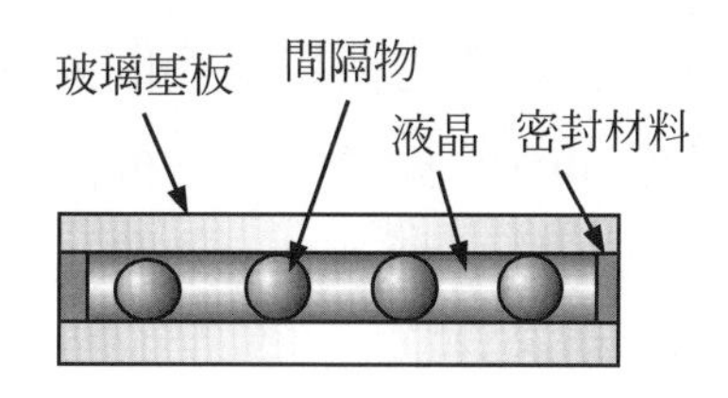

圖 4.24 具間隔物的面板

如何達到同樣的液晶間隙？可想而知，必須使用平坦表面的玻璃基板。由於液晶間隙的厚度爲 3 到 5 μm，因此需在液晶中使用成排具有分隔作用的柱子(間隔物)，如圖 4.24 所示。矽土、聚苯乙烯珠及具有分隔作用的光阻材料皆可用來當作間隔物。此外，爲增進液晶間隙厚度的一致性，會在注入液晶之前及之後，進行加壓來調整液晶間隙的高度。

4.5.2 如何在液晶間隙內放置間隔物

人類眼睛所能辨識的最小尺寸爲何？一般認爲肉眼的解析度(可辨識的最小尺寸)以角度來表示爲 1 弧分。根據此解析度計算，當人站在LCD前方約 30 公分觀看LCD時，最小的解析度約爲 30μm。此即表示人類無法在 30 公分的距離下看見小於 30μm的影像，但也需考量螢幕亮度和環境亮度等因素。彩色 TFT LCD 的液晶間隙極小，約爲 4μm。因此亦必須使用直徑約 4μm的間隔物，如此人們才不會看見間隔物，否則將造成干擾。然而間隔物會將光線散射，導致影像對比些微降低，如以下說明。

該使用多少間隔物才能將LCD的液晶胞間隙維持在 4μm 左右？

如圖 4.25 所示，以目前市面上 14 吋筆記型電腦所採用的 TFT 彩色液晶面板爲例。該液晶顯示器尺寸爲長 286mm、寬 214mm(面積爲 61.204mm^2)，這個尺寸是根據 XGA 顯示模式下的 0.28mm 像素計算而得。使用越多的間隔物，液晶胞間隙的一致性越高，但太多的間隔物會降低畫質，因此務必控制間隔物的數量。一般來說，1mm^{2}需使用 70 個間隔物，因此根據此密度計算，該面板約全部使用 5 百萬個間隔物，亦即每一個子像素約使用兩個間隔物。如圖 4.26 所示，1024*3(RGB)*788 (=2,359,300)子像素(點)分布在面板上。實際製程中，係依下述散布方法在液晶胞中均勻放置如此大量的間隔物。

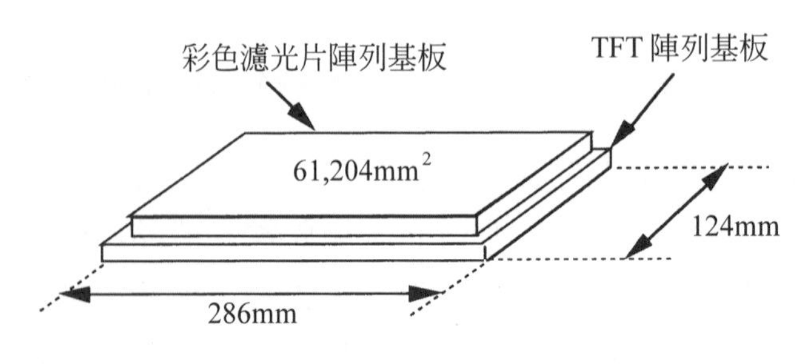

圖 4.25 14 吋彩色 TFT 液晶面板

間隔物散布製程包括濕式散布及乾式散布法。濕式散布法係以超音波等方式將間隔物顆粒散布在低沸點的有機溶劑中，然後將間隔物溶液散布在液晶胞上，之後使其乾燥以除去有機溶劑，如圖 4.27 所示。在乾式散布法中，間隔物顆粒的散布是透過靜電或氣流方式達成，如圖 4.28 所示。務必滿足散布所需的條件，包括整片基板的均勻性、控制預先決定的數量(每單位尺寸)及預防間隔物過度密集等。此外，爲確保安全，務必注意彩色TFT液晶顯示器上的靜電累積，並限制有機溶劑的使用，如酒精等。基於這些考量，乾式散布法(以氣流霧化間隔物)已是目前的主流。

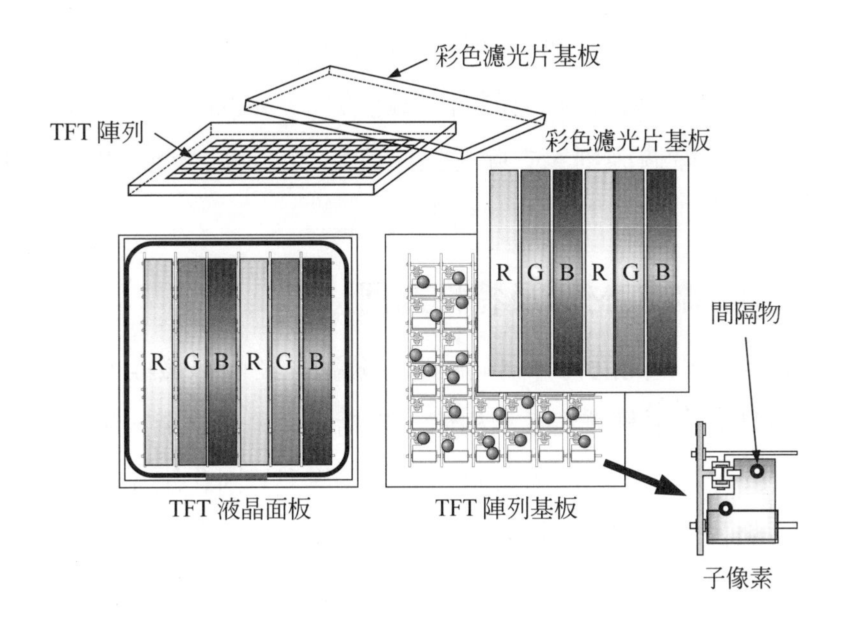

圖 4.26　間隔物的散布

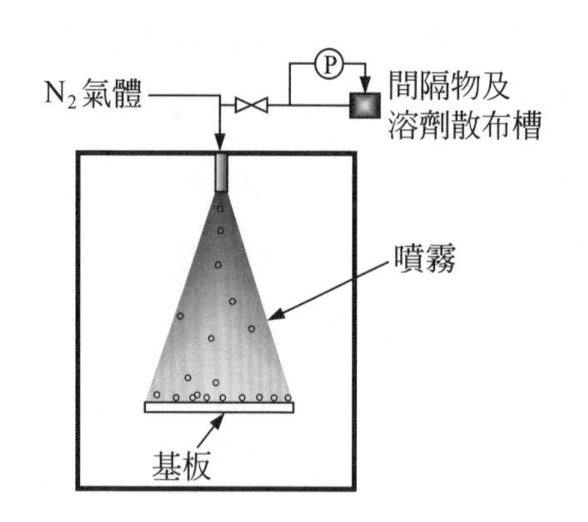

圖 4.27 濕式間隔物的散布設備

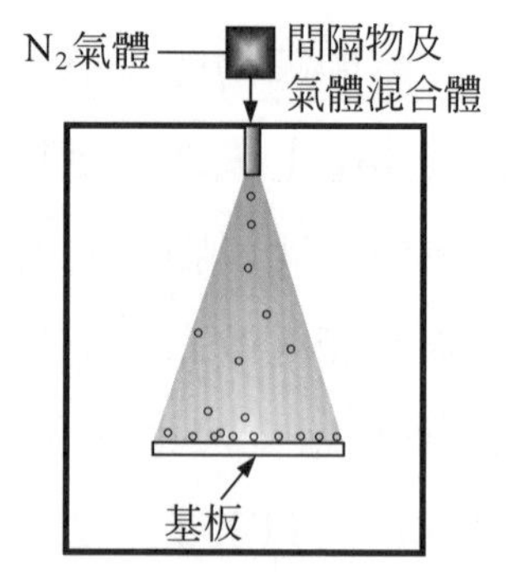

圖 4.28 乾式間隔物的散布設備

大型基板使用隔離柱而非隔離球，並且通常會使用微影技術，而此製程與第 3.5.1 章的說明幾乎相同。透過旋轉塗布機或刮刀式塗布機，可在基板上散布一層輕薄的光阻作爲隔離柱，如此一來，隔離柱的散布製程便不需要經過蝕刻、去除光阻、顯影及後續烘烤的過程。也就是說，光阻本身即可作爲隔離柱使用。

4.5.3 間隔物的材質及特性為何

粗略分類下，間隔物分爲隔離球、隔離柱及隔離纖維，如圖 4.29 所示。隔離球的主要材質爲各種樹脂，包括三聚氰胺樹脂、尿素樹脂、苯代三聚氰胺樹脂及聚苯乙烯樹脂。通常使用 UV 固化壓克力樹脂等作爲隔離柱。但使用樹脂類間隔物的問題在於：樹脂材質本身相對較柔軟，因此液晶胞間隙容易受到壓力而改變，且不易控制。另一方面，由於間隔物的剛性與液晶組成物質類似，目前通常會使用球型或圓柱型間隔物。隔離柱在受壓的情況下，具有彈性變形及塑性變形的特性，因此選擇間隔物的剛性變成重要的議題。如同上述說明，樹脂間隔物是目前的主流材質，但早期也曾使用隔離纖維。

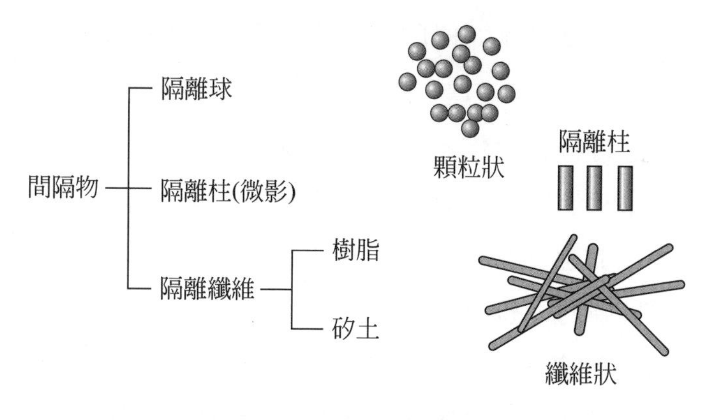

圖 4.29 間隔物的分類

隔離纖維通常會與密封材料混合，而隔離纖維最常使用的材質便是玻璃纖維。爲避免玻璃纖維的鹼性物質進入液晶，材質上會選用非鹼性玻璃。玻璃材質會以紡紗過程形成隔離纖維，通常玻璃纖維的直徑爲 2 到 12μm，長度爲 20 到 120μm，而直徑變動值爲±0.1 到 0.2μm 之間。

將隔離球製成同等細微的尺寸(約 4μm)亦相當重要。以下爲樹脂間隔物製程的範例說明。首先，在合成樹脂的製程中，三聚氰胺樹脂或尿素樹脂會與甲醛發生反應，形成胺基樹脂溶液，接著在溶液中加入固化催化劑(如硫酸)，攪拌溶液後樹脂便會聚合。另一種合成樹脂的方法中，苯代三聚氰胺樹脂與甲醛的反應產物加入膠狀溶液(如聚乙烯醇)並同時進行攪拌，膠質便會固化或變形而形成顆粒。需控制產出的隔離球，不可大於聚合過程中形成的尺寸。舉例來說，需控制聚合條件，而在隔離球的成長速度及核生成速度之間取得平衡，或在再結晶過程中晃動溶液控制溫度和密度。最後再經由精確的分類選擇合成間隔物顆粒的直徑，例如透過離心分離法。

隔離柱是在微影製程中形成。爲儘量避免干擾液晶驅動，隔離柱會在彩色濾光片側基板的黑色矩陣區域內形成。此外，亦使用具有類似液晶折射率的 UV 固化壓克力樹脂，以避免影響光學特性。同樣的條件也適用於熱膨脹係數；在ODF方法(滴下法)中，液晶胞會先組合然後加溫至 100℃，將密封材料固化。液晶胞冷卻至常溫後，液晶會收縮，因此液晶胞將變成壓縮狀態。若隔離柱並未隨著液晶收縮，密封的零件將破裂，因此隔離柱的熱膨脹係數務必接近液晶的熱膨脹係數。

間隔物須具備的一般特性如下：

(1) 相同的球形直徑及圓柱尺寸

爲控制液晶胞間隙，必須維持一致性。此外，尺寸亦不可隨著各種化學物質或高溫製程而改變。

(2) 預防混入雜質

如配向膜一般，間隔物會直接與液晶材料接觸，因此不可存有雜質，否則將降低液晶的電阻。

(3) 保持足夠硬度

以液晶胞間隙控制的角度而言，此特性是重要需求，但同時也須具有足夠的彈性，因爲具有彈性便可減少TFT陣列損壞，並可在壓縮情況下預防面板產生氣泡。若液晶與間隔物的熱膨脹係數不同，當面板置於低溫環境時，便可能產生壓縮情況。

(4) 足夠的熱膨脹係數

間隔物與液晶的熱膨脹係數務必類似，才得以在高溫環境下，避免隔離球移動而損壞配向膜；此外，也可在液晶胞降至室溫而收縮時，預防密封材料破裂。同樣的條件也適用於隔離柱。

(5) 不影響對比度

由於間隔物區域沒有液晶，因此此區域會呈現白色，且在任何驅動模式下皆會稍微提高黑色色階的亮度，進而導致對比值降低。爲避免此情況，可進行將隔離球染成黑色的製程。

除上述特性外，抗高溫、介電常數及折射率等皆是選擇間隔物的重要考量因素。間隔物的物體特質需對應液晶的特質，同時亦不能干擾液晶的驅動效能。

4.6 密封材料及密封膠

4.6.1 使用密封材料的目的為何

密封材料是在兩片玻璃基板間建構液晶胞的必要材料。如圖 4.30 所示，密封材料不僅用來密封液晶，也可保護液晶避免如濕氣或環境變化所造成的外部汙染。當液晶顯示器用於汽車或飛機上時，可能遭受-20 至 80℃的溫度變化。若未使用密封劑或密封劑失效時，彩色 TFT LCD 的性能便會立即喪失。密封材料可在溫度變化導致液晶胞熱膨脹時，預防容器(液晶胞)內的液晶受到此熱膨脹的影響。

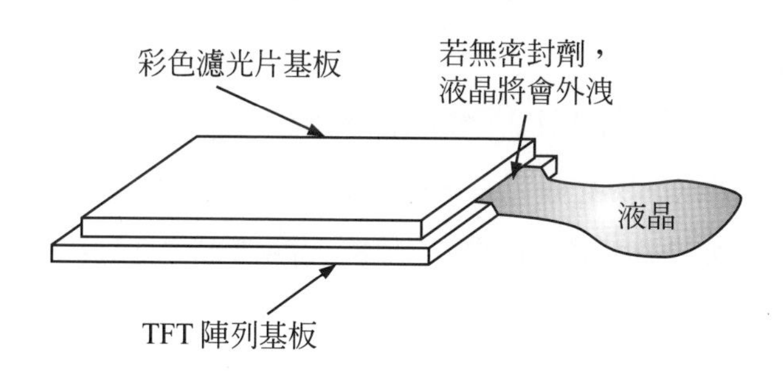

圖 4.30　彩色 TFT 液晶面板的密封

4.6.2 如何使用密封材料

在TFT陣列及彩色濾光片形成後，將使用配向膜並置入間隔物，最後會以特定圖案塗布密封劑。此圖案會形成一個類似矩形的外框，接著將組裝一個空的液晶胞並提供一個注入口(如圖 3.27 所示)，利用眞空注入法注滿液晶。若爲大型面板，將使用圖 3.28 的 ODF 法，可直接將液晶以滴漏的方式注入顯影區，而無須提供注入口。目前塗抹密封劑的方法包括圖 4.31 中的網板印刷法，或利用圖 4.32 的塗布器汲取密封劑塗抹。

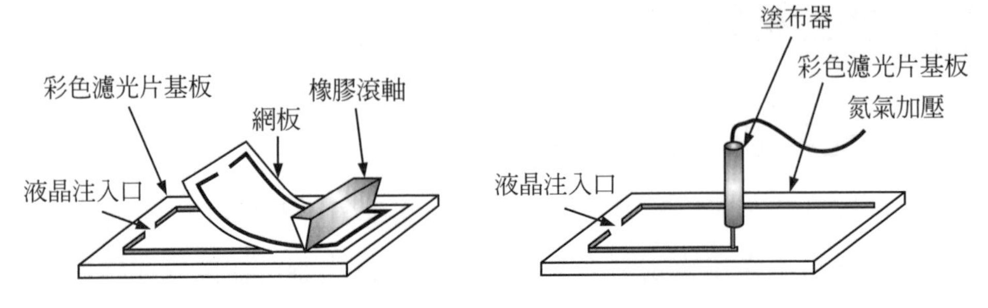

圖 4.31　使用網板印刷法塗抹密封劑　　圖 4.32　利使用塗布器塗抹密封劑

使用網板印刷法時，由於是透過網板形成塗抹圖案，因此產能較佳。然而網板會直接接觸玻璃基板，因此務必確保網板上無汙染物，網板與玻璃基板間的空隙也不可有汙染物。此外，也須準備符合各種顯示器尺寸及形狀的網板。

使用塗布器時需搭配 ODF 液晶注入法。由於在 ODF 法中，會先密封 TFT 陣列基板及彩色濾光片基板，之後才固化密封劑，因此需使用 UV 固化樹脂。切割玻璃基板製造大量液晶胞時，以此方法與網板印刷法相比，普遍認爲塗布器方法會降低密封製程的產能。此外，亦須進行細部控制達到角落處的密封寬度。然而，使用傳統的眞空注入法注入液晶將耗費過多時間，因此在大型 TFT LCD 上皆會使用 ODF 法，也因此使用塗布器漸漸成爲主流。

4.6.3 使用何種密封材料

一般會使用熱固化樹脂或 UV 固化樹脂兩種類型的密封材料。熱固化樹脂包括容易使用的單液體類型，以及另一種須事先準備的雙液體類型。單液體型樹脂中已事先混合固化劑及液態環氧樹脂劑，爲確保其使用壽命，務必冷凍保存。使用雙液體型樹脂前，須先混合基底樹脂及固化劑；由於環氧樹脂及酚醛樹脂會產生高度交聯反應，因此使用這兩種材料。

固化材料是由胺類、羧酸或酸酐所組成，遇熱融化而產生固化作用，因此液態樹脂便會固化。 使用胺類固化劑時，利用高溫製程產生完整的固化作用相當重要，如此才能確保不會影響液晶。

與熱固化樹脂相比，UV 固化樹脂的固化溫度較低，因此可限制玻璃基板的熱膨脹，進而確保高度精準的基板密封。使用UV固化樹脂時，紫外線輻射較無法完全固化內側的樹脂，因此 UV 固化後通常須再使用熱固化。

使用眞空注入法將空液晶胞注滿液晶後，可使用密封膠將注入口密封。注入口是由上述的密封劑所形成，因此看似可使用相同的材料作爲密封膠。然而，密封注入口時，密封膠務必在固化前接觸液晶，且密封部位及玻璃基板需藉由液晶保持濕潤。因此爲符合這些條件，會使用混合樹脂，內含高等級矽樹脂、UV 固化樹脂、環氧樹脂及壓克力樹脂。

4.6.4　密封劑及密封膠須具備哪些特性

下列爲密封材料及密封膠所需的特性。

⑴　高可靠度的密封效果

在環境變化中(如溫度及濕度)保持穩定性，是必備的條件。也就是說，即使在 80 到 90℃的溫度環境內也須具有充分的附著強度，吸濕及低透濕度情況下結合力衰退的程度低、混合氣泡或泡沫時不會造成空氣外洩，且須具有高度機械性附著強度。

⑵　低固化溫度

如欲使固化作用發揮至特定的程度，則需要高溫；但目前正研發改善，希望將溫度降低。用在彩色濾光片上的熱固化密封材料在維持色彩穩定度的考量下，需使用低溫製程，因此通常會在160℃以下的環境處理密封劑。而 UV 固化密封劑通常會進行約120℃的熱處理，強化固化的可靠度。

⑶　不污染液晶

務必確保液晶不會受到固化劑或其他物質汙染。TFT液晶面板的密封劑的游離雜質必須控制在ppm程度內。此外，由於密封劑在固化前便與液晶接觸，因此不可汙染液晶，與 ODF 法中使用密封劑的情況類似。

⑷　良好的印刷和汲取性能

具備良好的配向層相容性非常重要。此外，密封劑的印刷及汲取性能應確保覆蓋多個電極和大量電路。密封劑的圖案會隨著液晶面板的設計而改變，但厚度通常維持在1.5到10μm，而寬度在0.5到2mm之間。使用方便的網板印刷或利用塗布器汲取時，必須保持此種圖案。

4.7　彩色濾光片(Color Filter)

4.7.1　Color Filter 的構造

彩用濾光片的基本構成如圖4.33般。玻璃基板上將具有優良遮光性的黑色矩陣(BM)成膜成0.1μm左右的厚度，再圖型(pattern)化。BM是由連結畫素間來的漏光，和防止從TFT的外光照射，BM所無法覆蓋的開口部分，亦即是畫素的部份，爾後會再詳述各種製法 RGB 色材的配置。這種色材膜的厚度一般R(紅)G(綠)B(藍)的每一個都是1.2μm左右。再來則會形成彩色濾光片的保護膜，這個保護膜亦可兼備成爲清除RGB和覆蓋BM的斷差來使其平坦化的效果。最後，再以共通電極ITO膜成膜。RGB的色材膜對白光時的透光率爲25％左右。

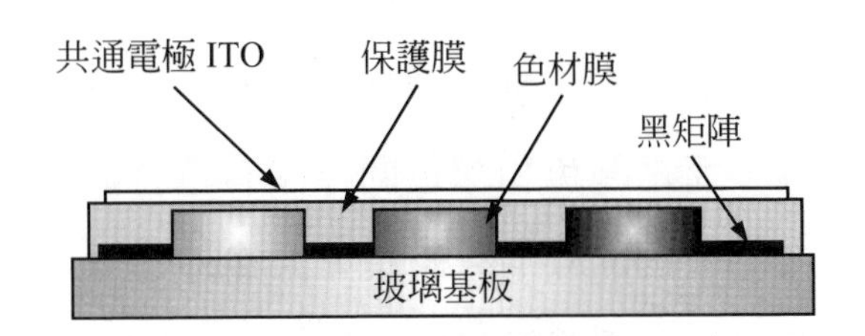

圖 4.33　彩色濾光法的構造

RGB 的配列(配置)如圖 4.34 有條型配列三角狀配列，馬賽克配列等。這些配列會因彩色液晶顯示器的製品而區分其使用方式。精細度高的製品是條型比較良好，相反的，低精細度的製品則是三角狀的比較可以提昇畫質。一般大概是條型配列大多是用在電腦、電視等。馬賽克配列和三角配列則是採用在畫面較小的顯示器。

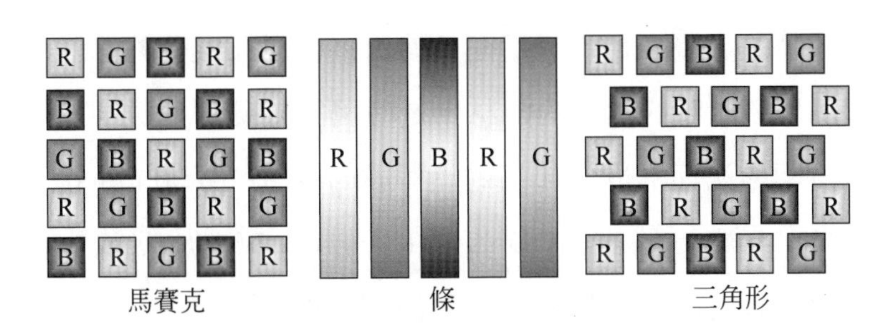

圖 4.34　彩光濾光片的配列

4.7.2　為什麼需要黑色矩陣

黑色矩陣的目的在爲促使對比提昇、防止色材混色、TFT的a-Si膜的遮光作用。

而爲了使對比提昇，必須要液晶動作，當光被隔絕時畫面必須充分變黑。因此必須要有能有效的防止從畫素和畫素間漏光的黑色矩陣。另外，從防止色材混色的觀點來看，並非是由彩色濾光片的各 RGB 的相接點顏色直接相容，而是顏色和顏色間作沒有色材的部份。這個部份即是黑色矩陣。甚者TFT的a-Si半導體膜如果從外部射入光時，即會產生光電流流動導致TFT的漏電流增加的壞情形。爲防止這種情況發生則必須要有可隔絕光的黑色矩陣。必要時，TFT 的 Array 機板側也會裝設黑色矩陣。

黑色矩陣的材質是以鉻金屬用濺鍍法成膜之製造方式製成。其製造方式如圖 4.35 所示。基本上是以濺鍍法膜用微影法做成圖型(pattering)。另外也有檢討黑色矩陣的材料低成本化和開發可控制反射的黑色矩陣。研討這些材料可以利用碳和鈦元素用光阻將分散後的黑樹脂亦是鎳等金屬材料等代替鉻金屬。低反射用則是使用鉻金屬和酸化鉻二層膜構造。

被稱爲是黑樹脂的黑色矩陣材，是使用 UV 硬化型透明樹脂加上碳的黑色光阻顯影法而形成。起初的黑樹脂的OD(optical density)頂多只有 2.0(透光率 1 %)。鉻的話OD爲 5.0(透光率 0.001 %)黑樹脂就是模糊不清黑黑的。而且，如果增加碳量其絕緣性即會喪失，亦是即使是做UV曝光了光阻也無法通過 UV，而無法形成漂亮的圖形的原理之缺點。但是用 UV 照射而發生游離基。研發了加聚合開始劑使其往後有 UV 照射的方向(深度)增加游離基的連鎖反應這樣一來即使是不會照到光的深度也會形成漂亮的圖形。達成了黑樹脂 OD 爲 5.0 的遮光度。在這樣的情況下，沒有了遮光率裡的Cr差，玻璃面的反射也很少，現在都是以彩色濾光片基板的黑色矩陣爲低反射樹脂黑色矩陣爲主流。

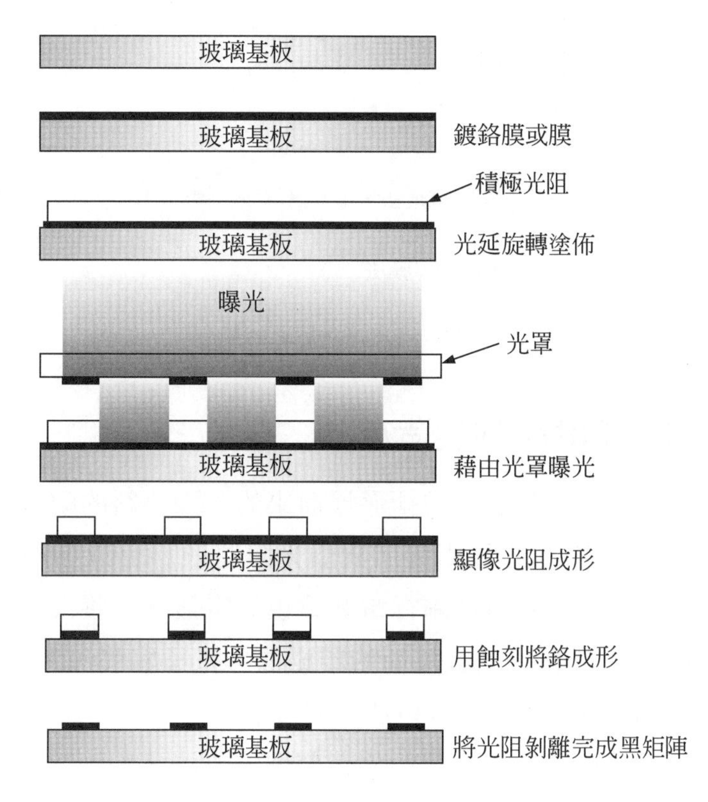

圖 4.35 黑矩陣的製造方法

4.7.3 Color Filter 的種類

彩色濾光片的分類是色材使用染料。使用的顏料也有很大的區別，色材分爲染色，分散、電鍍。圖 4.36 爲主要彩色濾光片的分類顯示。

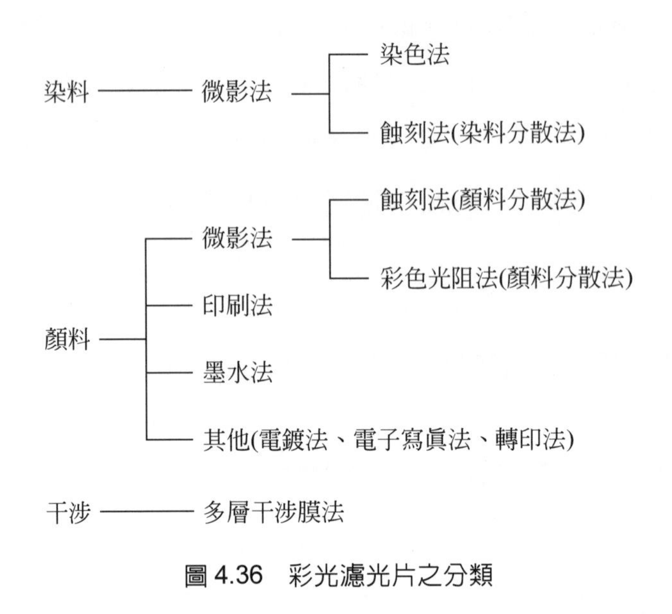

圖 4.36 彩光濾光片之分類

4.7.4 Color Filter的製造方法

彩色濾光片是由染色法的技術發展而來的。因染料的耐光性不好，故開發了以顏料爲中心的技術。用樹脂光阻將顏料分散，利用微影成形，顏料分散法利用ITO電極施行電鍍塗色的電鍍法、膠束(micelle)電解法、電鍍轉印法，利用凹版技術的印刷法、電子寫眞法、膜(film)分散法、噴墨(inrject)法、銀鹽發色法等方法。

以下說明現在代表性爲主流的的三個製造方法。

(1) 顏料分散法

顏料分散法因爲有材料和製造方法不同，而有蝕刻法和彩色光阻法二種。

首先說明蝕刻法。蝕刻法是使用以色材顏料來分散多氯氬氨等樹脂的著色樹脂。圖4.37所示，在形成黑矩陣的玻璃基板上，首先將分散R顏料的多氯氬氨的前驅液做旋轉塗佈乾燥預熱後，再塗上能動光阻後做光罩(MASK)曝光，再來接著用鹼水溶液做積極光阻的顯像和著色樹脂膜的蝕刻，再用有機溶劑做能動光阻剝離，基板金面形成R的著色樹脂的圖形。G和B的著色樹脂也是重複相同工程，塗上保護膜，再形成ITO透明電極膜即完成彩色濾光片。

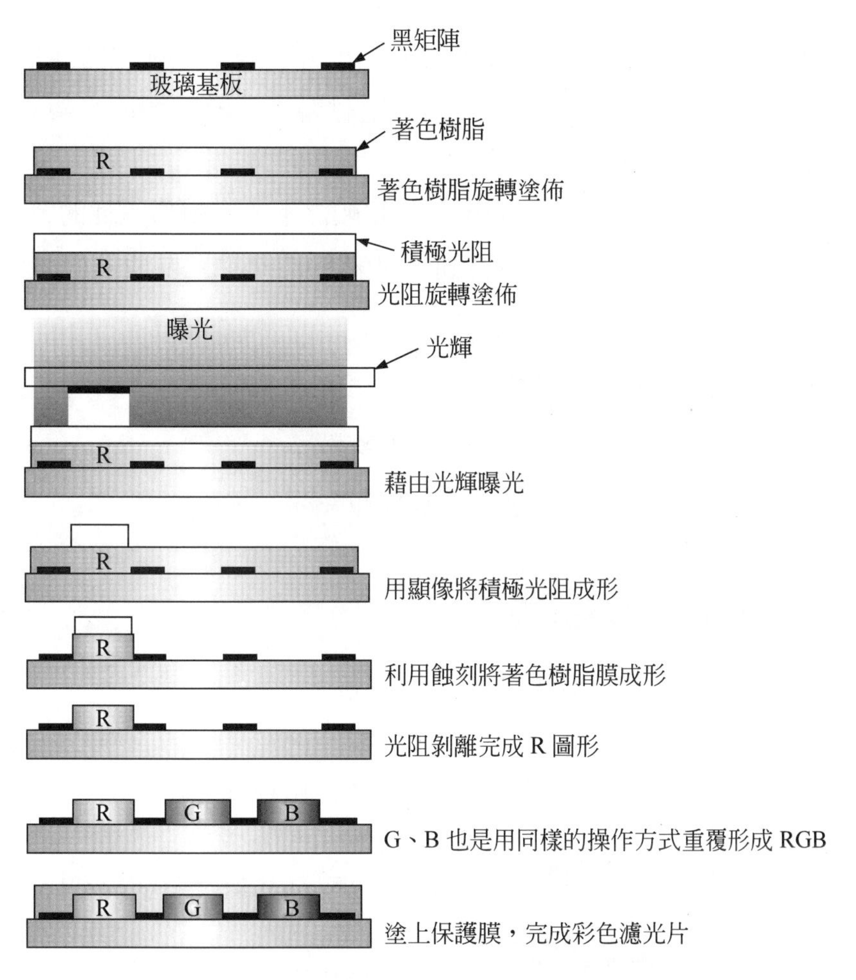

圖 4.37　利用顏料分散法(蝕刻)製造彩色濾光片

接下來說明彩色光阻法。這種方法是使用被稱爲彩色光阻的材料，它是像色樹脂裡類似像光阻般有硬化性的材料。所以可省去上述蝕刻法裡的積極光阻的塗佈、顯像、剝離等工程之特徵。具體而言，彩色光阻即是將顏料的丙烯，環氧樹脂類的硬化樹脂(被動光阻)等分散、用溶媒溶化的物體。圖 4.38 爲彩色光阻法的製程。彩色光阻會在光罩(MASK)曝光、照紫外線、硬化的部份無法溶解在顯像液裡，而無法照到紫外光線，未硬化的部份則溶解在鹼顯像液裡。實際的彩色光阻材料是，PVA類的光架橋型，亦是丙烯樹脂類的光聚合型。

顏料分散法和後述的染色法相較之下，有耐環境性的特徵(耐熱性等)。對製程上較爲有利，是彩色濾光片主要使用的方法。

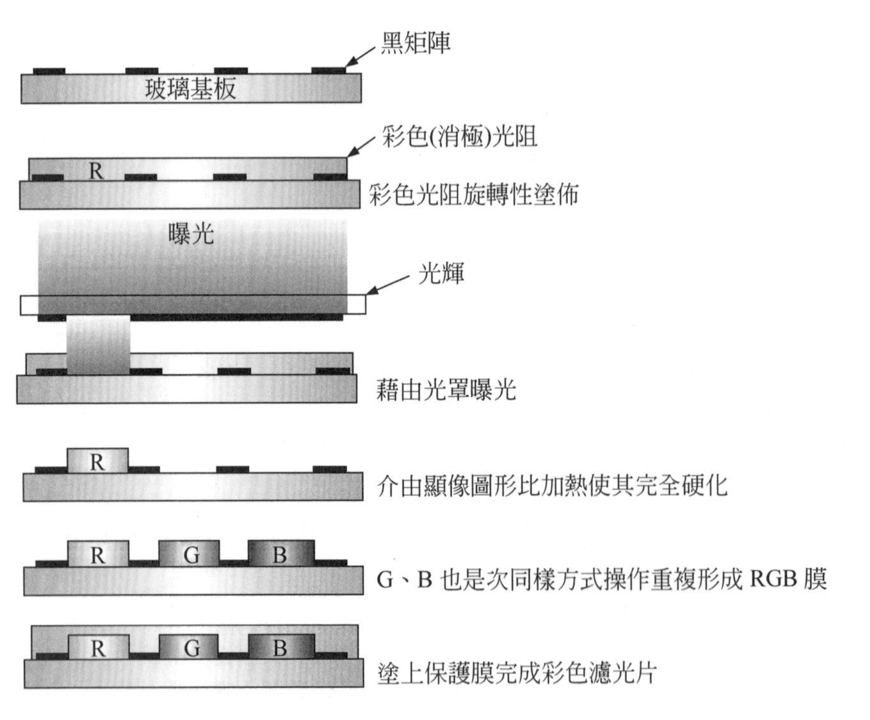

圖 4.38 以顏料分散法(彩色光阻法)製造彩色濾光片

(2) 印刷法

印刷法即如圖 4.39 般，可用各種方式將 RGB 油墨印刷至基板上之方法。其代表性方式有螢幕(SCREEN)印刷、凹版補正(off set)印刷、平均補正(off set)印刷、凸板屈肌(flexo)印刷、凹版印刷等。印刷法的製程與其他的製程相較之下，可簡單的形成塗佈膜，同時也可形成圖型(pattern)，高耐環境性的材料的選擇性較廣，有適合大量生產的利點。相反的，則有發生色彩不均或是圖形精度技術困難的部分。一般而言，黑矩陣是用顯影法形成。之後，在用印刷法形成著色層，以確保圖形(pattern)精度。而在著色層的斷面有魚板狀亦是爲確保其平坦性而研磨表面的情況。

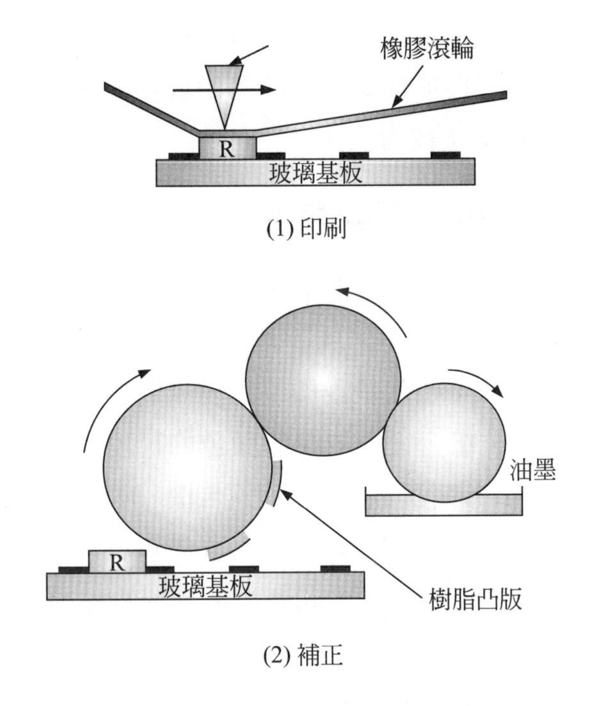

圖 4.39 印刷法 off set 的製造方法

使用在印刷法中的油墨(ink)是由顏料、ink 基劑、添加劑等調和而成。顏料是使用將有機亦是無機顏料將它調和在次毫米(sub micron)以下的微粒子化後再和分散劑做調和而生成的物質。油墨(Ink)基劑是使用油酸(oleicacid)亦是硬脂酸(stearin)等油類，和酒精等溶劑，石碳酸、多氨苓酸樹脂等單體，低聚體聚合物。其他還有加清漆(varnish)的蠟和可塑劑。在添加劑中爲促進乾燥，亦是調整性粘性，以調整黏著力爲目的而添加了乾燥促進劑、黏性調整劑、接著劑等。

(3) 噴墨(Inkjet)法

使用噴墨(Inkjet)的技術製作彩色濾光片。此技術也用在電漿顯示器的彩色濾光片製造技術上。但是也有一部分使用在大型液晶面板上。其製造的重點在於利用低黏度的油墨(ink)，在壓電元素的先端部，模擬成像是在矩陣等的壁面中滴下，這種技術被期待用在今後的生產技術上。

4.7.5 Color Filter 所需之特性

彩色濾光片主要所需的特性如下：

(1) 色純度和高透光率

透光性良好，也就是說即使光變衰弱，顯示器也必須不能變暗。而且 RGB 組合後所取得的顏色的再現性範圍很廣，色純度必須很高。以這種情況下，以一個爲目標，NTSC(national television system committee)接近彩色電視的三原色原理方式，三原色想定色度座標爲目的。當然，還和背光的發光向量也有相關，在各色的膜之間，透光率向量不會重疊也很重要。發光向量和彩色濾光片的分光特性如圖 4.40 所示。

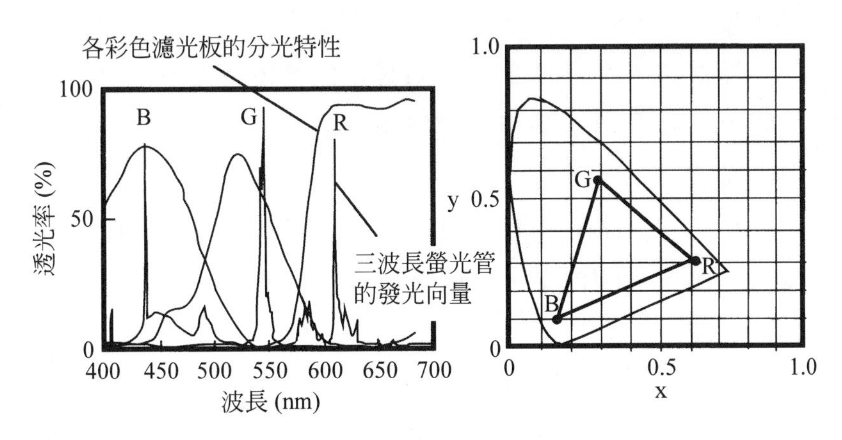

圖 4.40 彩色濾光片的分光特性和色度圖

⑵ 高耐光性

必須能夠在背光或者屋外的光也不會變色、不褪色。特別是使用有機類的色材時必須特別注意。而且彩色液晶面板如果是使用於投影機時，因爲高光束(在彩色濾光片部份會到100萬1x左右)必須選良好的耐光性，耐熱性的彩色濾光片。最近也有製造像膠束(micelle)電解法般不使用光阻的彩色濾光片和高耐光性的彩色濾光片。

⑶ 高耐熱性

這種要求特性是以考量製造彩色液晶顯示器製造爲主。配向膜的燒成處理(例如以180℃一個小時爲條件)亦是在抵抗較低ITO的成膜溫度，必須具有色調不變，不使色材剝離等的耐熱性。

⑷ 具有優良的耐藥品性

一般在必要的情況下會設有一層保護膜。在形成ITO電極時亦是塗佈配向膜等製程時使用的溶劑，亦是各種洗淨液必須是不能起任何變化，而且也不能將析出的雜質染在液晶上。

(5) 平坦度

異物必須是不會突起。STN 用的情況下時其 cell cap 會大大影響其顯示品質，平坦度是很重要的。

(6) 尺寸精度

和 TFT Array 基板貼和時，必須是不能有基板尺寸不符的情況。爲確保大開口率，其貼合精度須較嚴苛，必須避免其間距偏移的情況。

(7) cell assembly(組裝)的高信賴性

必須和 seal 有良好的密著性，特別是即使液晶 cell 在高溫環境裡亦是熱衝擊時，其外觀亦是液晶 cell 本身必須不能有變化。

4.8 各種光學 Film

4.8.1 何謂偏光膜

從直交偏光成份而成的一般光，只有一方會以直線偏光通過。偏光膜本身具有吸收他方之後再施行刪除機能的光學 film，偏光膜的本體插在旋轉滾輪間，吸著碘素錯體等的二色性物質 PVA 膜之間，一邊加熱，往一定方向延伸 3～5 倍(一軸延伸)，在使 PVA 的高分子配向的同時也做碘素錯體配向。碘素吸著配向後，再貼上增加持久性的保護膜，之後會在說明各種膜等貼上後即成爲製品。也有使用有吸收過碘素的聚氯乙烯膜，具有耐濕熱性亦是耐光性的二色性染料，(酸性染料特別是 AZO 型的直接染料最常被使用)的二色性染料偏光膜。

偏光膜的構成主要是以液晶顯示器爲透過型，反射型亦是半透過型而不相同。圖 4.41 爲其所示斷面圖。偏光膜是由裝有偏光元素(碘素或二色性染料)的偏光膜基材和保護偏光基材的二片 base 基板所構成。底部(Base)基板是使用透明的TAC。包含這個base基板的偏光基材，爲了可以黏貼在玻璃基板上的黏著層及離型的膜做積層，在相反側則是黏貼保護膜的構造。TAC具有優良的耐水性，在偏光膜中它是唯一能將殘存的水分不讓它彎曲，亦是不讓變質的材料。現已無再做改變之開發。現在液晶面板的組裝製程裡只需貼一次偏光膜，其偏光膜則是以積層型製品爲主流。即使積層數是十層，這些偏光模製品的厚度約爲0.12～0.4mm左右。

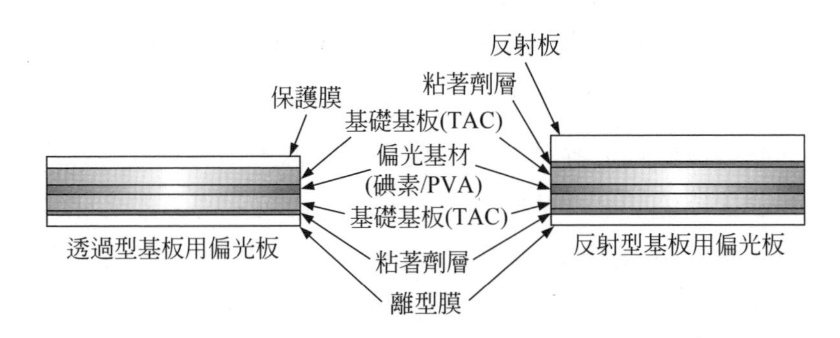

圖 4.41 偏光板的種類與構造

偏光膜所須的特性如下：

(1) 光學特性良好

光學特性在偏光膜的特性中是特別重要的項目。具體來說有透過率和偏光度。偏光膜的透過率有偏光膜的穿透率和偏光模的穿透軸方向，呈平行的偏光時穿透率(T_1)和穿透過軸方向呈直交的偏光透過率(T_2)。這種特性是能夠調整T_1在1附近(常常穿過)，T_2比較接近零(儘量不透光)。量測一片單體透過率(T)是T_1和T_2的平均做表示，如果使用二枚偏光膜的透過率是偏光軸承平行時(平行透過率：T，T_1和T_2各乘以 2 的和再做平均。如果是直交時直交透過率：$T_\perp$)爲T_1和T_2的和偏光度較高時平行透過率$T_{/\!/}$爲單體透光率 T 的 2×2 倍近似值。偏光度 P 可用來表示偏光性能指標的 T_1 和 T_2。

$$P = \sqrt{\frac{T_1 - T_2}{T_1 + T_2}} \quad (4.2)$$

一般值來說都是大的值較好，單體透過率爲 38～48 %，偏光度是 75～99.9 %左右。而爲了顯示爲彩色時，則須這些透過率和偏光度的可視光領域內並無波長依存性。偏光膜必須沒有顏色。

⑵ 具有良好的耐濕耐熱性及耐光性

在此針對耐濕熱做說明。碘素類偏光膜如果是高溫，高濕度的話因爲碘素的昇華性使的偏光度降低，爲防止改善昇華性，開發碘素錯體防止 PVA 分子內分子間因脫水導致的劣化及防止架橋反應，熱處理濕性 PET(polyester)PC(polycarbon)亦是追加 barrier coat 層。爲了擴大今後液晶顯示器的用途須有更好更具耐熱性、耐濕性。

⑶ 外觀特性不會導致透過率劣化

Film的素材(偏光基材)必須不含異物亦是未溶融樹脂。Film 表面必須沒有傷痕，偏光膜的製程中不會混入異物。

⑷ 表面反射較少

爲防止偏光膜的表面反射，在表面上施行了微小的凹凸反引力處理。或是形成不同折射率被膜的防止反射處理。此外，也有防止靜電的帶電之處理及表面不易刮傷硬塗佈之措施。

4.8.2 何謂位相差(phase-contrast)Film

位相差膜主要是以1/2λ板或是1/4λ板，其是用來補正光學而使用的膜，也會用在擴大視野角。位相差film可在直線偏光時成爲橢圓偏光，橢圓偏光用成直線偏光。圖 4.42 位相剛好是偏移λ/4的圓形偏光。而圖 4.43 則可看出，複折射時則有波長依存性。利用這個性質將液晶的波長依存漸漸取消，橢圓偏光可用光學補正直線偏光。當初是爲了解決STN mode 的複折射而開發橢圓偏光補正，最近則是被期待能夠改良成對應補正半透過型液晶的位相差。

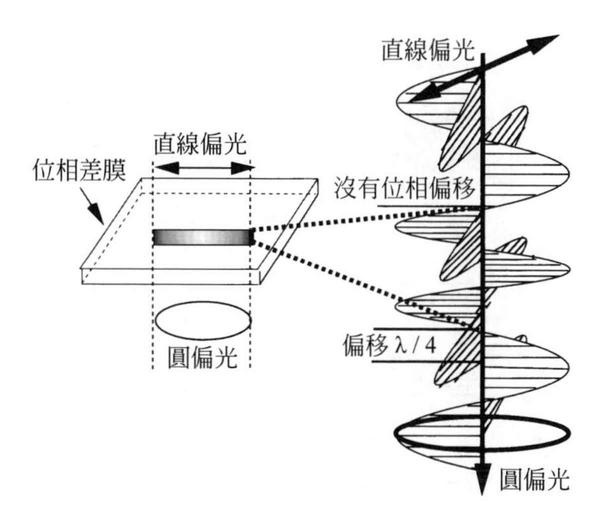

圖 4.42 位相差膜導致的位相偏移

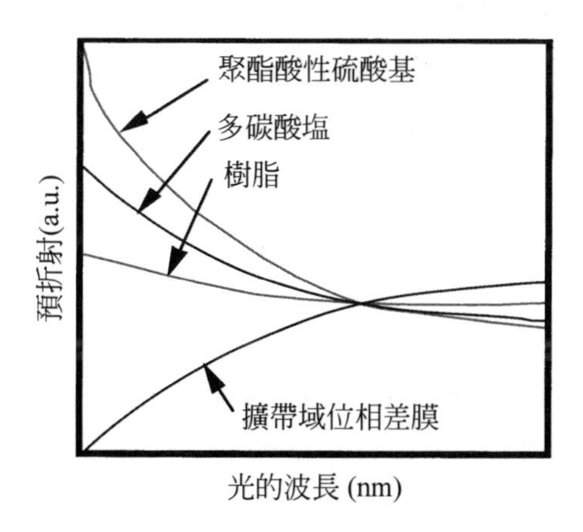

圖 4.43 位相差膜波長依存性

位相差膜的製造方法是偏光膜製造法的延伸。圖 4.44 PC、PVA 的膜做一軸延伸。膜中的分子做配向發現其複折射的異方性。偏光膜的最大不同點是延伸倍率不同。偏光膜使碘素做均一配向的話可能會有很大的強力延伸，若為相差膜的話 retardation(光位相差)將液晶配在一起加減其延伸倍率，必須同時均等製造。和偏光膜的延伸相較下，必須相當花精力作業。

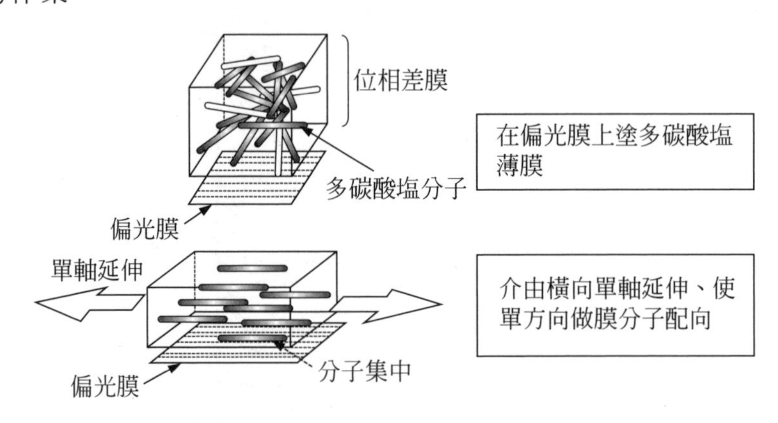

圖 4.44　單軸延伸位相差膜的製造方法

4.8.3　何謂擴大視角 Film

為液晶基板的複折射補正則有為補正旋光性的高分子液晶位相差膜。其製法如圖 4.45 所示般，首先需形成為高分子配晶配向的多硫氫氨的配向膜。多氯氫氨的種類因無法負荷偏光膜做熱聚合(250℃)。所以將多硫氫氨和可溶解溶媒溶化可溶化合物塗在偏光膜上。再來示配向膜藉由摩擦(rubbing)配向處理完後，配合螺旋構造的設計及以添加適量的對掌性分子的高分子液晶塗佈在多硫亞氨配向膜上。然後在用溫度控制使他做轉向，而再配向膜上使高分子液晶做螺旋配向。配向後高分子液晶視持有分子的複折射項去補正液晶的複折射項，利用螺旋構造同時也補正旋光項。

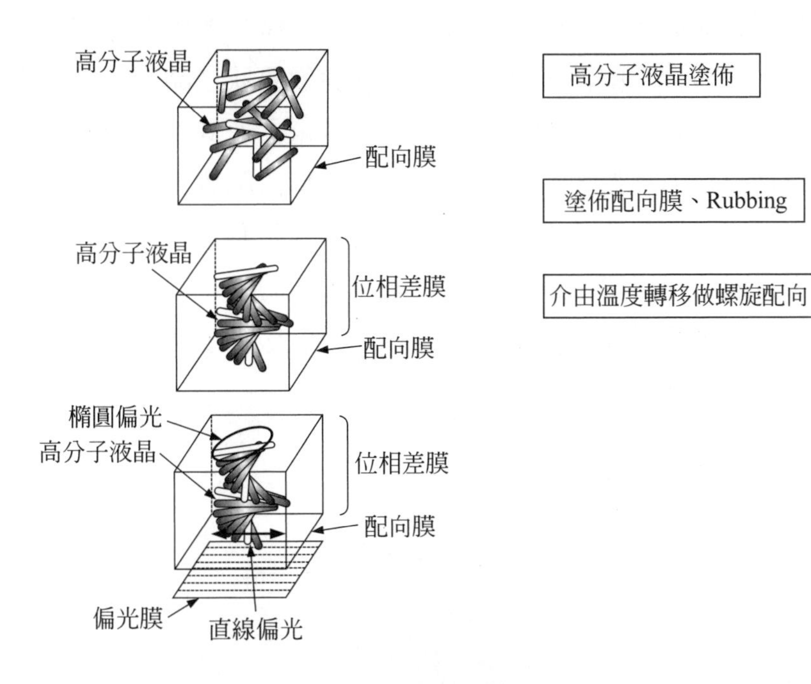

圖 4.45　高分子位相差膜的製造方法

現在正運用此原理開發，用在其他mode時也可以擴大視野的Film。通常液晶不管是TN mode、VA mode、IPS mode都會持有正的複折射異方性。因刪除複折射異方性而能夠擴大視野角。已成功的開發持有負的複折射異方性的盤狀液晶做合成配向的擴大視野角膜，這種擴大視野角膜即向是圖4.46般圓盤狀的盤狀液晶配列，漸漸在有厚度方向站立。這種配向稱爲合成配向。藉由合成配向使其在每個角度都可以做複折射性補正。

在開發擴大視野角膜爲止，是以持有正的複折射依存性液晶將負的複折射依存性的相位差膜重疊，再刪除複折射的方法，即可做擴大視野較爲思考邏輯。但是像 TN 液晶，長軸的轉向在容積(bulk)裡取不同轉向的液晶配合各引向，如果不刪除複折射性的話就無法做充分的補正。

同樣的也無法補正波長依存性。爲解決如圖 4.46 般的情形也有考量過液晶基板中的液晶分子配向角度和光學補正膜的盤狀液晶的配向角度必須要可以調整成一對。這種情況如果將液晶做電界使其垂直配向時，會喪失複折射性但是因爲擴大視野角膜是上下對稱的配置，膜和膜之間會互相做光學補正，所以不會有複折射性現象。用這種原理，像 OCB mode 般擁有單方向自我光學補正時可以做直交方向的補正。像這般因擴大視野角膜而使得視野角依存性及波長依存性喪失，可取得廣範圍、高對比、顏色的再現性。

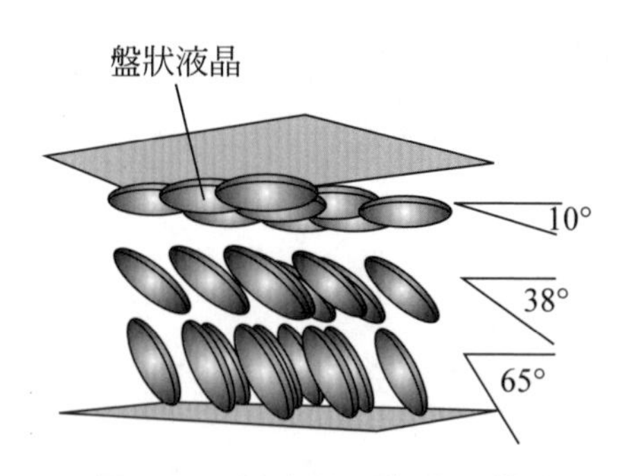

圖 4.46　擴大視野角膜之構造

達到這個水平後則必須解決偏光膜的視野角依存性。偏光膜從正面看時是直交 90°，從斜面看時則是感覺比 90°要來的廣。爲解決這個特殊方法用二軸延伸的特殊二軸延伸(Z 軸)爲相差膜開發了二軸複折射膜(biaxial film)。這種技術是以 STN mode 的位相差膜而開發其基本技術。製法如圖 4.47 般，先從橫向單軸延伸，做單方向膜配向再來則是往縱向稍微延伸。此時橫向會有些許縮小，所以分子會稍微斜向站立。除機械延伸以外也有實用了以熱收縮樹脂膜底層膜從熱履歷使分子站立。當然縱和橫的延伸力平衡，亦是延伸順序要領。最後再緩和應力，形成保護膜即完成。

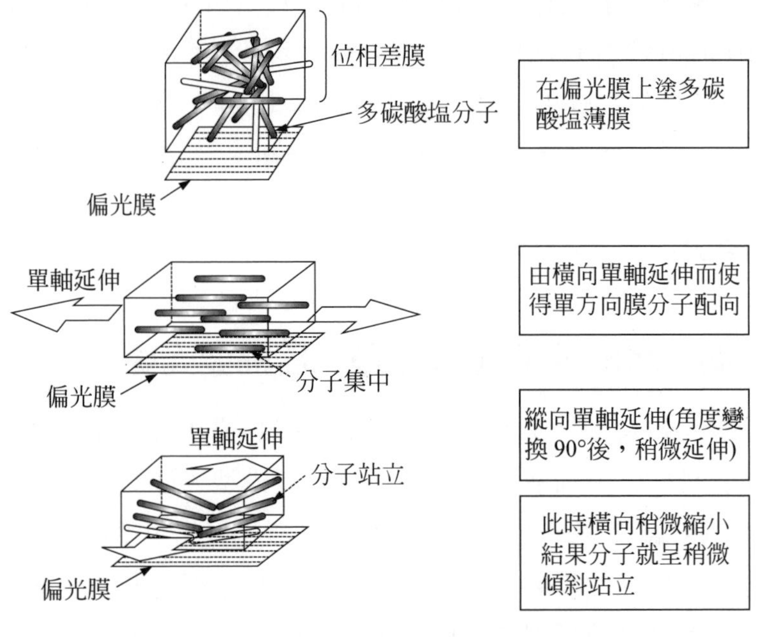

圖 4.47　特殊二軸延伸位相差膜的製造方法

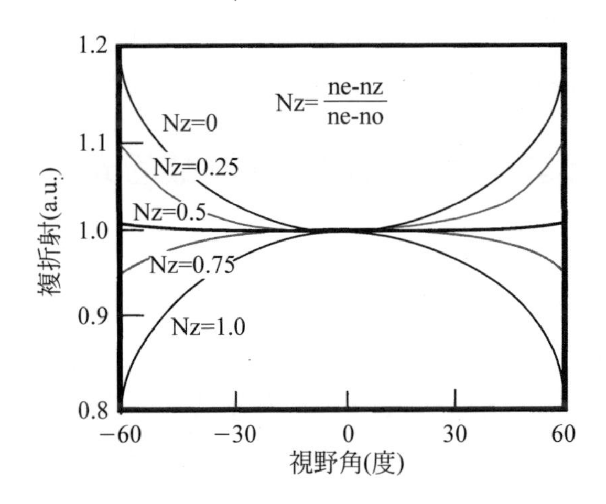

圖 4.48　擴大視野角膜的視野角依存性

這種二軸複折射膜也會緩和Z軸方向的複折射，所以視野角會變廣。圖 4.48 film面內的複折射性和厚度方向的折射性的比(N_z分子(factor)為 0.5 時，視野角依存性則會變成極小，$N_z = 0.5$ 的二軸，膜為 TN mode 亦是 IPS mode 的偏光膜的視野角改善時使用。

4.9　背光

4.9.1　為什麼彩色 TFT 液晶顯示器需要光源

顯示的方式大可分成可自行發生型，和必須利用外部而發生的非發光型。前者是CRT。而液晶顯示器則是非發光型，液晶是單純以透光率等控制光量(變調)方式。也就是說液晶本身無法發光，須藉由外部的光。非發光型有利用光的反射型和將光源設在液晶基板的背面，從背面照明透過。反射型則是將反射率高的 A1 等的膜貼再背面，藉由外光使其反射而顯示。PC、TV 用特別是彩色顯示是透過型，是使用日光燈管等照光，其光會變換為面光源照射整面液晶基板的背光槽(back light unit)的材料。投影型投影機的液晶顯示器是用在螢幕使用擴大投影的光源。

4.9.2　彩色液晶顯示器是使用什麼樣的光源

(1)　熱陰極螢光管

輝度和高發光效率、良好的顏色再現性，可適於彩色顯示的光源最常使用的則是日光燈管。日光燈管藉由放電而勵起水銀中所放射出來的紫外線去頂到塗佈在玻璃管壁的螢光體而變換成可視光的光。一般而言，螢光體可和彩色濾光片及整合性良好的三波長型。日光燈管可分為熱陰極形和冷陰極型。熱陰極日光燈管和一般的日光燈管同樣。是使用有塗佈將鎢線在捲成螺旋狀的白熱絲電子放出係數高的物質(酸化鋇、酸化鍶等稱為輻射體)。其壽命是熱電子放出的同時輻射體也會蒸發，輻射體本身會隨其消耗而決定。所以開發增加輻射體量或是控制輻射體消耗極為重要。熱陰極螢光管的特徵和後述的冷陰極管相較起來，效率亦是輝度較高。這表示他的電流密度很大，陰極降下電壓須低於14V以下。所以可控制在電極部消費的壓力。

⑵ 冷陰極螢光管

基本上除了和前述的熱陰極螢光管及電極以外其螢光管構造是相同的。這種方式並非是從電極來的放出電子的機構所發生的熱，而是從二次電子放出所致。冷陰極管是使用鎳、鉬等。而放電時大部分是電極下降，電壓不會依存電流的正規輝光領域，和電極下降，電壓持有正的特性的異常輝光領域。在異常領域裡長時間點燈時，會發生電極物質濺鍍，會有附著燈泡管上電極物質成鏡面狀的問題。而且啓始電壓很高、電流密度很小、效率、低輝度等和熱陰極螢光管比起來雖有不利的一面，但其壽命約有20,000小時長，所發出的熱較少，對液晶的影響較少之優點。冷陰極螢光管和熱陰極螢光管已進展至越來越少細管化(外徑為2～8 ㎜)的關係，背光大多使用在薄化PC，所謂的直視型彩色TFT液晶顯示器。

⑶ 發光二極體

因發明青色發光二極體而有著明顯的進化。被稱為發光二極體(LED)是無法將白光發展成青色發光二極體，實際上也發明成功。因為是使用二極體，容易控制發光的時間，使用視域(field sequential)也能追蹤比它快100倍以上的速度的訊號，可高速閃爍的背光電極壽命為100,000小時以上。其色彩性如圖4.49，比NTSC的色度還好。製品形狀是二極體元素排列在直線上，必須可取得直下型構造，大型TV等有很好的展望。

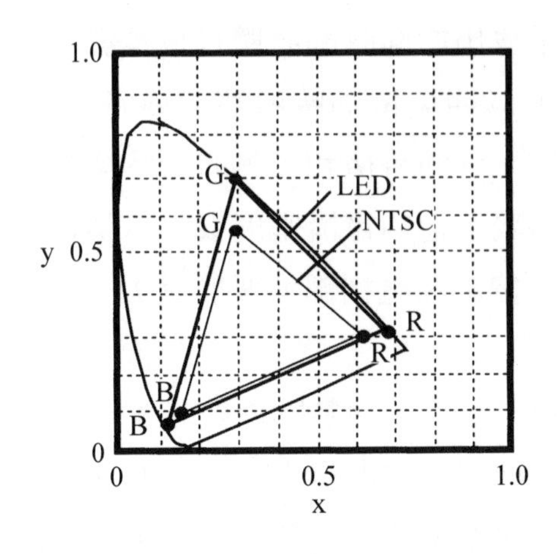

圖 4.49　使用 LED 液晶面板的顏色再現性

(4) 分散型電場發光(electroluminescence)

和他的光源爲點狀、線狀光源相較下，分散型Electro Luminescence(有機EL)具有面光源的特徵。使用在液晶顯示器的EL爲有機分散型電致發光(electroluminescence)，使用在聚酯薄膜(polyester film)上形成ITO電極上銅塗佈硫化亞鉛、碳酸鋇用有機黏劑分散後的膜。特徵是薄型、輕量、但發光輝度較低，演色性惡劣的關係不適用於彩色顯示，壽命和冷陰極螢光管相較下其壽命較短(輝度和時間一起衰弱)，EL本身會有雜音發生的難題，往後待需再研發。

(5) 鹵素燈和金屬鹵素燈(metal high ride lamp)

這二個是投影型(projection)TFT液晶顯示器用的光源。鹵素燈的白熱絲爲點狀的關係，適用於投影用光源，色溫爲3200～3400K，可在安定連續向量取得優美的再現性。但是因白熱絲溫度很高，其壽命僅約爲50～500小時。待克服技術難題。

金屬鹵素燈(Metal halide lamp)它是有一對的電極，在石英玻璃管裏封入氬(argon)、水銀、 金屬鹵素化合物(主要是碘化物)

之構成可在電極間圓弧放電時取得安定的白光。電極間的設計距離是5～7mm的短距離，大多用在投影用的光源上。其壽命比鹵素燈泡長約有2000～3000小時左右的壽命。

如上述所示般，液晶顯示器所需的光源是視顯示器的用途，燈泡的性能、大小爲考慮點，取其適合的使用。再來針對大多使用在說明直視型彩色TFT液晶顯示器上的背光槽(back light unit)。

4.9.3 何謂面狀光源

直視型液晶顯示器用的背光源，主要是使用前述的熱陰極亦是冷陰極螢光管。這些就是所謂的線狀光源，它需要將液晶基板全面都可照到光。背光槽主要是將線狀的光變換成面狀光，這種方式稱爲直下型端面光(Edge light)型。

⑴ 直下型

直下型是直接在液晶基板下放置日光燈管。其構造如圖4.50所示，在反射板上設置一支亦是複數的日光燈管，在上面放調光板和光擴散板。這種設計是將日光燈管設計成蛇型燈管，視日光燈管和基板的距離將反射的距離最佳化，調整光擴散透過的厚度，必須管控調光板的日光燈管直上透過率時的點狀圖形。直下型的缺點是背光槽的厚度會比螢光管的直徑1.5～2.5倍厚，和螢光管的液晶基板溫度上昇不均。這種方式是採用在車載用高輝度的用途上。

⑵ 端面光型(薄光板方式)

端面光型(薄光板方式)，如圖4.51在透明樹脂導光板的兩邊亦是單邊裝設日光燈管，將射入至導光板的光借用加工過的導光管的裡面的反射部，反射光照射整面基板，它是以光擴散板取得均等的面狀光。這種方法是在邊緣(side)設置螢光管又稱爲邊光(side light)型。特徵是可比直下型薄，從光源傳來的熱不容易導熱導傳至液晶基板的優點。

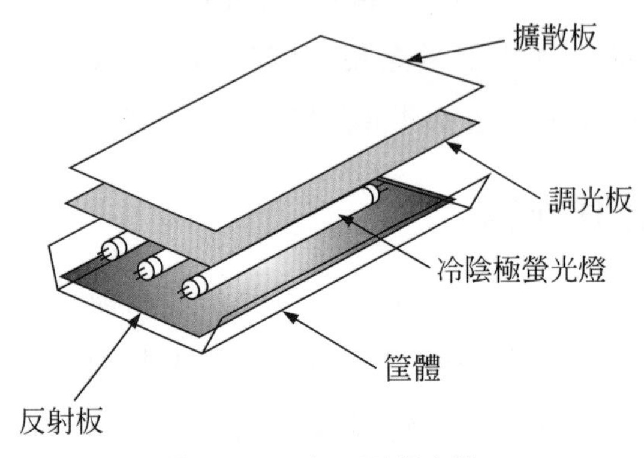

圖 4.50 直下型背光槽

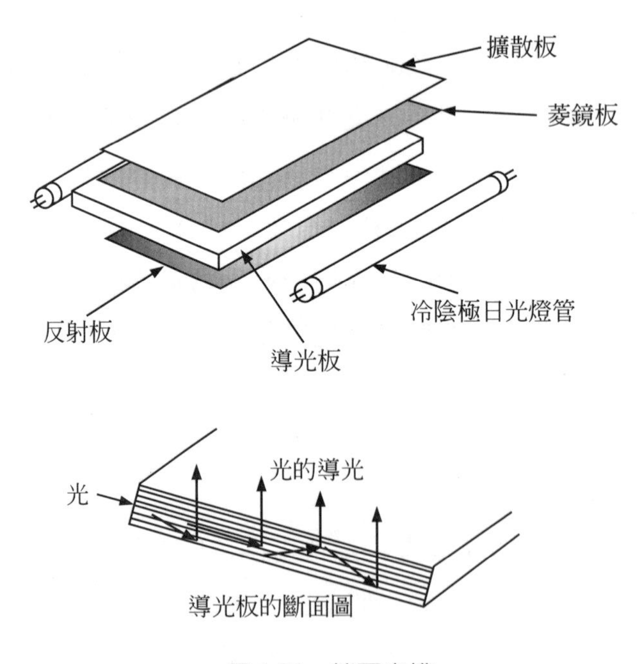

圖 4.51 端面光槽

導光板是良好的透光率的丙烯樹脂。例如是使用polymethylemta-rerate(折射率1.49、臨界反射角約42°)。爲增加光利用率設計成能夠從螢光管的反射板集光及防止導光體端面的光反射，所以導光板的反射部設計必須最佳化。爲增加正面方向的高度，背光槽沒有菱鏡墊的光學薄膜日光燈管，需視導光板的射入光，背光槽的厚度的觀點來看，外徑較小比較好，採用2 mm左右的冷陰極管。

4.9.4 背光所需之特性

背光會直接影響顯示器的顯示功能，但背光的能力有限。

⑴ 高輝度

液晶顯示畫面的輝度如果要有CRT般400 cd/m^{2}時則必須考慮液晶透過率(黑白15～30％彩色3～6％)，黑白必須2700 cd/m^{2}以上，彩色13000 cd/m^{2}以上。但是pc的話彩色輝度是70 cd/m^2，背光槽的輝度是 1500～2000 cd/m^{2}左右。實際的側光型的冷陰極管的錶面輝度爲30000 cd/m^{2}左右。

⑵ 高均一性輝度

面輝度的均齊度(將最小輝度除以最大輝度的直)容許値必須有0.8以上。此値是輝度3.2～320 cd/m^{2}幾乎沒有變化。

⑶ 色溫、顏色的再現性良好

白色顯色時，色溫很重要。日光標準光源D65(色溫6500K)爲一個範圍值。如前述彩色濾光片般，彩色濾光片光源的發光分部必須適合它的分光透過率。最好是能夠將顏色再現性的範圍擴大比較好。爲防止彩色濾光片各顏色間(RGB)的透光率重疊必須是波長領域內發光向量以防止混色。

⑷ 低耗電

對於液晶顯示器的低耗電化，特別是攜帶式的電池驅動部份低消費電力是很重要的。其電力消費的大部分是用在背光。所以必須改善加強螢光管的發光效率亦是導光板等的光利用率，螢光管及驅動回路的效率。NB型電腦所使用的液晶顯示器，在6.5W的消費電力裡用在背光上的約有5W，液晶基板驅動用爲1.5W左右。

⑸ 在低溫下也可以起動

一般而言，−10℃(車載用爲−30℃)及必須可以充分發揮它的特性。螢光管在低溫時其啓動電壓爲升高、輝度很低。熱陰極螢光管比冷陰極螢光管有利。但是冷陰極螢光管也以高週波點燈的電子化，應用及加熱器而有所改善。雖說以(氙Xenon)等的氣體(gas)代替水銀、輝度雖然會比較低，但其低溫時的啓動性良好。

⑹ 薄化、輕量化

NB型的電腦其總重量大約15％爲液晶顯示器模組的重量。現正在研發玻璃基板的厚度由1.1mm薄化成0.7mm，但不會因此而使得光的利用效率降低的薄化導光板，與螢光管的管徑細化成2mm。

⑺ 壽命長

現狀熱陰極螢光管的點燈壽命，如果是連續點燈3,000小時、點燈、熄燈30,000次左右時即會有不十分好的狀況，現正研究中其研發目標爲連續點燈5,000小時，點燈熄燈50,000次。而冷陰極螢光管的壽命，在連續點燈的情況下約爲20,000小時。

英中對照表

數字

3-way valve 三方閥

A

absorption axis 吸收軸
absorption coefficient 吸收係數
acctic acid 酢酸
acetone 丙酮
acid anhydride 酸無水物
acid radical 酸性基
acid resistance 耐酸性
active matrix 主動矩陣
additive 添加劑
additive color mixture 加法混合
adhered glass 附著玻璃
adherence 密著性
adhesives 接著劑
after image 殘像
air knife 風刀
air operate valve 氣閥
air purge 空氣清淨
aligner 曝光裝置
aligning force 配向規制力
aligning treatment 配向處理
alignment 配向(配列)
alignment accuracy 對位精度
alignment defect 配向缺陷
alignment layer 配向膜
alignment mark 對位 mark
alkalinity resistance 耐鹼性
amine 胺
amino group 胺基
anmorphous silicon 非晶矽
amphiphilic 中極兩性
amplitude selective addressing scheme 電壓平均化法
anionic colloid 膠狀陰離子
anisotropic conductive film 異方性導電性
anisotropic etching 異方性蝕刻
annealing 鍛鍊
anodic oxidization 陽極酸化
antiferroelectric liquid crystal 反強誘電液晶
aperture ratio 開口率
applied voltage 印加電壓
apron cover 遮蔽板蓋
array assembing process 陣列組合製程
array substrate 列基板
asymmetric carbon atom 不齊碳素
atmospheric pressure CVD 常壓 CVD

atomic group　原子印
atomization　噴霧
Auger effect　螺旋效果
auto focus　自動對焦

B

back side rinse　後衝式
back surface exposure　後面曝光
bacteria　電池
batch　一批
beads　珠狀
bend　彎曲
benzoguanamine resin　苯酸鹽樹脂
beveling　斜面
bias voltage　偏電壓
biaxial stretching　二軸延伸
birefringence　複折射
birefringence effect　複折效果
birefringence mode　複折模式
bistability structure　雙安定構造
black and white display　白黑表示
black matrix　黑矩陣
black spot　黑點
blister　大泡
blue mode　藍色模式
Bohr's model of atomic structure　波耳原子模型
bookshelf structure　書架式構造
bottom gate　底部閘層
brush　毛刷
brush washing　毛刷洗淨
bubble　泡
bubble　巢
bump　突起

C

calcite　方解石
candela　堪、燭光(發光強度的單位)
capacitive component　容量成分
carboxylic acid　碳酸
carrier density　搬送濃度
cassette　卡匣
cassette bottom plate　卡匣底板
cassette top plate　卡匣上層
catalyst　觸媒
cathode　陰極
cell gap　液晶的厚度
chamfering　取面
channdl etching　線路蝕刻
channdl protection　線路保護
channdl struchure　線路構造
check valve　確認閥
chemical characteristics　化學特性
chemical durability　化學耐久性
chemical durability　耐藥品性
chemical property　化學的性質
chemical vapor deposition　化學氣相堆積(成長)法

chip　破損
chipping　破損
chiral　對掌性
chiral smectic liquid crystal　對掌性層列型液晶
cholesteric　膽固醇
cholesterol　膽固醇
chroma　彩度
chromaticity coordinates　色度座標
chromaticity diagram　色度圖
chromium(Cr)　鉻
chromium substrate　鉻基板
circularly polarized light　圓偏光
city water　有特徵的水
clean pipe　清潔棒
clean room　無塵室
cleaning equipment　洗淨裝置
closing　封止
coating uniformity　塗佈均一性
coefficient of linear expansion　平均線膨張係數
coefficient of thermal expansion　熱膨張係數
coefficient of viscosity　黏性率
cold cathode fluorescent lamp　冷陰極螢光管
colloid　膠狀
color filter　彩色濾光片
color rilter substrate　彩色濾光片基板
color irregularity　顏色不均
color purity　色純度
color resist　彩色光阻
color temperature　色溫度
colored layer　色材層
colored layer　著色層
common electrode　共通電極
compiex　錯體
compressed air　壓縮空氣
compressive deforming value　壓縮變化量
compressive elastic modulus　壓縮彈性率
compressive force　壓縮力
contact angle　接觸角
contact method　接觸式
contact proximity aligner　接近接觸式曝光設備
contamination　汙染
contamination　汙染
continuum fluid　連續流體
contrast　對比
contrast ratio　對比比率
controllability　制御性
eonveyer　搬送帶
cooling water　冷卻水
corner pin　角識別碼

coupling agent 結合劑
crack 龜裂
cross cut test 切割線測試
cross talk 干擾
cryo pump 低溫幫浦
crystallization 結晶化
cyclohexane 環己烷
cyclohexanone(anon) 環己烷

D

data electrode 電極(＝信號電極)
decomposition temperature 分解溫度
deep etch offset printing 平凹版印刷
degree of cross bridging 架橋度
degree of cross linking 架橋度
delta alignment 三角配列
deposition 堆積
deposition rate 成膜速度
deposition speed 成膜速度
depth of focus 焦點深度
developer 現象裝置
developing rate 顯像速率
developing uniformity 顯像均一性
development 顯像
deviation 偏差
devitrification 使(玻璃)或不透明之結晶
DI water (deionized) 純水
dichroic dye 二色性染料
dielectric anisotropy 誘電率異方性
dielectric constant 誘電率
dietylene glycol monoethyl ether
diffusing plate 擴散板
dig 陷
dimensional matters 外形尺寸
dimensions 外形尺寸
dip devdloper 浸泡在顯像設備裡
diploe moment 雙極力距
direct current magnetron 直流磁電管
direct bot plate oven 直接熱烤
discotic liquid crystal 盤狀液晶
dislocation 轉位
dislocation 轉位
dispenser 分滴器
dispersant 分散劑
display electrode 表示電極
dioplay quality 表示品質
distortion 扭曲
divisional limit 分割界限
domain 區域
dopant 添加劑
dot matrix method 方式
down drawing process 下畫製程
drain 排出
drain box 排出箱
drain electrode 汲極電極
drain tank 排出箱

driving circuit　驅動迴路
driving force　驅動力
driving method　驅動方法
driving speed　驅動速度
driving voltage　驅動電壓
dry ctching　驅動時刻
dry method　乾式法
dry pump　乾式
drying accelerator　乾燥促進劑
dual gate　雙閘
dust　灰塵
duty ratio　功率
dye stuff　染料
dyeing　染色
dyestuff dispersion　染料分散
dynamic driving　動力驅動
dynamic scattering mode　強力分散模式

E

edge accuracy　端面精度
edge bead remover　端面洗淨
edge grinding　端面研磨
edge light　端面光
edge roughness　端面粗糙
elastic constant　彈性定數
electric charge　電荷
electric conductivity　導電率
electric current density　電流密度
electric field　電界
electrical potential　電位
electro chemical stability　電氣化學的安定性
electroluminescence　電場發光
electron cloud　電子雲
electron density　電子密度
electron mobility　電子移動度
element dimension accuracy　元素容積精度
elliptic polarized light　橢圓偏光
emissive devices　發光素子
empty cell　空
end point sensor　末端感應器
energy density　能量密度
epoxy　環氧基
epoxy resin　環氧基樹脂
equivalent circuit　等價迴路
etchant　蝕刻液
etching　蝕刻
etching rate　蝕刻速度
etching speed　蝕刻速度
exhaust　排氣
exposure　曝光
exposure area　曝光面積
exposure time　曝光時間
extraordinary light　異常光

F

fail safety　不安全

ferroelectric liquid crystal　強誘電液晶

fiber　纖維

field effect　電場效果

field sequential　連續區域

film hardness　膜硬度

film thickness　膜厚

filter　濾波器

flare　角

flatness　平坦度

flicker　閃爍

folat process　浮式法

flow meter　流量計

focal conic　圓錐焦點

font　字元

foot print　設置面積

foreign materials　異物

frame period　結構週期

frame rate control method　結構階調法

frame-reversal drive scheme　結構反轉驅動

free electron density　自由電子密度

Freedericksz transition　長鏈轉移

frequency　週波數

frequency　振動數

full color　彩色

fusion process　溢流溶融法

G

gamma (γ) curve　γ曲線

gate　閘道

gate electrode　閘電極

gelatin　凝膠

generation　世代

glass substrate cassette　基板卡閘

glass transition point　玻璃轉移點

glass transition temperature　玻璃轉移點

glow discharge　白熱放電

Gooch-Tarry equation　古基-得利式

grain size　結晶粒徑

gravure printing　凹板印刷

gray scale　灰階

groove　溝

H

half etching　半蝕刻

handing arm　處理手臂

hardener　硬化劑

hardening catalyst　硬化觸媒

hardening remperature　硬化溫度

haze　燒焦

heat hardening　熱硬化

heat resistance　耐耐性

heat shock　熱衝擊
helical　螺旋
helical axis　螺旋軸
helical pitch　螺旋區間
helical structure　螺旋構造
hertz　赫茲
hidden scraich　隱藏略畫
high frequency　高週波
high frequency discharge　高週波放電
high pressure jet　高壓噴射
hillock　山丘
homeotropic alignment　垂直配列
homeotropic alignment　垂直配向
homogeneous alignment　平行配向
homogeneous alignment　水平配向
hot plate　熱銑板
housing　外罩蓋
hue　色調
humidity resistance　耐濕性
hybrid alignment　混合配列
hydrogenation　水素化
hydrophilic group　親水基
hydrophobic group　疏水基
hysteresis　磁滯現象

I

illuninance　照度
illumination system　照明系
image　畫像
image retention　殘像
imidization　硫亞氨化
inert gas　不活性
infrared ray　紅外線
ink jet method　噴墨法
in line　連線
inorganic pigment　無機顏料
insulation layer　絕緣膜
insulator　絕緣體
intaglio printing　凹版印刷
interaction　相互作用
interlace drive　交錯驅動
interlace scanning system　交錯掃描方式
intermolecular coheslve energy　分子間凝集能量
intermolecular force　分子間引力
intermolecular interaction　分子內相互作用
intrinsic resistance　固有抵抗
intrusion　圖形破損
inverted staggered type　反色型
iodine　碘
ion doping　塗上離子
ion plating　電度離子
ionic bond　離子結合
IR oven　紅外線加熱烤箱
isochromatic curve　等色曲線

isochromatic function　等色關數
isotropic etching　等方性蝕刻

J

joule heating　焦耳加熱

K

Kerr effect　卡效果
knot　節

L

labor saving　節省化
Langmuir-Blodgett technique　L-B 法
laser interferometer　雷射干涉計
lavered structure　積層構造
lens projection method　鏡頭搜景方式
letterpress printing　凸板印刷
leveling layer　平坦化層
lift-off　起飛、發射
light control board　調光板
light emitting devices　發光素子
light emitting diode　發光二極體
light guide plate　導光板
light resistance　耐光性
light shield layer　遮光層
light velocity　光速
lightness　明度
line density　配線密度
linearly polarized light　直線偏光
liquid chemicals　藥液
liquid crystal　液晶
liquid crystal display　液晶顯示器
liquid crystal layer　液晶層
lithography　平板
loader　裝載
load-lock　裝載鎖
long axis　長軸
long dimension　長寸法
low pressure CVD　減壓 CVD
low temperature polycrystalline silicon
低溫多晶矽
lumen　爐門
luminance　輝度
luminosity　光度
luminous efficiency　比視感度
luminous flux　光束
luminousity factor　視感度
lux　勒克斯(照明度的國際單位)
lyotropic liquid crystal　液晶

M

magnetic susceptibility　磁化率
magnification　倍率
main agent　主劑
maintenance(zone)　維修(線)
manometer　差壓計
manual damper　手動阻尼器
mask　光罩

masking blade　遮蓋葉
material constant　物質定數
Mauguin condition　摩根條件
mechanical characteristic　機械的特性
melamine resin　二聚氰胺樹脂
memory effect　記憶－作用(機能)
memory function　記憶－作用(機能)
mesophase　中間相
metal halide lamp　金屬鹵素燈
mirror projection aligner　鏡子－投影露光裝置
mirror projection method　鏡子－投影方式
mix and match　綜合相符
mobility　移動度
modulus of elasticity　彈性率
molecular structure　分子構造
molybdenum film　鉬膜
monochromatic light　單色光
monochrome display　單色表示
monomer　單體
mosaic alignment　馬賽克配列
mother glass　母玻璃
moving picture　動畫
multi gap method　複數間距方式
multi layers interference films　多層干涉膜
multi layers method　多層法
multichamber　多室
multiplexed driving　多路通訊驅動
mura　不均勻

N

natural light　自然光
needle valve　針葉閥
negative photoresist　被動光阻
nematic　向列型
neutron　中性子
nitrogen trifruoride　三氟化窒素
non alkali glass　無鹹玻璃硝子
non emissive devices　非發光素子
non interlace drive　不交錯驅動
non linear devices　非線形素子
non selective state　非選擇狀態
normally black　普通黑
normally white　普通白
numerical aperture　開口數

O

oblique evaporation　斜度
offset printing　補正印刷
ohmic layer　歐姆層
loeic acid　油酸
one drop fill method　滴下方式
opaque layer　遮光層
open bubble　破掉的泡

operating remperature range 動作溫度範圍
optical characteristics 光學的特性
optical isomer 光學異性體
optical properties 光學的特性
optical retardation compensation 位相差補償
optical retardation film 位相差膜
optical rotatory 旋光性
optical rotatory dispersion 旋光分散
optical system for projection 投寫光學系統
optically active substance 光學活性體
order parameter 秩序度
ordinary light 常光
organic pigment 有機顏料
organometallic compound 有機金屬化合物
orientation 配向(配列)
orientation cut 切割方向
o-ring 黑圓圈
oscillation 振動
oven 烤箱裝置
overcoat 外層
overlay accuracy 重疊精度
oxide film 酸化膜
oxygen defect 酸氧
oxygen insulating film 氧素遮斷膜

P

packing 包裝
parallel Nicols 並聯
parallel plate electrode 平行平板電極
particle 灰塵
particle checker 異物檢查裝置
particle checker 灰塵確認
particle size distribution 粒徑分佈
passive layer 絕緣膜
passive matrix driving 絕緣(矩陣)驅動
pattern positioning accuracy 圖形位置精度
pattern rotation 圖形轉動
patterning 圖形
pellicle 薄膜
pencil of rays 光線束
phase change 相轉移
phase transition mode 相轉移
phase velocity 位相速度
phenol resin 苯酚樹脂
photobridging 光架橋
photoelectric effect 光電氣效果
photolithography 顯影
photon 光子
photopolymerization 光重合
photosensitive resin 感光性樹脂

pigment 顏料
pigment dispersion 顏料分散
pin hole 針孔
pit 凹處
pitch 間隔
pixel 畫素
planer alignment 鉋床配列
planer type 鉋床型
plasma 電理子
plasma ashing 電理子
plasma CVD 電理子
plate stage 平板平台
plasticizer 可塑劑
Poisson's ratio 波耳對比
polarity 極性
polarization 分極
polarized light 偏光
polarizer 偏光板
polarizer film 偏光膜
polarizing angle 偏光角度
polishing 研磨
polyamic acid 多氨基酸
polycarbonate 多酸鹽
polycrystalline silicon 多晶矽
polycrystalline silicon film 多晶矽膜
polyimide 多硫亞氨
polymer liquid crystal 高分子液晶
polyvinyl alcohol PVA
positive photoresist 能動光阻
pot 壺
pre-bake 預熱
prebaking 預備加熱
prebaking 預備乾燥
precipitation 析出
pre-dispense 預備滴下
pressing 壓著
pressure gauge 壓力計
pressure tank 加壓
pretilt angle 預傾角
pre-wet 預徑
prism 鏡
projection 投影
protective film 保護膜
proton 陽子
protrusion 突起
proximity 接近
proximity method 近接方式
punching 打
pure water 純水
pusher 推者
pyrosol method 高溫法

Q

quality area 有效範圍
quality characteristics 品質特性
quartz 石英

R

radical 根數
reaction chamber 反應室
reactive dye 反應性染料
reactive sputtering 反應性渡
realignment 再配向
rectangularity 直交度
redrawing 重制新螢幕
reduction ratio 縮小率
redundant design 冗長設計
reentrant liquid crystal 再進入液晶
reference 參照
reflectance 反射率
reflective electrode 反射電極
reflector 反射板
refraction 降伏
refractive index 降伏率
refractories 耐火物
regulator 調節器
relative energy density 能量密度
relative light intensity 相對光強度
relative luminous energy 相對發光能量
reliability 信賴性
relief printing 凸板印刷
reorientation 再配向
repeat pitch accuracy 間距重複精度
reproductivity 再生性
resin black 黑樹脂
resin layer 樹脂層
resist 光阻
resist nozzle 光阻管
resistance heating 抵抗加熱
resolution 解析度
resolution 分解能
resolution power 分解能
response speed 應答速度
response time 應答時間
retardation 阻礙
reticle 十字線
reverse tilt domain 反傾角區域
rinse 沖洗
rinse nozzle 沖洗頭
robot 機器人
roll coater 滾輪塗佈機
roll coating 滾輪塗佈機
rotatory motion 回轉運動
roughness 表面粗度
round of corner 角磨圓
rub 擦傷
rubbing 配向
rubbing cloth 配向布

S

scanning electrode 掃描電極
scanning line 掃描線
scratch 割痕

scratch 抓
scrawl 潦草
screen printing 絲網印刷法
scuff 擦傷
seal 封膠
sealing 週邊封止
sealing 封止
sealing agent 框膠劑
sealing material 膠材
seed 小泡
segment method 節方式
selective etching 選擇蝕刻
selective state 選擇狀態
selectivity 選擇比
self alignment 自動對位
semiconductor 半導體
sensitivity 感度
sequential damper 區域阻尼器
shadowing 遮蔽
shear modulus 剛性率
shear resistivitys 面抵抗
short axis 短軸
short wavelength 短波長
shutter 快門
single substrate 單基座
signal electrode 信號電極(訊號電極)
silane 矽化合物
silicon nitride(SiN_x) film 矽窒化膜
silicon oxide film 矽酸化膜
silicone resin 矽膠樹脂
silicone rubber heater 矽膠加熱機
siloxane bond 結合
simple matrix 簡易矩陣
simple matrix 單純矩陣
single layer method 單層法
singularity 特異性
sleek 光滑
slot drawing process 槽畫法
smectic 層列型
smoothness 平滑
soda lime glass 碳酸鈉玻璃
solid crystal 固體結晶
solvents 藥液
solvents 溶劑
source electrode 源極電極
spacer 支撐劑
specific resistance 比抵抗
spectral luminous efficiency 視感度
spectral reflectance 分光反射率
spectral transmittance 分光透過率
spectrodensity 分光密度
speed control 快速控制
spin chuck 旋轉爪
spin coating 旋轉加工
spin cup 旋轉杯
spin developer 旋轉曝光

spinning　使…旋轉
spontaneous polarization　自發分極
spray　延展
spray developer　延展曝光
spray nozzle　延展噴頭
spray pipe　延展
spray pump　延展棒
sputtering　濺鍍
squareness　直角度
stability　安定性
staggered type　交錯型
stain　染色
stain　燒焦
static　靜態
static electricity　靜電氣
stearic acid　靜力酸
stepper　分檔、分節
stepper method　分節式
stepping projection aligner　階段式投影曝光裝置
sticking　燒結
stitching accuracy　精度
storage capacity　蓄積容量
strain point　歪點
streak　條紋
stress relaxation　應力緩和
stretching magnification　延伸倍率
stretching method　延伸方法
stripe alignment　條紋配列
stripper　剝離液
sublimation　昇華
substrate　基板
substrate clearance
substrate load depth　基板插入深度
substrate size　基板尺寸
substrate stop　基板停止
substrate-thickness　板厚
substrate thickness variation　板厚偏差
subtractive color mixture　減法混合
surface defects　表面缺陷
surface resistance　表面抵抗
surface structure　表面構造
surfactant　界面活性劑
suspension　懸浮液
symmetry　對稱

T

tact time　製作時間
tantalum(Ta)　鉭
tantalum oxide film　鉭酸化膜
target　目標物；耙材
thermal characteristics　熱的特性
thermal conductivity　熱傳導率
thermal cracking　熱分解
thermal decomposition　熱分解
thermal properties　熱特性

thermal shock 熱衝擊
thermal shrinkage 熱收縮
thermal stability 熱安定性
thermal strain 熱歪
thermo optic mode 熱光學模式
thermoelectron 熱電子
thermopolymerization 熱聚合
thermosetting 熱硬化
thermosetting resin 硬化樹脂
thermotropic liquid crystal 向熱型液晶
thoclmess distribution 膜厚分佈
thin film transistor 薄膜電晶體
three primary color 三原色
threshold 臨界值
threshold voltage 臨界值電壓
throughput 產能
tilt angle 傾角
time constant 時定數
timing belt 時序皮帶
titanium film 鈦膜
titler 標式機
tooth height 齒高
top eoat 第一層加工
transition 遷移
transition 轉移
transition temperature 轉移溫度
transmittance 透過率
transmittance between crossed polarizers 直交透過率
transparent conductive film 透明導電膜
transparent electrode 透明電極
transreflective display 半透過型顯示器
tristimulus values 二刺激值
turbo molecular pump 滑輪分子泵
twist 扭轉
twist angle 扭轉角
twist angle 扭轉角

U

ultra sonic wave 超音波
ultraviolet cure resin (UV)硬化樹脂
ultraviolet radiation 紫外線
ultraviolet ray 紫外線
ultraviolet rays hardening resin 紫外線硬化樹脂
under cutting 下切
uniaxial crystal 一軸性結晶
uniaxial stretching polymer film 一軸延伸高分子膜
unloader 下游裝載
uptime ratio 稼動率
urea resin 尿素樹脂
utility 效用、公用

V

vacuum 眞空
vacuum gauge 眞空計
vacuum process 眞空製程
van der Waals force 凡得瓦力
vibration 振動
vibration vector 振動向量
view finder 取景器
viewing angle 視野角
viewing angle dependence 視角依存性
viewing cone 視野圓椎體
viscoelasticity 黏彈性
viscosity 黏度
viscosity conditioner 黏度調整劑
viscous fluid 黏性流體
visibility 視認性
visible light 可視光線
voltage gray shades method 電壓階調法
voltage holding ratio 電壓保持率
volume resistivity 體積抵抗率

W

warp 彎曲
wave number 波數
wavelength 波長
wavelength dependency 波長依存性
wavelength width 波長寬
wax 臘
wet etching 濕式蝕刻
wet method 濕式法
white color source 白色光源
white light 白色光
white pin hole 白針孔
wide viewing angle 廣視野角

X

xenon lamp 氙燈
X-ray X 線
X-ray structural analysis X 線構造解析
xylene 二甲苯

Y

yellow mode 二甲苯模式
yield 生產量
Young's modulus 楊式模數

國家圖書館出版品預行編目資料

TFT 彩色液晶顯示器 / 游孟潔編譯. -- 初版. --臺北縣土城市：全華圖書，2007.11
面 ； 公分

ISBN 978-957-21-6064-0(平裝)

1. 顯示器 2. 液晶

448.68 96020579

TFT 彩色液晶顯示器

カラー TFT 液晶ディスプレイ改訂版

原出版社 共立出版株式社会
原 著 SEMI カラー TFT 液晶ディスプレイ改訂版編集委員会
編 譯 游孟潔
執行編輯 張麗麗
發 行 人 陳本源
出 版 者 全華圖書股份有限公司
地 址 236 台北縣土城市忠義路 21 號
電 話 (02) 2262-5666 (總機)
傳 眞 (02) 2262-8333
郵政帳號 0100836-1 號
印 刷 者 宏懋打字印刷股份有限公司
圖書編號 05993
初版二刷 2010 年 6 月
定 價 新台幣 350 元
I S B N 978-957-21-6064-0

全華圖書
www.chwa.com.tw
book@chwa.com.tw

全華科技網 OpenTech
www.opentech.com.tw

讀者回函卡

填寫日期：　／　／

姓名：＿＿＿＿ 生日：西元＿＿年＿＿月＿＿日 性別：□男 □女

電話：（ ）＿＿＿＿ 傳真：（ ）＿＿＿＿ 手機：＿＿＿＿

e-mail：（必填）＿＿＿＿

註：數字零，請用 Φ 表示，數字 1 與英文 L 請另註明並書寫端正，謝謝。

通訊處：□□□□□

學歷：□博士 □碩士 □大學 □專科 □高中・職

職業：□工程師 □教師 □學生 □軍・公 □其他

學校／公司：＿＿＿＿ 科系／部門：＿＿＿＿

・需求書類：

□ A. 電子 □ B. 電機 □ C. 計算機工程 □ D. 資訊 □ E. 機械 □ F. 汽車 □ I. 工管 □ J. 土木

□ K. 化工 □ L. 設計 □ M. 商管 □ N. 日文 □ O. 美容 □ P. 休閒 □ Q. 餐飲 □ B. 其他

・本次購買圖書為：＿＿＿＿ 書號：＿＿＿＿

・您對本書的評價：

封面設計：□非常滿意 □滿意 □尚可 □需改善，請說明＿＿＿＿

內容表達：□非常滿意 □滿意 □尚可 □需改善，請說明＿＿＿＿

版面編排：□非常滿意 □滿意 □尚可 □需改善，請說明＿＿＿＿

印刷品質：□非常滿意 □滿意 □尚可 □需改善，請說明＿＿＿＿

書籍定價：□非常滿意 □滿意 □尚可 □需改善，請說明＿＿＿＿

整體評價：請說明＿＿＿＿

・您在何處購買本書？

□書局 □網路書店 □書展 □團購 □其他＿＿＿＿

・您購買本書的原因？（可複選）

□個人需要 □幫公司採購 □親友推薦 □老師指定之課本 □其他＿＿＿＿

・您希望全華以何種方式提供出版訊息及特惠活動？

□電子報 □ DM □廣告（媒體名稱＿＿＿＿）

・您是否上過全華網路書店？（www.opentech.com.tw）

□是 □否 您的建議＿＿＿＿

・您希望全華出版那方面書籍？＿＿＿＿

・您希望全華加強那些服務？＿＿＿＿

～感謝您提供寶貴意見，全華將秉持服務的熱忱，出版更多好書，以饗讀者。

全華網路書店 http://www.opentech.com.tw　　客服信箱 service@chwa.com.tw

2011.03 修訂

親愛的讀者：

感謝您對全華圖書的支持與愛護，雖然我們很慎重的處理每一本書，但恐仍有疏漏之處，若您發現本書有任何錯誤，請填寫於勘誤表內寄回，我們將於再版時修正，您的批評與指教是我們進步的原動力，謝謝！

全華圖書　敬上

勘誤表

書號		書名		作者	
頁數	行數	錯誤或不當之詞句		建議修改之詞句	

我有話要說：（其它之批評與建議，如封面、編排、內容、印刷品質等・・・）